U0223560

First published in English under the title:

RTL Modeling with SystemVerilog for Simulation and Synthesis

By Stuart Sutherland

Copyright©LeeAnn Sutherland, 2017

著者简介

斯图尔特·萨瑟兰

SystemVerilog和Verilog应用方面的资深专家。1993年起便参与Verilog和 SystemVerilog语言的定义工作，IEEE SystemVerilog标准委员会的成员，曾担任IEEE Verilog和SystemVerilog语言参考手册（LRM）的技术编辑。拥有超过25年的Verilog和SystemVerilog设计经验，Sutherland HDL有限公司创始人，该公司专注于提供专业的SystemVerilog培训和咨询服务。拥有计算机科学学士学位，主修电子工程技术（毕业于Weber State University和Franklin Pierce College），同时拥有教育学硕士学位，主修电子学习课程开发（毕业于Northcentral University）。发表多篇Verilog和SystemVerilog相关论文（可在www.sutherland-hdl.com查阅），出版《Verilog PLI手册》《Verilog-2001：Verilog HDL新特性指南》《SystemVerilog设计指南：利用SystemVerilog对Verilog的增强功能进行硬件设计》（与Simon Davidmann和Peter Flake合著）《Verilog和 SystemVerilog编程陷阱：101个常见编码错误及如何避免》（与Don Mills合著）等著作。

译者简介

慕意豪

本科毕业于山东大学，研究生毕业于南洋理工大学。

阿里云专家博主，CSDN 2022年全站博客之星TOP13。

专注于数字集成电路IP/SoC设计领域，如果想和译者进一步交流，可以在"CSDN/知乎"搜索"张江打工人"私信译者，也可以发送疑问至muyihao135l@foxmail.com。

献给我亲爱的妻子 LeeAnn，以及我的孩子 Ammon、Tamara、Hannah、Seth 和 Samuel，还有他们的家庭。

——斯图尔特·萨瑟兰
美国俄勒冈州波特兰

数字IC设计工程师丛书

使用SystemVerilog进行RTL建模

基于SystemVerilog的ASIC与FPGA设计

〔美〕斯图尔特·萨瑟兰　著

慕意豪　译

科学出版社

北　京

图字：01-2025-0821号

内 容 简 介

本书几乎涵盖使用SystemVerilog在RTL层面对ASIC和FPGA进行建模的所有方面，旨在为数字IC设计工程师提供全面的学习与参考资料。

本书基于SystemVerilog-2017标准，首先阐述SystemVerilog与传统Verilog的区别，以及其在仿真和综合中的作用，并对RTL和门级建模等抽象级别进行定义；接着深入探讨多种数据类型，包括线网和变量类型、用户自定义类型等，详细说明其使用方法和注意事项；对于运算符和编程语句，本书也进行了全面讲解，强调如何正确使用它们编写可综合的 RTL 模型。此外，书中各章节包含丰富示例和代码片段，聚焦特定SystemVerilog构造，展示了如何在实际设计中运用相关知识。同时，针对ASIC和FPGA的建模特点，讨论了不同技术对RTL建模风格的影响，并提供了相应的编码建议。附录部分还汇总了最佳实践指南，列出了关键字集，并提供了额外资源，方便读者查阅和进一步学习。

无论您是数字系统设计师，还是验证工程师，抑或是高等院校微电子、自动化、电子信息等相关专业师生，本书都是您学习SystemVerilog设计方面的绝佳选择。

图书在版编目（CIP）数据

使用SystemVerilog进行RTL建模 ：基于SystemVerilog的ASIC与FPGA设计 / （美）斯图尔特·萨瑟兰（Stuart Sutherland）著 ；慕意豪译. —— 北京 ：科学出版社，2025.3. —— ISBN 978-7-03-081689-4

Ⅰ．TP312

中国国家版本馆CIP数据核字第2025P38P71号

责任编辑：杨 凯／责任制作：周 密 魏 谨
责任印制：肖 兴／封面设计：杨安安

科 学 出 版 社 出版
北京东黄城根北街16号
邮政编码：100717
http://www.sciencep.com

北京九天鸿程印刷有限责任公司印刷
科学出版社发行 各地新华书店经销

*

2025年3月第 一 版 开本：787×1092 1/16
2025年3月第一次印刷 印张：27 1/2
字数：554 000

定价：98.00元
（如有印装质量问题，我社负责调换）

序

Verilog 语言诞生已有 30 多年，见证了从使用图形化原理图设计几千门电路，到利用现代 RTL 设计工具设计数百万甚至数十亿门电路的变革历程，所有这些变革均与摩尔定律的预测相吻合。Verilog 的出现不仅解决了发展初期仿真和验证的难题，还促进了新一代 EDA 技术的发展，特别是在 RTL 综合方面。因此，Verilog 逐渐成为集成电路工程师的首选语言。

Verilog 语言经历了无数次的改进，逐步演化出所需的功能，并探索出诸多有效的解决方案，当然也包括一些现在看起来无效的方案。1995 年发布 Verilog 的第一个标准，2001 年完成 Verilog 的更新，2005 年推出 Verilog 的最终标准，2012 年发布成熟的 SystemVerilog 标准。

我一直坚信，硬件设计师要想在创新方面做到极致，他们必须用一种自洽、一致且简洁的语言来思考。人们常说，学习一门新的自然语言时，只有当你在梦中也能自如地使用这门语言时，你的大脑才算真正掌握了它。

在过去的 15 年中，Verilog 语言不断扩展并逐步走向成熟，最终演变为今天的 SystemVerilog 语言，它包含了诸多重要的抽象概念，例如测试平台验证、形式化分析以及基于 C 的 API。SystemVerilog 还在 Verilog 仿真层中定义了新的层次结构。这些扩展为设计工程师、验证工程师和架构师提供了极具价值的新功能，使团队协作和不同项目成员之间的协调更加高效。正如最初的 Verilog 所带来的变革一样，采用 SystemVerilog 语言的团队能够在更短的时间内实现更高质量的设计。

许多已出版的关于 SystemVerilog 设计方面的教材，往往假定读者已熟悉 Verilog，所以仅对新增的扩展功能进行简要介绍。是时候摒弃这些"垫脚石"，用一本全新的教材来系统地教授一种统一、一致且简洁的语言了。

如果你是一名正在构建数字系统的设计工程师或架构工程师，或者是一名致力于发现这些设计中潜在错误的验证工程师，那么 SystemVerilog 将为你带来显著的益处，而本书正是学习 SystemVerilog 设计的绝佳起点。

祝你在创新的道路上取得成功！

Phil Moorby（Verilog 语言创建者）

Montana Systems, Inc.

马萨诸塞州，2016 年

前　言

SystemVerilog（正式名称为 IEEE Std 1800™ 标准）是一种"硬件设计与验证语言"，它既可用于"建模数字设计的行为"，也可用于"编程验证测试平台"，以验证设计模型。

本书基于 IEEE Std 1800-2012 和拟定的 IEEE Std 1800-2017 SystemVerilog 标准撰写。1800-2012 版本是本书编写时广泛使用的标准，而 1800-2017 标准当时正在最终确定中。

SystemVerilog 被视为 Verilog 语言的最新版本，它引入了强大的语言特性，用于建模和验证日益庞大且复杂的设计行为。SystemVerilog 提供了许多优势，如改进的验证功能，增强的设计功能，以及提高硬件设计和验证流程的生产力。

本书侧重于在 RTL 层面上使用 SystemVerilog 进行数字 ASIC 和 FPGA 设计建模。另一本配套书《SystemVerilog 验证：测试平台编写指南（原书第三版）》则专注于验证大型复杂设计的功能，判断设计是否正确。

为何撰写本书？

我在全球范围内为企业提供 SystemVerilog 培训课程和咨询服务。作为课程开发者和培训师，我对现有的 SystemVerilog 设计与综合书籍感到失望。为弥补这些不足，我撰写了本书。本书的重点在于使用可综合的 SystemVerilog 语言为 ASIC 和 FPGA 设备编写电路设计的 RTL 模型，并贯穿全书，强调适用于仿真和综合的正确编码风格。

适用读者

本书适用于所有从事数字集成电路设计的工程师，既可以用作学习指南，也可用作 SystemVerilog 语言中 RTL 综合子集的参考手册。本书通过示例介绍 SystemVerilog，强调正确的编码风格。

注意事项

本书假设读者已熟悉数字逻辑设计，与门、或门、异或门、多路复用器、触发器和状态机等概念不会在本书中进行定义。本书可作为学习和应用数字设计工程技能的有用资料。

本书涵盖的主题

本书专注于使用 SystemVerilog 来表示那些既可仿真又可综合的数字硬件设计部分。

第1章：简要概述 SystemVerilog 语言的仿真与综合，并介绍 SystemVerilog 与传统 Verilog 的主要区别。

第2章：概述 SystemVerilog 中的 RTL 建模，包括语言规则、设计划分和网表。

第3章：详细介绍 SystemVerilog 中的多种数据类型，说明哪些数据类型适用于 RTL 建模，并探讨如何适当使用2态和4态类型，还介绍了数组作为可综合 RTL 建模的应用。

第4章：讲解用户自定义类型，包括枚举类型、结构体和联合体，并涵盖使用包来声明用户自定义类型的方法。

第5章：解释 SystemVerilog 中的各种运算符，并展示如何使用这些运算符编写精确且可预测的 RTL 模型。

第6章：介绍 SystemVerilog 中的编程语句，重点是正确的 RTL 编码指南，以确保代码能够综合为预期的门级电路。本章还讲解了 SystemVerilog 新增的一些编程语句，这些语句与标准 Verilog 相比，可以用更少的代码行数来完成建模。

第7章：深入探讨组合逻辑的 RTL 模型编写，提供最佳的编码建议，以确保模型能够正确地仿真和综合。

第8章：探讨正确建模 RTL 时序逻辑行为的方法。主题包括同步和异步复位、置位/复位触发器、使能触发器以及存储器设备（如 RAM）。

第9章：介绍在 RTL 模型中正确建模锁存器的方法，并讲解如何避免非设计意图的锁存器。

第10章：讨论 SystemVerilog 相较于传统 Verilog 新增的强大接口（interface）结构。接口显著简化了电路设计中对复杂总线的使用，并使创建更智能、更易用的知识产权（IP）模型成为可能。

附录内容

附录 A：汇总本书各章节中提出的最佳实践指南。

附录 B：列出各代 Verilog 和 SystemVerilog 标准中的保留关键字集。

附录 C：收录一篇题为《我仍然爱着电路的 X 态！》的论文，讨论了 X 值在 RTL 模型中的传播方式，并推荐了减少或检测 X 态乐观和 X 态悲观问题的方法。

附录 D：列出一些与本书讨论主题密切相关的额外资源。

书中示例

本书中的示例，以精简的情境展示特定的 SystemVerilog 结构。本书采用将所有 SystemVerilog 关键字加粗的约定，如下所示：

SystemVerilog 32 位加法器 / 减法器 RTL 模型（与示例 1.3 相同）

```
module rtl_adder_subtracter
(input  logic        clk,   //1 位标量输入
 input  logic        mode,  //1 位标量输入
 input  logic [31:0] a, b,  //32 位向量输入
 output logic [31:0] sum    //32 位向量输出
);
   timeunit 1ns/1ns;

   always_ff @(posedge clk) begin
     if (mode == 0) sum <= a + b;
     else           sum <= a - b;
   end
endmodule: rtl_adder_subtracter
```

本书中的每一章都包含许多较短的示例，称为代码片段，这些片段并不是完整的模型。完整的源代码（如变量声明）并未包含在这些代码片段中，这么做的目的是聚焦于特定的 SystemVerilog 构造，使示例不受周围代码的干扰。

获取示例代码

本书列出的所有示例的完整代码可以用于个人非商业用途，读者可以通过封面二维码下载。

本书使用的仿真器和综合编译器

注意，本书力求保持厂商和软件工具的中立性。尽管书中的示例使用了特定产品进行测试，但只要仿真器或综合编译器遵循 IEEE 1800-2012 SystemVerilog 标准，所有示例都应能够正常运行。

书中示例已使用多种仿真和综合工具进行测试，按公司名称字母顺序列出如下：

·Cadence：Genus RTL Compiler 综合编译器。

·Intel（原 Altera）：Quartus Prime 综合编译器。

·Mentor Graphics：Questa™ 仿真器和 Precision RTL Synthesis™ 综合编译器。

·Synopsys：VCS™ 仿真器、DC-Ultra™ 综合编译器，以及 Synplify-Pro® 综合编译器。某些示例还使用了 SpyGlass® Lint RTL 规则检查工具。

·Xilinx：Vivado® 综合编译器。

用于测试本书示例的软件版本为作者在 2017 年第一季度能获取的最新版本。（部分工具不支持个别示例中使用的 SystemVerilog 语言特性，但这些语言特性可能会在工具的未来版本中得到支持）

本书展示的许多综合原理图输出使用 Mentor Graphics Precision RTL Synthesis™ 编译器生成。选择该编译器是因为其生成的原理图易于以黑白方式捕获，并适应本书的页面格式。

以下资源可作为本书的补充材料：

·《IEEE Std 1800-2012, SystemVerilog Language Reference Manual LRM》，版权归 IEEE,Inc. 所有，2013 年出版于纽约，ISBN 978-0-7381-8110-3。这是官方的 SystemVerilog 标准，是语法和语义的参考手册，而非用于学习 SystemVerilog 的教程。可通过以下链接免费下载：https://standards.ieee.org/getieee1800/download/1800-2012.pdf。

·《SystemVerilog 验证：测试平台编写指南（原书第三版）》，2023 年由科学出版社翻译出版，ISBN 978-7-03-072746-6。这本书是本书的配套资料，重点关注 SystemVerilog 的验证方面。

其他与本书主题相关的资源列于附录 D。

致　谢

感谢在本书写作过程中提供帮助的所有人，特别感谢 Leah Clark、Clifford Cummings、Steve Golson、Kelly Larson、Don Mills 和 Chris Spear，他们审阅特定章节的内容，为技术内容的准确性和质量提供了宝贵的反馈。感谢 Shalom Bresticker，在我写书期间回答了许多技术问题。

感谢 Don Mills，他在整个写作过程中提供了宝贵的反馈和协助。Don 为本书提出许多创新示例，并在多个仿真器和综合编译器上测试代码示例。

感谢 Phil Moorby，原 Verilog 语言和仿真器的创建者，感谢他为本书撰写了序，感谢他为数字设计行业创造了长久使用的设计和验证语言。

最后，感谢我的妻子 LeeAnn Sutherland，她对本书的语法、标点和可读性进行了细致的审阅。

目 录

第 1 章　SystemVerilog
仿真与综合

本章探讨使用 SystemVerilog 进行硬件建模的一般概念，介绍硬件设计流程中仿真和综合的作用。

本章介绍的主题包括：

· Verilog 与 SystemVerilog 的区别。

· RTL 和门级建模。

· 定义 SystemVerilog 的 RTL 综合子集。

· ASIC 建模和 FPGA 建模。

· 模型验证测试平台。

· SystemVerilog 中数字仿真的角色和作用。

· SystemVerilog 中数字综合的角色和作用。

· SystemVerilog 中 lint 检查器的角色和作用。

1.1　Verilog和SystemVerilog的区别

Verilog 始于 20 世纪 80 年代初，是 Gateway Design Automation 公司为其数字仿真器开发的硬件建模语言。Verilog HDL 在 1989 年开放给公众，并于 1995 年由 IEEE 组织进行标准化，晋升为国际标准，此时的 Verilog 称为 IEEE Std 1364-1995™（通常称为 "Verilog-95"）。2001 年，IEEE 将 Verilog 标准更新为 1364-2001™ 标准，称为 "Verilog-2001"。Verilog 名称下的最后一个官方版本是 IEEE Std 1364-2005™。同年，IEEE 发布了一系列具有增强功能的 Verilog HDL。这些增强功能最初以不同的标准编号和名称记录，即 IEEE Std 1800-2005™ SystemVerilog 标准。2009 年，IEEE 终止了 IEEE-1364 标准，并将 Verilog-2005 合并到 SystemVerilog 标准中，标准编号为 IEEE Std 1800-2009™ 标准。2012 年，IEEE 又增加了额外的设计和验证增强功能，作为 IEEE Std 1800-2012™ 标准，称为 SystemVerilog-2012。在撰写本书之际，IEEE 接近完成 IEEE Std 1800-2017™ 标准，又称为 SystemVerilog-2017。此版本仅修正了 2012 年版本标准中的错误，并对语言语法和语义规则进行了澄清。

1.1.1　原始Verilog

20 世纪 80 年代初，Verilog 是一家名为 Gateway Design Automation 的公司的专有硬件描述语言（HDL）。最初的 Verilog HDL 的主要作者是 Phil

Moorby。随着数字仿真变得越来越流行，几家电子设计自动化（EDA）公司都提供各自的数字仿真器，但当时没有标准的硬件描述语言可供这些仿真器使用。相反，每个仿真器公司提供了一种特定于该仿真器的专有建模语言。Gateway Design Automation 也不例外，仿真器产品被命名为"Verilog-XL"，其附带的建模语言被称为"Verilog"。Verilog-XL 仿真器和 Verilog HDL 在 20 世纪 80 年代后半期成为数字设计的主流仿真器和语言。促成这种流行的因素包括以下几个方面：

（1）Verilog-XL 仿真器比大多数同时期的仿真器速度更快，设计容量更大，使得使用它的公司能够更高效地设计更大、更复杂的数字集成电路。

（2）20 世纪 80 年代后半期，许多电子设计公司正在从定制集成电路转向专用集成电路（ASIC）。Gateway Design Automation 与主要的 ASIC 供应商紧密合作，Verilog-XL 作为标准参考仿真器，成为确保时序准确的关键。ASIC 供应商的这一偏好使得 Verilog 成为参与 ASIC 设计的公司的首选语言。

（3）20 世纪 70 年代和 80 年代早期，主要的数字仿真器通常使用两种专有语言：一种是用于数字逻辑建模的门级语言，另一种是用于激励输入和响应检查的专用语言。Gateway Design Automation 摒弃了这一传统，将门级建模、抽象功能建模、激励和响应检查整合到一种称为 Verilog 的单一语言中。

（4）许多公司采用 Verilog 语言进行 ASIC 设计是因为它能够将抽象的 Verilog 模型综合为门级模型。20 世纪 80 年代后半期，Synopsys Inc 与 Gateway Design Automation 达成协议，将 Verilog 语言与 Synopsys Design Compiler (DC) 数字综合工具进行绑定。这种绑定使用户能够同时进行 Verilog 的仿真和综合，在当时相较于其他所有专有数字建模语言具有巨大的优势。

1.1.2 开放Verilog和VHDL

Verilog 语言的快速增长和普及在 20 世纪 90 年代初突然放缓。电气和电子工程师协会（IEEE）发布了 VHDL 语言，作为第一个行业标准的非专有硬件描述语言。与 Verilog 类似，VHDL 也提供了一种集成的数字建模和验证语言，并得到了 ASIC 供应商的支持（最初是在 VHDL 设计流程中使用经过认证的 Verilog ASIC 库）。随着 VHDL 仿真器和综合编译器的出现，许多设计公司开始回避使用专有语言，这其中也包括 Verilog。还有一些其他因素，例如美国国防部（DoD）要求使用 VHDL 作为国防部设计的文档语言，导致用户从 Verilog 向 VHDL 转变（其实美国国防部并没有要求设计工作必须使用 VHDL，只要求最终文档必须使用 VHDL）。

Gateway Design Automation 计划将 Verilog 发布到公共领域，试图阻止这种远离专有 HDL 的做法。完成该计划的第一步就是将 Verilog 语言文档与 Verilog-XL 仿真器产品文档分开。在这项工作进行期间，Gateway Design Automation 被 Cadence Design Systems 收购。Cadence 完成了这项工作，Verilog 于 1991 年正式成为公共领域语言。一个名为 Open Verilog International (OVI) 的非营利组织成立，以控制开源 Verilog 语言并促进其使用。将 Verilog 发布到公共领域有效地遏制了从 Verilog 转向 VHDL 的趋势。在接下来的二十年里，这两种 HDL 共存，在全球电子设计行业中有着相近的地位。然而，2005 年 SystemVerilog 的出现打破了这种平衡关系，SystemVerilog 以其新名称再次成为数字设计和验证中使用的更主流的硬件描述语言。

1.1.3 IEEE Verilog-95和Verilog-2001

IEEE 于 1993 年接管了开源的 Verilog 语言，并在两年后发布了官方的 IEEE Verilog HDL 标准，即 IEEE 1364-1995，昵称为“Verilog-95”。五年后，IEEE 发布了 1364-2001，又称为“Verilog-2001”，并对数字设计的建模和验证功能进行了多项增强。

图 1.1 显示了 Verilog-95 中的主要语言特性，以及在 Verilog-2001 中添加的主要新特性。请注意，此图并没有完全展示所有的 Verilog 语言特性。它的目的是展示 Verilog-2001 相较于原始 Verilog 语言，主要添加的新特性。

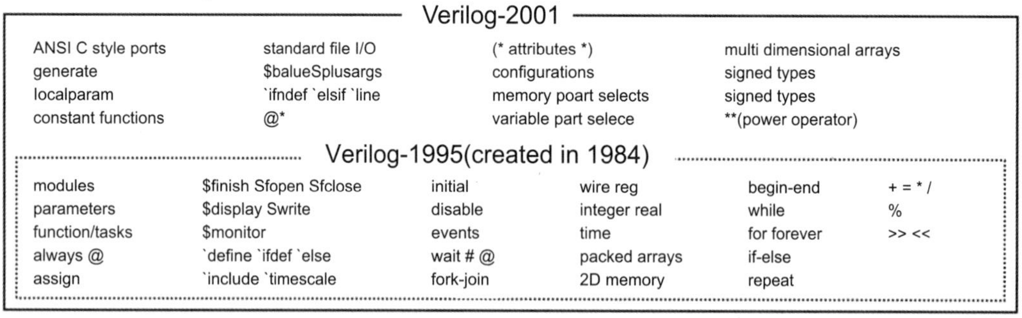

```
┌─────────────────────── Verilog-2001 ───────────────────────┐
│ ANSI C style ports   standard file I/O    (* attributes *)     multi dimensional arrays │
│ generate             $balueSplusargs      configurations       signed types │
│ localparam           `ifndef `elsif `line memory poart selects signed types │
│ constant functions   @*                   variable part selece **(power operator) │
├─────────────── Verilog-1995(created in 1984) ──────────────┤
┊ modules          $finish Sfopen Sfclose   initial     wire reg        begin-end   + = * / ┊
┊ parameters       $display Swrite          disable     integer real    while       %       ┊
┊ function/tasks   $monitor                 events      time            for forever >> <<   ┊
┊ always @         `define `ifdef `else     wait # @    packed arrays   if-else             ┊
┊ assign           `include `timescale      fork-join   2D memory       repeat              ┊
└────────────────────────────────────────────────────────────┘
```

图 1.1 Verilog-95 和 Verilog-2001 语言特性

1.1.4 SystemVerilog对Verilog 的扩展——一个独立的标准

1980 年到 2001 年，典型数字集成电路的规模和复杂性发生了翻天覆地的变化，当时 Verilog 和 VHDL 语言还都是第一次出现。即使在 Verilog-2001 中添加新的特性，对这些大型设计的建模，以及验证这些复杂设计，也变得越来越困难。

为了解决 Verilog-2001 语言的局限性，Accellera 开始定义一套实质性的 Verilog 语言新特性。这些扩展被概括为两个主要类别：

（1）满足更高效、更准确地建模数字逻辑功能的需求。

（2）编写高效、无竞争的验证代码，以适应大型且复杂的设计的需求。

定义下一代 Verilog 的工作最初是在 IEEE 之外进行的，由一个名为 Accellera（现为 Accellera Systems Initiative）的独立非营利组织完成。Accellera 由开发电子设计自动化软件工具的公司和使用这些软件工具的公司代表组成。Accellera 成立于 20 世纪 90 年代中期，由 Verilog 和 VHDL 用户组合并而成。后来，其他 EDA 小组也并入了 Accellera，例如 SystemC Initiative。Accellera 负责今天许多 EDA 工程标准的初步开发工作。许多 Accellera 标准中的内容最终都成为 IEEE 标准的一部分。

2002 年末，Accellera 发布了包含这些主要扩展的第一个版本，这些扩展同时添加到了 IEEE Verilog-2001 语言中。在 Verilog-2001 的扩展开发过程中，这些新语言特性起初被称为"Verilog ++"，但在最后一刻决定将这些扩展发布为"SystemVerilog 3.0"。选择 3.0 是为了表明，当这些扩展与 Verilog 结合时，它将是 Verilog 语言的第三代（Verilog-95 是第一代，Verilog-2001 是第二代）。Accellera 继续定义对 Verilog 的更多扩展，并在 2003 年发布了 SystemVerilog 3.1 标准。

需要注意的是，Accellera SystemVerilog 3.1 文档并不是一个完整的、独立的语言，它是 IEEE 1364-2001 Verilog 语言的一组扩展。Accellera 最初的意图是 IEEE 随后将这些扩展添加到 IEEE 1364 Verilog 标准的下一个版本中，添加的目标版本是 1364-2005，昵称为 Verilog-2005。然而，由于多种原因，IEEE Verilog 标准委员会决定不立即将这些扩展合并到实际的 Verilog 1364 标准中。相反，IEEE 为这些扩展分配了一个新的标准编号。在 2005 年，IEEE 发布了 1364-2005 Verilog 标准，同时发布了 1800-2005 SystemVerilog 作为对 Verilog 标准的扩展。

图 1.2 显示了 SystemVerilog 相较于 Verilog-2001 添加到的主要特性。该图还显示有 4 个特性被纳入了 Verilog 1364-2005 文档，而不是 SystemVerilog 1800-2005 标准。图 1.2 没有区分 2005 年、2009 年、2012 年和 2017 年版本的 SystemVerilog。SystemVerilog 对传统 Verilog 添加的大多数新功能是在 SystemVerilog-2005 版本中实现的。在 2009 年和 2012 年版本中仅添加了一小部分额外功能，而在 2017 年版本中没有新增功能。

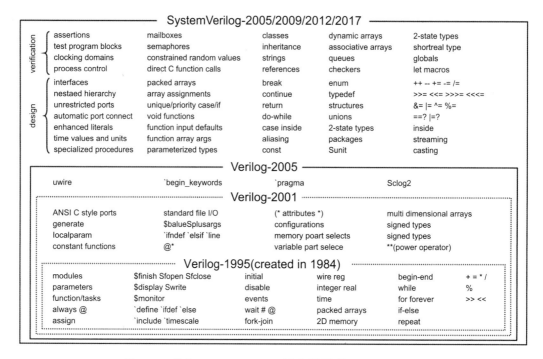

图 1.2　带有 SystemVerilog 语言扩展的 Verilog-2005

1.1.5　SystemVerilog替代了Verilog

在发布这两个独立标准后，IEEE 开始着手合并这两个标准，斯图尔特·萨瑟兰（本书作者）负责编辑工作以合并这两份大型文档。除了合并这两个标准外，IEEE 还定义了一些额外的 SystemVerilog 特性。合并后的 Verilog 和 SystemVerilog 标准被发布为 IEEE1800-2009 SystemVerilog 标准。当时，IEEE 终止了旧的 Verilog-1364 标准，正式更名为"SystemVerilog"。

硬件设计的复杂性，以及验证过程的持续演变，使得 IEEE 也在不断发展 SystemVerilog 标准以跟上步伐。2012 年，IEEE 发布了 1800-2012 SystemVerilog 标准。在本书撰写之际，IEEE 正在研究 1800-2017 版本的 SystemVerilog。SystemVerilog-2017 版本主要对 SystemVerilog 标准进行了修正，并未向 2012 标准添加任何新语言特性。

本书基于 2012/2017 版本的 SystemVerilog。

IEEE 在 2005 年决定发布两个独立标准：一个包含传统 Verilog 语言（1364-2005），另一个仅包含对 Verilog 的扩展，称为 SystemVerilog（1800-2005），这让工程师感到困惑。一个常见的误解是，Verilog 是一种硬件建模语言，而 SystemVerilog 是一种验证语言。这个理解是不对的！最初的 Verilog 语言始终是一种集成了电路建模和电路验证的语言。SystemVerilog 在实质上扩展了原始 Verilog HDL 的建模和验证的能力。

SystemVerilog 既是一种数字建模语言，也是一种数字验证语言。

数字仿真的早期先驱之一 Simon Davidmann 撰写了关于 Verilog 和 SystemVerilog 起源的详细历史，可以在《System Verilog 硬件设计及建模》一书的附录中找到。

本书的重点是 SystemVerilog 的设计方面，作为本书的额外内容，推荐读者阅读《SystemVerilog 验证：测试平台编写指南（原书第三版）》，以了解该语言在验证方面的应用。

1.2 RTL和门级建模

本节定义用于描述细节级别的术语，其中的硬件功能可以使用 SystemVerilog 建模。

1.2.1 抽象级别

SystemVerilog 能够在不同详细程度上建模数字逻辑，称为"抽象级别"。抽象意味着缺乏细节。数字模型越抽象，模型中包含的关于其所表示硬件的细节就越少。

图 1.3 显示了 SystemVerilog 中可用的、主要的抽象层次。

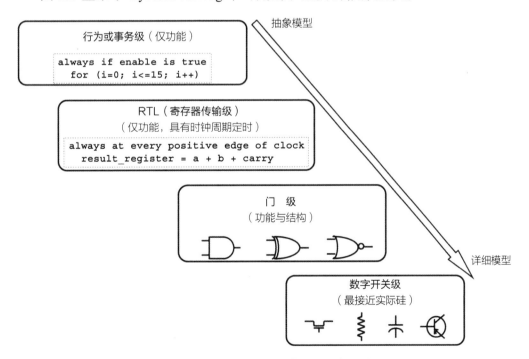

图 1.3 SystemVerilog 建模的抽象层次

1.2.2 门级模型

SystemVerilog 支持使用门级原语建模数字逻辑。数字逻辑门是一个详细模型，和实际的芯片实现强相关。

SystemVerilog 提供了几种内置的门级原语，允许工程师定义额外的原语，这些原语被称为用户自定义原语（UDP）。

SystemVerilog 中的内置原语如表 1.1 所示。

表 1.1　SystemVerilog 门级原语

门级原语	描　述
and	与门，一个输出端口，两个或两个以上输入端口
nand	与非门，一个输出端口，两个或两个以上输入端口
or	或门，一个输出端口，两个或两个以上输入端口
nor	或非门，一个输出端口，两个或两个以上输入端口
xor	异或门，一个输出端口，两个或两个以上输入端口
buf	缓冲器，一个输出端口，一个输入端口
not	反相器，一个或多个输出端口，一个输入端口
bufif0	三态缓冲器，一个输出端口，一个输入端口，一个有源低电平有效使能信号
bufif1	三态缓冲器，一个输出端口，一个输入端口，一个有源高电平有效使能信号
notif0	三态反向器，一个输出端口，一个输入端口，一个有源低电平有效使能信号
notif1	三态反向器，一个输出端口，一个输入端口，一个有源高电平有效使能信号

SystemVerilog 还为 ASIC 和 FPGA 的库开发者提供了一种通过 UDP 来扩展内置原语集合的方法。UDP 以表格格式定义，其中表中的每一行列出一组输入值和相应的输出值。这种表格可以定义组合逻辑和时序逻辑（如触发器）。

图 1.4 显示了一个带进位的 1 位加法器的门级电路。示例 1.1 展示了使用原语建模该电路的 SystemVerilog 代码。

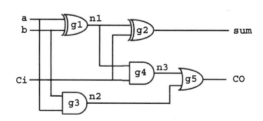

图 1.4　1 位进位加法器的逻辑门表示

示例 1.1　SystemVerilog 1 位进位加法器的门级模型

```
module gate_adder
(input  wire a, b, ci,
 output wire sum, co
```

```
);
    timeunit 1ns; timeprecision 100ps;

    wire n1, n2, n3;

    xor           g1 (n1, a, b);
    xor #1.3      g2 (sum, n1, ci);
    and           g3 (n2, a, b);
    and           g4 (n3, n1, ci);
    or  #(1.5,1.8) g5 (co, n2, n3);

endmodule: gate_adder
```

门级原语的语法是：

```
< gate_type > < delay > < instance_name > ( < outputs > ,
    < inputs > ) ;
```

许多门级原语的输入数量是可变的。例如，一个与门原语可以表示一个 2 输入、3 输入或 4 输入的与门，如下所示：

```
and  i1 (o1, a, b);                    //2 输入与门
and  i2 (o2, a, b, c);                 //3 输入与门
and  i3 (o3, a, b, c, d);              //4 输入与门
```

原语的实例名称是可选的，但人们通常希望这些实例名称以清晰的代码文档体现。这使得维护代码更容易，并且能够将 SystemVerilog 源代码与电路图或设计的其他表示相关联。实例名称是用户定义的，可以是任何合法的 SystemVerilog 名称。门级原语可以通过传播延迟进行建模。如果没有指定延迟，则对门的输入的变化将立即反映在门的输出上。延迟是一个表达式，可以是一个简单的值，如示例 1.1 中的实例 g2，或一个更复杂的表达式，如示例 1.1 中的实例 g5。上面示例中的门 g2 具有 1.3ns 的传播延迟，这意味着当门的一个输入发生变化时，门的输出 sum 将在 1.3ns 后改变。门 g5 将传播延迟分解为输出上的上升和下降过渡的不同延迟。如果 co 的值从 0 过渡到 1，则变化将延迟 1.5ns。如果 co 的值从 1 过渡到 0，则变化将延迟 1.8ns。

门级建模可以高精度表示实际芯片的传播延迟。逻辑门的功能反映了在实际芯片中使用的晶体管组合的功能，而门延迟可以反映通过这些晶体管的传播延迟。这种精度被 ASIC 和 FPGA 供应商用于建模特定设备的详细行为。本章 1.6 节将探讨门级模型在 ASIC 和 FPGA 设计流程中的使用。

门级模型通常由软件工具或专门从事库开发的工程师生成。在 RTL 级别进行设计的工程师很少，甚至从不使用门级原语进行建模。相反，RTL 设计师使用门级模型的网表，这些网表是通过综合 RTL 模型生成的。门级模型由目标 ASIC 或 FPGA 设备的供应商提供。门级建模的内容远比本节所展示的要多，但本书不会对此主题进行进一步的详细讨论。

SystemVerilog 还可以使用开关原语（如 pmos、nmos 和 cmos）、电阻开关原语（如 rpmos、rnmos 和 rcmos）和电容网络在晶体管级别对数字电路进行建模。这种级别建模非常接近实际的芯片实现。然而，由于这些构造仅建模数字行为，因此很少使用。晶体管、电阻器和电容器是模拟设备。

数字仿真并不能准确反映晶体管的行为。开关级建模通常不在 ASIC 和 FPGA 设计流程中使用 SystemVerilog，本书也不详细讨论。

1.2.3 RTL模型

更抽象的建模层次以及本书的重点是 RTL（寄存器传输级）。这一建模层次使用编程语句和运算符表示数字功能。RTL 模型是功能模型，不包含如何在实际芯片中实现该功能的细节。由于这种抽象，复杂的数字功能可以比在详细的门级建模中更快、更简洁地建模。RTL 模型的仿真速度也显著快于门级和开关级模型，使得验证更大、更复杂的设计成为可能。

SystemVerilog 提供两种主要的 RTL 建模构造：连续赋值和 always 过程块。

连续赋值从 assign 关键字开始，可以表示简单的组合逻辑。前面的示例 1.1 说明了一个 1 位加法器的门级模型。示例 1.2 显示了如何通过使用连续赋值在更抽象的层次上建模相同的 1 位加法器功能。

示例 1.2 1 位加法器的 SystemVerilog RTL 模型

```
module rtl_adder
(input  logic a, b, ci,
 output logic sum, co
);
  timeunit 1ns/1ns;

  assign {co,sum} = a + b + ci;


endmodule: rtl_adder
```

RTL 建模的一个优点是代码更具自我文档性。查看示例 1.1 中的门级模型，尤其是在没有注释和有意义名称的情况下，可能很难识别模型所代表的内容。

但是在另一方面，查看示例 1.2 中的 RTL 模型代码，识别其功能为加法器要容易得多。

RTL 建模的另一个强大优势是能够处理向量和数据束。向量是一个宽度超过一位的信号。详细的开关级和门级建模操作的是一位宽的信号，这在 SystemVerilog 中被称为标量信号。要建模一个 32 位加法器，需要建模在每个单独位上操作的开关或门，和实际芯片中的情况相同。上面示例 1.2 中的连续赋值语句可以建模任何位宽的加法器，只需更改信号的声明。

可以使用过程块建模更复杂的功能。过程块封装了一行或多行编程语句，以及关于何时执行这些语句的信息。在 RTL 级别，有四种类型的 always 过程语句：always、always_comb、always_ff 和 always_latch，第 6 章的 6.1 节将更详细地探讨 always 过程块的使用。

示例 1.3 简洁地表示了一个具有寄存器输出的 32 位加法器 / 减法器。

示例 1.3　SystemVerilog RTL 模型的 32 位加法器 / 减法器

```
module rtl_adder_subtracter
(input  logic       clk,        //1 位标量输入
 input  logic       mode,       //1 位标量输入
 input  logic [31:0] a, b,      //32 位向量输入
 output logic [31:0] sum        //32 位向量输出
);
  timeunit 1ns/1ns;

  always_ff @(posedge clk) begin
    if (mode == 0) sum <= a + b;
    else           sum <= a - b;
  end

endmodule: rtl_adder_subtracter
```

在典型的仿真与综合设计流程中，工程师们将大部分时间花在 RTL 级别的建模和验证 RTL 功能上。本书的重点是编写能进行最佳仿真和综合的 RTL 模型。

1.2.4　行为模型和事务级模型

SystemVerilog 过程块可以用于在比 RTL 更高的抽象层次上建模。这种抽象层次的模型通常被称为行为模型（也称为总线功能模型或算法模型）。行为

模型与 RTL 模型非常相似，因为 RTL 和行为模型都使用 always 过程块。行为模型与 RTL 的不同之处在于以下两个方面：

（1）RTL 过程块在一个时钟周期内执行其编程语句，或者在组合逻辑中执行零个周期。行为过程块执行其语句可能需要任意数量的时钟周期。

（2）RTL 模型必须遵循严格的语言限制，以便被 RTL 综合编译器综合。行为模型可以利用完整的 SystemVerilog 语言。

更高的抽象层级是事务级建模。事务模型通常用于验证代码，并且通常使用 SystemVerilog 的面向对象编程构造进行建模。

行为级和事务级的抽象不能被 RTL 综合编译器综合，并且在本书中不讨论。

1.3 定义SystemVerilog的RTL综合子集

SystemVerilog 既是一种硬件设计语言，也是一种硬件验证语言。官方的 IEEE SystemVerilog 标准并没有区分这两个目标，也没有指定 SystemVerilog 语言中能用于综合的子集语句。相反，提供 RTL 综合编译器的公司定义了哪些 SystemVerilog 语言构造被特定产品支持。

缺乏 SystemVerilog 综合标准导致每个综合编译器支持不同的 SystemVerilog 标准子集。这意味着设计工程师在编写用于综合的模型时需要小心。参考所使用的综合编译器的文档，并遵循该编译器的语言子集是至关重要的。为一个综合编译器编写的模型可能需要修改才能与另一个综合编译器兼容。本书定义了一个 SystemVerilog 的子集，该子集可以与本书撰写时市面上大多数 SystemVerilog RTL 综合编译器兼容。只要遵循本书中定义的语言限制和编码指南，模型就可以在任何主要的 SystemVerilog 综合编译器上进行综合。

1.4 针对ASIC和FPGA的建模

ASIC 和 FPGA 技术的完整定义超出了本书的范围，本书主要讨论使用 SystemVerilog 语言的正确数字逻辑建模风格。

本节的目的是探讨 ASIC 和 FPGA 技术如何影响 SystemVerilog 建模风格。关于 ASIC 和 FPGA 实现的细节以及这些技术的适当应用留待其他工程书籍和讨论中探讨。然而，为了实现 RTL 建模最佳实践的目标，理解 ASIC 和 FPGA 的基本概念是非常重要的。

1.4.1 标准单元ASIC

与可以执行多种功能的通用 IC（如微处理器）不同，ASIC（application specific integrated circuit，专用集成电路）被设计用于执行特定任务。控制器、音频格式转换和视频处理是 ASIC 用于执行特定任务的例子。ASIC 还可以包括一个或多个嵌入式处理器，以执行通用操作及其特定任务。带有嵌入式处理器的 ASIC 通常被称为系统级芯片（system on chip，SoC）。

提供 ASIC 的公司被称为 ASIC 供应商。其中一部分供应商提供 ASIC 技术，并进行实际的制造和生产，一部分 ASIC 供应商仅提供 ASIC 技术，制造和生产则留给其他公司。

大多数 ASIC 技术使用标准单元，这些是预先设计的逻辑块，由一个到多个逻辑门组成。一个 ASIC 单元库可能有几百个标准单元，例如 AND、NAND、OR、NOR、异或、同或、2-1 MUX、D 型触发器、锁存器等。每个单元都具有明确定义的电气特性，例如传播延迟、建立时间、保持时间及电容。

设计 ASIC 涉及从库中选择适当的单元并将它们连接在一起以执行所需的功能。在整个过程中使用软件工具。ASIC 设计的典型流程如图 1.5 所示。

图 1.5 所示的步骤如下：

（1）规范设计的预期功能。

（2）在抽象的 RTL 层次上进行所需功能的建模。在这个阶段，重点是功能，而不是物理实现。

（3）仿真，用于验证功能，1.5 节将更详细地讨论仿真。

（4）综合，用于将 RTL 功能映射到目标 ASIC 类型的适当标准单元。综合的输出称为门级网表。这一综合过程将在 1.6 节更详细地描述。

（5）等价性检查（形式验证的一种），用于验证门级实现是否在功能上等同于 RTL 功能。

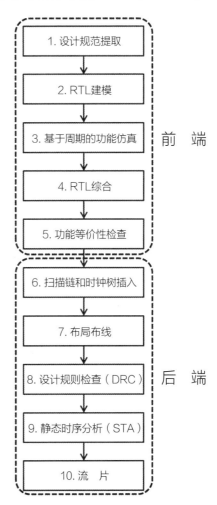

图 1.5 基于 RTL 的典型的 ASIC 设计流程

（6）时钟树综合，用于在设计中均匀分布时钟驱动器。此时还会使用工具，插入扫描链，为设计增加可测试电路部分。

（7）布局布线，布局布线的目的是通过软件计算如何在实际芯片上布局单元并布线互连走线。布局布线软件的输出是图形数据系统文件（GDSII）文件。GDSII 是一种二进制格式，包含有关几何形状（多边形）和实际在芯片中构建集成电路所需的其他数据的信息。

（8）设计规则检查（DRC）是为了确保遵循 ASIC 制造厂定义的所有规则，例如门扇出负载。

（9）静态时序分析（STA）是为了确保在考虑互连网络和时钟树偏移的延迟效应后，满足建立时间 / 保持时间。

（10）最后一步是将 GDSII 文件和其他数据发送到 ASIC 的制造厂。将这些文件发送给制造厂被称为流片（taping out）。在 ASIC 设计的早期，使用磁片将这些文件发送到制造厂。

本书对 ASIC 设计流程的这些步骤进行了概括。有许多细节被省略了，并不是所有公司都遵循这个确切的流程。有时第（9）步（静态时序分析）会在设计流程的早期进行，并可能在流程中多次进行。

本书的重点是 RTL 建模用于仿真和综合，即图 1.5 中的第（2）步和第（3）步，这种建模水平位于设计过程的前端。

设计细节如时钟树、扫描链和时序分析将在设计流程的后期出现，超出了本书的介绍范围。在 RTL 级别，设计工程师专注于实现所需的功能，而不是实现细节。然而，理解前端之后的建模、仿真和综合仍然很重要，因为 RTL 编码风格会影响后续设计流程中工具的有效性。

还有其他类型的 ASIC 技术不使用标准单元，如全定制、门阵列和结构化 ASIC，SystemVerilog 可以以类似的方式设计这些类型的 ASIC，尽管所涉及的软件工具可能不同。本书专注于使用 SystemVerilog 对更一般的标准单元 ASIC 技术进行建模。

1.4.2 FPGA

FPGA（field programmable gate array，现场可编程门阵列）是一种集成电路，包含固定数量的逻辑块，这些逻辑块可以在 IC 制造后进行配置（ASIC 的内容和布局必须在制造之前确定）。以往的 FPGA 的功能性无法与 ASIC 相提并论，并且运行速度较慢，这在 RTL 级别设计时是重要的考虑因素。随着 FPGA 技术的进步，显著缩小了 FPGA 和 ASIC 之间的差距。一般来说，FPGA 可以用于实现与 ASIC 相同的功能。

FPGA 包含许多小逻辑组件的阵列,这些组件被称为可配置逻辑块(CLB)。一些 FPGA 供应商将这些块称为逻辑阵列块(LAB)。一个典型的 CLB 可能包含一个或多个查找表(LUT)、一些多路复用器(MUX)和一个存储元件,如 D 型触发器。大多数 FPGA 中的查找表是小型 RAM,编程产生逻辑操作,如与(AND)、或(OR)和异或(XOR)。从 LUT 中选择所需的操作,可以使 CLB 以多种方式使用,从简单的与门、异或门到更复杂的组合功能。某些 FPGA 中的 CLB 可能还具有其他功能,例如加法器。MUX 允许组合结果直接从 CLB(异步输出)输出,或在存储元件中寄存(同步输出)。

FPGA 由成千上万的 CLB、可编程的 IO 元件和连接这些元素的可编程互连网络组成。设计人员可以通过硬件描述语言(HDL)来进行编程,将这些逻辑块和互连网络配置为实现特定的硬件逻辑功能。

复杂 FPGA 的典型设计流程如图 1.6 所示。

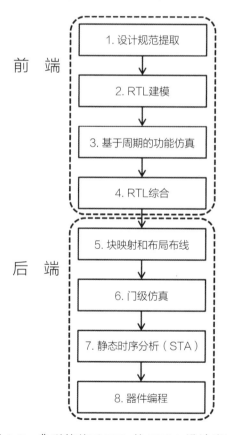

图 1.6 典型的基于 RTL 的 FPGA 设计流程

FPGA 设计流程的前端与 ASIC 的类似,但后端不同。FPGA 流程的后端部分与 ASIC 流程的主要区别在于布局布线。在 ASIC 中,布局布线软件决定了集成电路的制造方式。在 FPGA 中,综合和布局布线软件决定了如何对预先制造的集成电路进行编程。本书专注于前端步骤（2）和（3），即 RTL 建模和仿真，在这两个步骤中，ASIC 和 FPGA 设计之间几乎没有区别。

1.4.3 ASIC和FPGA的RTL编码风格

理想情况下，相同的 RTL 代码可以用于 ASIC 或 FPGA。在 RTL 级别工作时，工程师的重点是设计和验证功能，而不必担心实现细节。综合编译器的作用是将 RTL 功能映射到特定的 ASIC 或 FPGA。

大多数情况下，RTL 代码在 ASIC 和 FPGA 上都能同样良好地综合。尽管如此，这一普遍性仍然存在例外。RTL 模型的某些方面需要考虑设计将实现于 ASIC 还是 FPGA。这些方面包括：

（1）复位：大多数 ASIC 单元库包括同步复位触发器和异步复位触发器。设计工程师可以使用他们认为最适合设计的复位类型编写 RTL 模型。一些 FPGA 的灵活性较低，仅具有一种类型的复位触发器（通常是同步的）。虽然综合编译器可以将具有异步复位的 RTL 模型映射到门级同步复位，但需要额外的逻辑门。许多 FPGA 还支持全局复位功能和上电触发器自定义状态，而 ASIC 则没有这些功能。8.1.5 节将更详细地讨论复位建模。

（2）向量大小：ASIC 在最大向量宽度和向量运算方面基本不受限制。在大向量上进行复杂操作将需要大量逻辑门，但大多数 ASIC 中使用的标准单元架构可以适应这些操作。FPGA 在这方面更为严格。FPGA 中预定义的 CLB 数量及其布局可能会限制在非常大的向量实现复杂操作的能力，这种制约源于两个方面：一是可用的 CLB 数量，二是 CLB 之间互连走线的复杂性。ASIC 和 FPGA 之间的这种差异意味着，即使在 RTL 抽象级别，设计工程师也必须牢记设计的功能会受到设备的限制。

本书介绍的大多数示例、编码风格和指南同样适用于 ASIC 和 FPGA 设计。对于那些罕见的会对 ASIC 或 FPGA 产生影响的 RTL 编码风格的例外情况，本书将会予以特别说明。

1.5 SystemVerilog仿真

数字仿真是一种软件程序，它将逻辑值变化（称为激励）应用于数字电路模型的输入，按照实际芯片传播这些逻辑值变化的方式，在模型中传播该激励，并提供观察和验证该激励结果的机制。

SystemVerilog 是一种使用 0 和 1 的数字仿真语言，该语言不表示模拟电压、电容和电阻。SystemVerilog 提供的编程结构用于对数字电路、激励发生器和验证检查器进行建模。

本书重点关注对数字电路进行建模，后续章节将详细讨论和说明这一主题。示例 1.4 展示了一个可以进行仿真的简单数字电路模型，与前面示例 1.3 所示的电路相同。

示例 1.4 具有输入和输出端口的设计模型（一个 32 位加法器 / 减法器）

```
module rtl_adder_subtracter
(input  logic      clk,       //1 位标量输入
 input  logic      mode,      //1 位标量输入
 input  logic [31:0] a, b,    //32 位向量输入
 output logic [31:0]  sum     //32 位向量输出
);
  timeunit 1ns/1ns;

  always_ff @(posedge clk) begin
    if (mode == 0) sum <= a + b;
    else           sum <= a - b;
  end

endmodule: rtl_adder_subtracter
```

在这个例子中，模型具有输入端口和输出端口。为了仿真该模型，必须提供将逻辑值应用于输入端口的激励，并且必须提供响应检查器，以观察输出端口是否符合预期。尽管本书的重点不在于此，但还是提供了激励和响应检查的简要概述，以展示仿真 SystemVerilog 模型所涉及的内容。

测试平台用于进行激励生成和验证响应的封装。在 SystemVerilog 中，有许多方法可以对测试平台进行建模，测试平台中的代码可以从简单的编程语句到复杂的面向对象的事务级编程。示例 1.5 说明了为 32 位加法器 / 减法器设计的简单测试平台。

示例 1.5 32 位加法器 / 减法器模型的测试平台

```
module test
(output logic [31:0] a, b,
 output logic      mode,
 input  logic [31:0] sum,
 input  logic      clk
);
```

```
timeunit 1ns/1ns;

// 产生激励
initial begin
  repeat (10) begin
    @(negedge clk) ;
    void'(std::randomize(a) with {a >= 10; a <= 20;});
    void'(std::randomize(b) with {b <= 10;});
    void'(std::randomize(mode));
    @(negedge clk) check_results;
  end
  @(negedge clk) $finish;
end

// 验证结果
task check_results;
  $display("At %0d: \t a=%0d  b=%0d  mode=%b  sum=%0d",
    $time, a, b, mode, sum);
  case (mode)
    1'b0: if (sum !== a + b) $error("expected sum = %0d", a + b);
    1'b1: if (sum !== a - b) $error("expected sum = %0d", a - b);
  endcase
endtask

endmodule: test
```

示例 1.5 中的主要代码块是一个 initial 过程块，这是一种程序块。程序块包含编程语句和时间信息，以指示仿真器该做什么，以及何时做。SystemVerilog 有两种主要类型的程序块：initial 和 always 过程块。

（1）initial 过程块使用关键字 initial 定义。尽管名称如此，initial 过程块并不用于初始化设计。相反，initial 只执行一次其编程语句。当最后一条语句被执行时，initial 过程在给定的仿真运行中不会再次执行。initial 过程是不可综合的，并且不用于 RTL 建模。本书专注于编写用于仿真和综合的 RTL 模型，因此不会更深入讨论 initial。

（2）always 过程块是用关键字 always、always_comb、always_ff 和 always_latch 定义的。always 过程是一个无限循环。当 always 过程完成最后一条语句时，程序会自动返回到开头，并重新开始该过程。对于 RTL 建模，

always 过程必须以敏感列表开始，例如在示例 1.4 中显示的 @ (posedge clk) 定义。各种形式的 always 过程将在 6 章 ~ 第 9 章更详细地讨论。

过程块可以包含单个语句或一组语句。过程块中的多个语句通过关键字 begin 和 end 组合在一起（验证代码也可以通过关键字 fork 和 join、join_any 或 join_none 组合语句）。在 begin 和 end 之间的语句按照列出的顺序执行，即从第一条语句开始，到最后一条语句结束。

示例 1.5 中的 initial 过程包含一个重复循环。该循环被定义为执行 10 次。循环的每个过程如下所示：

（1）等待 clk 信号下降沿的到来。

（2）为设计中的 a、b 和 mode 信号生成随机激励。

（3）直到下一个 clk 下降沿的到来，然后调用 check_results 任务（子例程）以验证设计的输出是否与计算的预期结果匹配。

该设计在其时钟输入的上升沿工作。测试平台使用同一时钟的相对边沿，以避免在设计使用的时钟边沿上驱动输入和读取输出。如果测试平台在时钟的上升沿驱动值，那么在设计使用这些输入之前，这些输入的建立时间将为零。同样，如果测试平台在时钟的上升沿验证设计结果，那么这些设计输出的保持时间将为零。

在同一时刻修改和读取一个值被称为仿真竞争条件。使用设计时钟的相对边沿来驱动激励是测试平台避免设计仿真竞争条件的一种简单方法，例如满足设计的建立时间和保持时间要求。SystemVerilog 提供了更有效的方法，使测试平台能够避免与被测试设计之间的竞争条件，这超出了本书的范围。推荐阅读《SystemVerilog 验证：测试平台编写指南（原书第三版）》以获取更多细节。书中介绍了 SystemVerilog 的功能和强大的验证构造，以及良好的验证编码风格。

测试平台被建模为一个具有输入和输出端口的模块，类似于被验证的设计。最后一步是将测试平台端口连接到设计端口，并生成时钟，这是在顶层模块中完成的，示例 1.6 显示了这方面的代码。

示例 1.6 在顶层模块中连接测试平台

```
module top;
  timeunit 1ns/1ns;

  logic [31:0]  a, b;
  logic         mode;
  logic [31:0]  sum;
```

```
logic           clk;

test                    test (.*);
rtl_adder_subtracter    dut  (.*);

initial begin
  clk <= 0;
  forever #5 clk = ~clk;
end
endmodule: top
```

1.5.1 SystemVerilog仿真器

一些商业仿真器对 SystemVerilog 语言提供了出色的支持。本书与仿真器无关，不提供任何特定仿真器产品的详细信息。尽管如此，作者仍鼓励读者编写并仿真本书中的许多示例，以及他们自己构思的示例。请参考特定仿真器产品随附的文档，以获取有关调用和运行该仿真器的信息。

所有 SystemVerilog 仿真器都有一些共同点，这些共同点对于如何理解和编写能够正确仿真的 SystemVerilog RTL 模型至关重要。这些特性包括编译、展开、仿真时间和仿真事件调度。接下来的章节将讨论这些仿真方面。

1.5.2 编译（compilation）和展开（elaboration）

SystemVerilog 源代码需要被编译和展开，以便进行仿真。编译涉及检查 SystemVerilog 的源代码，以确保其在语法和语义上是正确的，同时符合 IEEE SystemVerilog 标准中定义的规则。展开将组成设计和测试平台的模块绑定在一起。除此以外，展开还解决可配置代码，例如常量的最终值、向量大小和仿真时间缩放。

IEEE SystemVerilog 标准并未定义明确的编译和展开过程。该标准允许每个仿真器供应商以其认为的最适合该产品的方式定义此过程并划分编译和展开。一些仿真器将编译和展开过程合并为一个步骤，而另一些仿真器则将这些过程分为单独的步骤。一些仿真器可能在编译阶段捕获源代码中的某些类型的错误，而另一些仿真器则在展开阶段捕获这些错误。这些差异不会影响本书中讨论的 RTL 编码风格和指南，但了解所使用的仿真器如何处理 RTL 源代码的编译和展开是有帮助的。请参考特定仿真器的文档，了解该产品如何处理编译和展开。

1. 源代码顺序

SystemVerilog 语言与大多数编程语言一样，在源代码的编译顺序上存在某些依赖。特别是用户定义的类型声明和 package 声明必须在引用这些定义之前进行编译。用户定义的类型声明和 package 通常与使用这些声明的 RTL 代码位于不同的文件中。这意味着设计工程师必须确保这些文件按照正确的顺序进行编译，从而使得在引用之前已经对这些声明进行了编译。

并非所有声明都依赖于顺序。例如，SystemVerilog 允许在模块编译之前引用模块名称。在模块内，可以在定义之前调用任务和函数，只要定义存在于模块内即可。

2. 全局声明和 $unit 声明空间

SystemVerilog 允许在 $unit 的全局声明空间中进行某些类型的定义。$unit 中的声明可以被多个文件共享。全局声明依赖于编译顺序，因此必须在被引用之前编译。全局 $unit 不是一个自包含的建模空间，任何文件都可以添加定义到 $unit。这会导致全局定义杂乱无章，难以确保在引用定义之前对其进行编译。SystemVerilog 编译器指令，如 'define 文本宏和 'timescale 时间缩放，也属于 $unit 空间，这些内容必须在受指令影响的代码之前进行编译。

最佳实践指南 1.1

使用 package 进行共享声明，而不是使用 $unit 声明空间。

---

package 的相关内容将在 4.2 节讨论。

3. 单文件和多文件编译

IEEE SystemVerilog 标准定义了涉及多个文件时的两种编译 / 展开方式：多文件编译和单文件编译。

多文件编译方式允许多个源代码文件一起编译。一个文件中的全局声明和编译指令在编译后可见于其他文件中的源代码。

单文件编译方式允许每个文件独立编译。一个文件中的任何全局声明或编译指令仅在该文件内可见。无论文件的编译顺序如何，其他文件将无法看到这些声明或指令。

所有的仿真器和综合编译器都支持多文件方式，但并不是所有工具都支持单文件编译。然而，支持这两种方式的工具并不一定默认使用相同的方式。一些工具默认使用单文件编译并需要特定工具的调用选项来进行多文件编译。其他工具默认使用多文件编译，并需要调用选项来进行单文件编译或增量重新编译。

4. 仿真器产品的限制

我们希望所有的 SystemVerilog 仿真器都以相同的方式，完整地支持整个 SystemVerilog 语言。然而，没有任何仿真器是完美的（尽管 EDA 供应商的销售人员可能会声称如此）。虽然主要的商业 SystemVerilog 仿真器支持大部分 SystemVerilog 语言，但几乎没有任何 SystemVerilog 仿真器实现 100% 的最新 SystemVerilog 标准。似乎不可避免的是，总会有一些 SystemVerilog 特性在某些仿真器中有效，而在另一些仿真器中无效。换言之，相同的语言特性在不同仿真器中，可能产生不同的仿真结果。

仿真器无法完全支持整个 SystemVerilog 语言的一个原因可能是，SystemVerilog 是一个庞大且复杂的语言标准。实现 SystemVerilog 标准中的每个特性都是一项烦琐、耗时且需要大量工程努力的工作。仿真器供应商就算打算实现所有 SystemVerilog 标准，也需要大量的人力资源来完成。

仿真器对 SystemVerilog 支持差异的第二个原因是，不同企业对 SystemVerilog 标准的解释存在歧义。这些歧义有些来源于 SystemVerilog 语言的复杂性。尽管 IEEE1800 标准委员会尽了最大的努力，但有时标准中使用的措辞，仍然可以有多种解释。可能对某些人来说，令人惊讶的是，IEEE 故意使 SystemVerilog 存在模糊性。有时，IEEE 标准委员会故意允许仿真器之间存在差异，以便让每个仿真器供应商能够以其认为最佳的方式优化模拟性能和实现。

第三个不幸的原因是，并非所有仿真器都完整地支持 SystemVerilog 语言。一些仿真器供应商认为没有必要这样做，这是因为仿真器供应商像所有工程公司一样，拥有有限的工程资源和无限的工程任务。在工程努力重点的妥协中，某些 SystemVerilog 语言特性的支持最终成为低优先级的工程任务。

最后一个仿真器供应商可能选择不支持完整的 SystemVerilog 语言的原因是，该供应商的产品定位，可能只服务于某一个特定的市场。这个市场可能仅需要 SystemVerilog 语言的一个子集。

1.5.3 仿真时间和事件调度

SystemVerilog 标准定义了仿真中如何表示模拟时间的规则、仿真过程中编程语句的评估顺序，以及逻辑值变化传播的规则。

1. 时间单位和时间精度

仿真需要表示时间的流逝。SystemVerilog 标准以 1fs 到 100s 为单位指定时间。

SystemVerilog 还允许指定时间精度。时间精度决定了仿真应使用多少位小数。假如某个模块中的时间具有更多小数位，它将被四舍五入到该精度。精度是相对于时间单位来指定的。例如，如果时间单位是 1ns，则 1ps 的精度将允许 3 位小数的准确性（1ns 是 10^{-9}s，1ps 是 10^{-12}s，相差三个数量级，即 3 位小数）。

在 SystemVerilog 模块中使用的时间和时间精度单位可以在模块级别指定，使用 timeunit 和 timeprecision 语句。例如：

```
module adder
(input    logic   a,b,ci,
 output   logic   sum,co
);
  timeunit 1ns;              // 延迟以 ns 为单位
  timeprecision 1ps;         // 精确到小数点后 2 位
...
endmodule: adder
```

时间精度也可以与时间单位一起指定，使用斜杠（/）分隔单位和精度，例如：

```
timeunit 1ns/1ps;
```

也可以使用传统 Verilog 的 `timescale 编译指令在半全局基础上指定时间单位和时间精度。该指令必须在模块边界之外指定，以将其声明到 $unit 空间中（见 1.5.2 节）。

```
`timescale 1ns/1ps
module adder
(input    logic   a,b,ci,
 output   logic   sum,co
);
  ...
endmodule: adder
```

编译指令，如 `timescale 并不是全局变量，它们仅影响在同一次编译器调用的过程中，该指令读取后编译的代码。在该指令之前编译的代码不会受到该指令的影响。同样，作为单独文件编译的代码也不受该指令的影响。当多个文件同时编译时，`timescale 指令可以影响多个文件。

当有不止一个文件具有 `timescale 指令时，多个文件的编译顺序变得至关重要。以不同的顺序编译文件可能导致不同的仿真结果，因为 `timescale 是半全局行为。

最佳实践指南 1.2

　　使用 SystemVerilog 的 `timeunit` 关键字来指定仿真时间单位和精度，而不是使用旧 `timescale` 编译指令。

　　`timeunit` 和 `timeprecision` 关键字是局部于其使用的模块的，并且不受编译顺序的影响。

　　未指定 timeunit 和 timeprecision 声明且没有 'timescale 编译指令生效时，IEEE SystemVerilog 标准并未明确仿真器应使用的默认时间单位或精度。在这种情况下，不同的仿真器有不同的行为。

　　所有仿真器都提供一个调用选项，以设置未在模块内声明或通过 'timescale 编译指令声明的模块中使用的默认时间单位和时间精度。一个适用于大多数仿真器的示例调用选项是：

```
-timescale = 1ns / 1ps
```

　　请参考特定仿真器的文档，以获取设置仿真时间单位和精度的命令行调用选项。

　　注意：本书中的大多数代码示例不包括 `timeunit` 和 `timeprecision` 语句。这些语句被省略，从而可以专注于每个示例中的 RTL 代码。即使模型中没有延迟，每个模块、接口或 package 中都有 timeunit 和 timeprecision 语句。这确保模型将在所有仿真器上使用相同的时间单位进行编译。

2. 传播延迟

　　传播延迟可以在详细的门级建模和更抽象的 RTL 级建模中表示。大多数 RTL 模型都是以零传播延迟编写的。RTL 级别的时序通常在时钟周期边界上，在一个时钟周期内没有传播延迟。传播延迟通常在验证测试平台中使用。

　　# 符号用于表示延迟。以下代码片段展示了在测试平台中使用延迟来建模时钟振荡器。

```
always #5 clk = ~clk;
```

　　可以通过延迟指定特定的时间单位。当延迟需要与模块的单位不同的时间单位时，这尤其有用：

```
always #5ns clk = ~clk;
```

3. 模拟时间和仿真事件调度

　　逻辑值变化被称为仿真事件。SystemVerilog 标准定义了仿真器在仿真中传播逻辑值变化的一般规则。该规则很复杂，感兴趣的读者可以阅读 IEEE 1800 SystemVerilog 标准以获取详细描述，本节仅提供了简要概述。

仿真器会维护一个仿真时间线，这个仿真时间线表示一系列逻辑值被调度的时间点。每个时间点称为一个仿真时间槽。从概念上讲，在这个时间线中，每个时间槽对应于在已编译和展开的 SystemVerilog 源代码中表示的一个最细时间精度所对应时间。因此，如果源代码中使用的最小精度是 1ps，则时间线将在 0ps、1ps、2ps、3ps 等时间槽进行调度，直到仿真结束。

一种常见做法是 RTL 模型使用 1ns 的时间单位和 1ns 的精度（没有小数位精度）。图 1.7 展示了典型 RTL 模型的时间线，该图假设了所有源代码在仿真中展开的最小时间精度为 1ns。

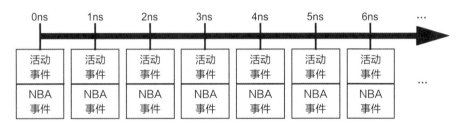

图 1.7 仿真时间线和时间槽

实际上，SystemVerilog 仿真器将优化仿真时间线，仅为实际仿真活动发生的时间创建时间槽。这种优化意味着源代码中使用的时间精度对仿真运行时间性能几乎没有影响。

4. 事件区域（event regions）和事件调度（event scheduling）

每个仿真时间槽被划分为几个事件区域。事件区域用于调度必须由仿真器处理的活动。例如，如果一个时钟振荡器每 5ns 进行一次翻转，从时间 0 开始，那么仿真器将在仿真时间线的 0ns、5ns、10ns 等时刻为时钟信号调度一个仿真事件。同样，如果一个编程语句将在仿真时间 7ns 执行，那么仿真器将在仿真时间线的 7ns 时间槽中调度一个事件来评估该语句。

仿真器可以调度在当前时间槽中处理的事件或在任何未来时间槽中处理的事件，但不能调度在过去时间槽中的事件。尽管许多仿真器确实允许将仿真重置回时间 0 并重新开始仿真，但 SystemVerilog 仿真器只向前推进时间，而不会向后移动。

5. 活动事件和 NBA 更新事件，阻塞和非阻塞赋值

SystemVerilog 将一个仿真时间槽划分为几个事件区域，这些区域以受控的顺序进行处理。这为设计和验证工程师提供了一定的控制权，以决定事件处

理的顺序。大多数事件区域用于验证目的，本书中不讨论这些内容。RTL 和门级模型主要使用这两个事件区域：活动事件区域和 NBA 更新事件区域。这两个区域的关系如图 1.8 所示。

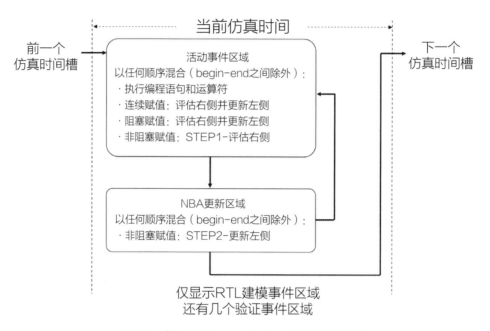

图 1.8　简化的 SystemVerilog 事件调度流程

关于事件区域在仿真过程中如何处理，有几个重要的细节需要理解：

（1）在 begin-end 语句组中的事件，按照语句列出的顺序被调度到事件区域，并在事件区域处理时按顺序执行。

（2）并发过程的事件，例如多个 always 过程块，按照仿真器选择的任意顺序调度到事件区域，RTL 设计师无法控制并发事件调度的顺序。

（3）仿真器将在过渡到下一个区域之前，执行该区域内所有已调度的事件。当事件被处理后，它们将永久从事件列表中移除。在仿真继续到下一个区域之前，每个区域将是空的。

（4）当在后续区域处理事件时，它们可能会在之前的区域调度新的事件。在处理完后续区域后，仿真将循环回事件区域，以处理新调度的事件。对事件区域的迭代将持续进行，直到区域为空（即在该仿真时间点没有新的事件被调度）。

（5）从一个事件区域过渡到下一个事件区域被称为 delta，对事件区域的每次迭代被称为 delta 循环。

注意：正确使用这两个事件区域对于获得正确的 RTL 仿真结果至关重要。

SystemVerilog 有两种类型的赋值运算符：阻塞赋值和非阻塞赋值。阻塞赋值用等号（=）表示，用于建模组合逻辑，如布尔运算和多路复用器；非阻塞赋值用小于等于号（<=）表示，用于建模时序逻辑，如锁存器和触发器。阻塞赋值在活动事件区域中被调度；非阻塞赋值的右侧将在活动事件区域中被评估，而左侧将在 NBA 更新区域中被更新。（NBA 代表非阻塞赋值）

第 7 章和第 8 章将更详细地讨论组合逻辑和时序逻辑的 RTL 建模。这些章节展示并强调了在零延迟 RTL 模型中，如何正确使用阻塞赋值和非阻塞赋值。

6. 事件调度示例

示例 1.7 展示了一个 8 位 D 型寄存器的 RTL 模型，该寄存器在每个时钟的上升沿加载其 d 输入，顶层模块包含一个周期为 10ns 的时钟振荡器，该振荡器在仿真时间零时开始，逻辑值为 0，以及一个生成 d 输入激励的测试模块。

示例 1.7　一个时钟振荡器、激励信号和触发器以说明事件调度

```
////////////////////////////////////////////////////////////
//D 型寄存器 RTL 模型设计模块
////////////////////////////////////////////////////////////
module d_reg (input    logic       clk,
              input    logic [7:0]  d,
              output   logic [7:0]  q
             );
  timeunit 1ns/1ns;

  always @(posedge clk)
    q <= d;


endmodule: d_reg


////////////////////////////////////////////////////////////
// 带时钟振荡器的顶层验证模块
////////////////////////////////////////////////////////////
module top;
  timeunit 1ns/1ns;
  logic       clk;
  logic [7:0] d;
  logic [7:0] q;
```

```
        test  i1 (.*);                        // 将顶层模块连接到测试模块
        d_reg i2 (.*);                        // 将顶层模块连接到 d_reg 模块

        initial begin                         // 时钟振荡器
          clk <= 0;                           // 在 0ns 时初始化时钟
          forever #5 clk = ~clk;              // 每 5ns 切换一次时钟
        end
    endmodule: top


    /////////////////////////////////////////////////////////////
    // 带激励发生器的测试模块
    /////////////////////////////////////////////////////////////
    module test (input   logic        clk,
                 output  logic [7:0]  d,
                 input   logic [7:0]  q
                );
        timeunit 1ns/1ns;

        initial begin
          d = 1;
          #7   d = 2;
          #10  d = 3;
          #10  $finish;
        end
    endmodule: test
```

在模块 top 的时钟初始化中，仿真器将在 0ns 时调度一个活动事件以评估赋值右侧的 clk，并在 0ns 时进行非阻塞更新赋值以更改 clk 的值。活动事件还将在 5ns、10ns 等时刻调度更改 clk。

对于测试激励，仿真器将在 0ns、7ns 和 17ns（7 + 10）时调度 d 上的活动事件，并在 27ns（7 + 10 + 10）时调度 $ finish 命令。

对于 RTL 触发器，仿真器将在 5ns、15ns 和 25ns（clk 的上升沿）时调度活动事件以评估 d，并在 5ns、15ns 和 25ns 时调度 NBA 更新事件以更新 q。

图 1.9 展示了在仿真示例 1.7 时，仿真时间线可能的样子。该图显示了非阻塞赋值的两步过程：一个活动事件将值赋给一个内部临时变量，该变量是信号名称的前缀；另一个 NBA 更新事件将内部临时变量赋值给实际信号。

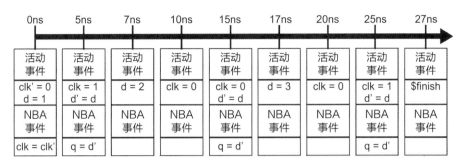

图 1.9　仿真时间线和带有一些调度事件的时间槽

请注意，图 1.9 是仿真行为的概念性示意图，它并不反映仿真器如何在仿真器的内部算法中实现这种行为。完整的事件调度算法比图中所示的要复杂得多，并在 IEEE 1800 SystemVerilog 标准中进行了详细描述。

1.6　数字综合

综合编译器为抽象的 RTL 模型添加实现细节。具体来说，综合编译器实现了以下五大功能：

（1）将 RTL 功能转换为以通用逻辑门表示的等效功能。

（2）将通用门映射到特定的 ASIC 或 FPGA 目标实现。

（3）执行逻辑优化以满足时钟速度要求。

（4）执行逻辑优化以满足面积和功耗要求。

（5）执行逻辑优化以满足建立时间和保持时间要求。

图 1.10 展示了使用 SystemVerilog 进行数字综合的一般流程。

综合编译器需要三种主要类型的输入信息：

（1）SystemVerilog RTL 模型：这些模型由设计工程师编写，表示需要在 ASIC 或 FPGA 中实现的功能行为。

（2）目标 ASIC/FPGA 的库：该库由 ASIC 或 FPGA 厂商提供，包含可用于实现所需功能的标准单元（针对 ASIC）或门阵列块（针对 FPGA）的定义。

（3）综合约束：这些约束由设计工程师定义，并为综合编译器提供 RTL 代码中不可见的信息，例如需要在 ASIC 或 FPGA 中实现的期望时钟速度、面积和功耗目标。

对于前端设计和验证而言，综合的主要输出是门级网表。网表是一个元件和线的集合，线的作用是将元件连接起来。网表中引用的组件是用于实现所

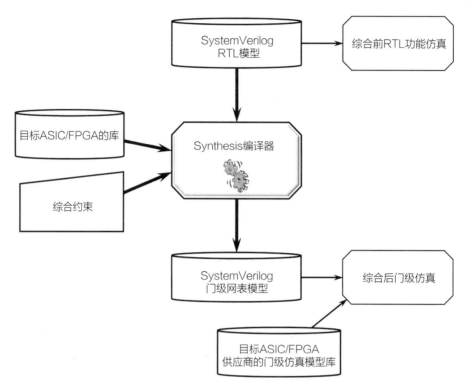

图 1.10 SystemVerilog 综合工具流程

需功能的 ASIC 标准单元或 FPGA 模块。网表可以有多种格式，包括 EDIF、VHDL、Verilog-2001 或 SystemVerilog。本书中将仅使用 SystemVerilog 输出。

为了模拟 SystemVerilog 网表，需要每个组件的仿真模型。目标 ASIC/FPGA 供应商将提供一个用 SystemVerilog 编写的仿真库。通常，这些库仅使用 SystemVerilog 的 Verilog-2001 子集。这些组件在门级建模，具有详细的传播延迟。这些模型与设计工程师编写的抽象 RTL 模型非常不同，本书并未探讨这种低级建模。

1.6.1 SystemVerilog综合编译器

有几种支持 SystemVerilog 语言的系统 Verilog 综合编译器可供使用。EDA 公司，如 Cadence、Mentor Graphics 和 Synopsys，销售这些综合编译器。

一些 FPGA 供应商，如 Xilinx 和英特尔（前身为 Alterra），提供特定于该供应商技术的专用综合编译器。本书中的示例经过多个综合编译器的测试。

本书中展示的可综合 RTL 模型反映了大多数主要综合编译器支持的 SystemVerilog 语言的子集。

SystemVerilog 是一种双重用途语言：一种用途是建模数字硬件的行为，另一种用途是编写验证程序以测试硬件模型。这两种目的有着非常不同的语言需求。许多通用编程语句对这两种目的都是有用的，例如 if-else 决策或 for 循环。其他语言特性则严格用于验证，例如约束随机测试激励的生成。这些验证构造不代表硬件功能，并且不被综合编译器支持。

IEEE 尚未确定 SystemVerilog 的官方可综合子集。标准的这一缺失导致了各个综合工具支持的可综合 SystemVerilog 语言子集的偏差。

因为这种特性，几乎可以肯定的是，综合编译器在版本更新迭代的过程中，可综合语句的子集会发生变化。

本书的示例几乎可以与所有主要的综合编译器一起使用。

本书选择使用 Mentor Graphics Precision RTL 综合编译器，用以生成许多示例中所示的综合原理图输出。选择这个编译器是因为该工具创建的原理图易于以黑白形式捕捉，并且可以适应书籍的页面大小。

本书未提供使用任何特定综合产品的详细信息。作者鼓励读者综合本书中的示例，以及自己构思的示例。请参考与特定综合编译器产品一起提供的文档，以获取有关调用和运行该编译器的信息。

1.6.2 综合编译

综合编译器的目标与仿真编译器不同。虽说这两种类型的编译器都需要检查 SystemVerilog RTL 源代码的语法正确性，但相似之处仅止于此。仿真是一个动态过程，涉及仿真时间、事件调度、激励的输入和验证输出。综合是一个静态转换和优化过程，不涉及任何以上这些仿真目标。综合编译器需要确保代码符合必要的语言限制，以便将 RTL 功能转换为 ASIC 和 FPGA 实现中支持的逻辑门类型。这些限制包括检查 RTL 代码是否具有明确定义的时钟周期活动、是否只有单驱动逻辑等。综合编译器只需要编译 RTL 模型，不需要编译带有激励生成和输出验证的测试平台代码。

大型设计被划分为许多子模块。通常，每个子模块存储在一个单独的文件中。要模拟一个分区设计，仿真需要将所有这些子模块编译并连接在一起。另一方面，综合通常可以单独编译和处理每个子模块。实际上，通常有必要这样做，因为综合优化和技术映射是计算密集型过程。将过多的子模块综合在一起可能会导致综合的结果质量不理想。

在综合设计的子模块时，有两个重要的考虑因素：

（1）子模块中使用的任何来自定义 package 的定义都需要与子模块一起编译，并且要有正确的编译顺序。如果多个子模块使用相同的 package，则该 package 需要在每个与其他子模块分开编译的子模块中重新编译。

（2）任何全局声明，包括 'define 编译指令，都不会出现在每个单独的编译中。支持单文件编译的仿真器中也存在同样的问题，1.5.2 节中讨论的指导方针（避免使用全局声明和定义）同样适用。单文件和多文件编译不会看到相同的全局空间。

1.6.3 约 束

图 1.10 显示了综合的三个主要输入之一：约束定义。约束用于定义综合所需的信息，但这些信息既不在 RTL 模型中，也不在 ASIC/FPGA 供应商的技术库中。图 1.11 说明了一个简单电路，其中综合所需的一些信息必须由设计工程师使用综合约束来指定。

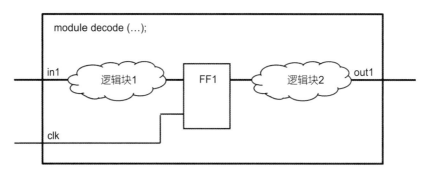

图 1.11 需要综合约束的简单电路图

将此数据流的功能综合到逻辑门的过程如下所示：

（1）将推断出的触发器 FF1 映射到目标 ASIC/FPGA 的适当触发器中。

（2）将逻辑块 1 中描述的功能映射到目标 ASIC/FPGA 的标准单元或逻辑块中。

（3）优化逻辑块 1 的实现，以满足 FF1 的建立时间和保持时间要求。

（4）将逻辑块 2 中描述的功能映射到目标 ASIC/FPGA 的标准单元或逻辑块中。

（5）优化逻辑块 2 的实现，以满足设计规范的输出到达要求。

为了在目标 ASIC/FPGA 中实现图 1.11 所示的简单电路，综合编译器必须知道如下事项：

（1）用于实现逻辑块 1 和逻辑块 2 的标准单元或逻辑块的传播延迟、面积和功耗要求。

（2）FF1 的建立时间和保持时间。

（3）clk 的周期或频率，如 100MHz。

（4）in1 相对于 clk 有效边沿的到达时间。

（5）外部源对 in1 的驱动能力。

（6）out1 相对于 clk 有效边沿的到达时间。

（7）out1 输出驱动要求。

这些信息不会在 RTL 模型中出现，其中传播延迟和建立时间 / 保持时间来自 ASIC 或 FPGA 供应商提供的技术库。剩余的细节必须由进行综合的设计工程师指定，这些规范被称为综合约束。更大、更复杂的设计将需要更多的综合约束。本书中的 RTL 编码示例将讨论适用的综合约束，以及如何简化必要的约束。

综合约束的指定方式因不同的综合编译器而异。本书不讨论任何特定综合编译器的指定约束方式，建议读者参考产品文档以获取此信息。

1.7 SystemVerilog lint检查器

可综合的 RTL 编码规则对 SystemVerilog 语言的使用施加了一些限制。花费许多时间编写一个看似遵循综合编码规则并且能够正确仿真的 SystemVerilog 模型，却发现它在特定的综合编译器上无法综合，会令人沮丧。

在开发 RTL 功能的过程中，可以定期将 RTL 代码通过综合编译器运行，以确保最终的 RTL 代码是可综合的。然而，综合编译器是昂贵的软件工具，许多公司只有有限数量的综合许可证。

因此可以使用 lint 检查器代替综合编译器，以检查 RTL 代码是否符合可综合的 RTL 编码规则。SystemVerilog lint 检查器是一种软件工具，它解析 SystemVerilog 源代码并根据特定的编码规则进行检查。lint 检查器是可配置的，工程师可以启用或禁用特定检查，并且通常可以根据特定公司或特定项目的指南或要求添加检查。

有许多商业 lint 检查器可用于 SystemVerilog。本书不详细介绍运行任何特定 lint 检查器，建议读者在尝试本书中的示例或其他 SystemVerilog RTL 模型时使用他们选择的 lint 检查器。

1.8 逻辑等价检查器

逻辑等价检查器（LEC）是一种工程工具，它能够分析两个模型的功能，以确定这些模型在逻辑上是否相同。LEC 工具可以比较两个版本的 RTL 模型和两个版本的门级模型。然而，逻辑等价检查的最常见应用是比较 RTL 模型与综合后门级模型的功能。

这种类型的检查通常在工程变更订单（ECO）或其他类型的更改后进行，这些变更对在综合过程中创建的门级电路进行了修改。

逻辑等价检查是一种形式验证，另一种形式验证是使用 SystemVerilog 断言（SVA）来描述应该发生或不应该发生的设计行为。

本书未讨论设计和验证中的断言使用，作者倡导在设计代码中使用 SystemVerilog，并建议设计工程师在编写 RTL 代码时将断言添加到 RTL 模型中。

1.9 小 结

SystemVerilog 是一个由 IEEE 定义的，用于硬件设计和验证的行业标准语言。标准号是 IEEE 1800。SystemVerilog 语言涵盖了原始 Verilog 硬件描述语言的所有内容，同时，SystemVerilog 是一种双重用途语言，用于建模数字硬件功能以及验证测试平台。

硬件行为可以在多个抽象层次上表示，从非常详细的门级模型到非常抽象的事务级模型。本书的重点是编写寄存器传输级（RTL）的 SystemVerilog 模型。

RTL 模型表示基于周期的行为，几乎不考虑功能将在实际芯片中如何实现。

当 SystemVerilog RTL 模型正确编码时，可以进行仿真和综合。仿真使用用户定义的测试平台对设计的输入施加激励，并验证设计是否按预期功能运行。仿真对 SystemVerilog 语言的使用没有任何限制。综合将抽象的 RTL 功能转换为详细的门级实现，并以门级电路这种低级的抽象层级，实现特定的 ASIC 和 FPGA 功能。综合编译器限制可以使用的 SystemVerilog 语言构造及其使用方式。lint 检查工具可用于检查 RTL 模型是否遵循综合编译器的限制。

第 2 章　RTL建模基础

本章涵盖 SystemVerilog 中编写 RTL 模型的一般建模语句，内容包括：

· 模块和过程块。

· SystemVerilog 语言规则（注释、保留关键字、自定义名称）。

· 合适的命名规则。

· 系统任务和函数。

· 编译器指令。

· 模块声明。

· 模块端口声明。

· 层次模型。

· 模块例化。

· 端口连接。

· 网表。

2.1 模块和过程块

模块（module）使用关键字 module 声明，并以关键字 endmodule 结束。模块是一个容器，包含模型的相关信息，包括模块的输入和输出、数据类型声明以及可执行代码。2.3 节将更详细地讨论模块声明。

模块内的可执行代码包含在过程块中。SystemVerilog 主要有两种类型的过程块：initial 过程，使用关键字 initial 定义；always 过程块，使用关键字 always、always_comb、always_ff 和 always_latch 定义。initial 过程不可综合，且不用于 RTL 建模。always 过程是无限循环的。当过程完成最后一条语句的执行后，会自动返回到开头，并重新开始该过程。

对于 RTL 建模，always 过程以敏感列表开始，例如 @ (posedge clock)。always 过程的各种形式及其在 RTL 建模中的使用将在第 6 章 ~ 第 9 章中详细讨论。过程块可以包含单个语句或一组语句。过程块中的多个语句被分组在关键字 begin 和 end 之间。在 begin 和 end 之间的语句按照列出的顺序执行。

2.2 SystemVerilog语言规则

SystemVerilog是一种专门的编程语言。像任何编程语言一样，SystemVerilog有许多必须遵循的语法和语义规则。

语法指的是编程语言中符号的合法组合。语法是语言的保留字和标记，以及这些词和标记可以使用的顺序和上下文。SystemVerilog 的正式语法使用一种称为巴克斯 – 诺尔范式（BNF）的通用编程约定来定义。BNF 虽然难以阅读，但准确描述了 SystemVerilog 语言的语法，它是官方 IEEE 1800 SystemVerilog 标准的重要组成部分，供使用 SystemVerilog 软件工具的公司使用，例如仿真器和综合编译器。使用 SystemVerilog 的工程师在讨论 SystemVerilog 语法时常常提到"BNF"。

语义指的是从语法上合法的代码中应推断出的含义。在代码 sum a + b ; 中，语义包括应推断出什么类型的加法，例如：加法应使用整数算术还是浮点算术，带符号还是无符号算术，以及是否考虑溢出。语法与语义之间的划分并不总是明显的。在关于 SystemVerilog 的文本中，通常使用术语语法来同时指代语法和语义，本书遵循这一宽松的约定。

对完整 SystemVerilog 语言的确切语法和语义感兴趣的工程师可以参考 IEEE 1800 SystemVerilog 标准。

2.2.1 注 释

SystemVerilog 有两种类型的一般注释：单行注释和块注释。还有两种特殊类型的注释：pragmas 和 attributes。

单行注释以 // 标记开始，并以换行符结束。注释可以在行的任何位置开始，并注释掉该行的其余部分。

根据 SystemVerilog 标准，// 标记及其后所有文本直到新的一行都被忽略。然而，综合编译器并不完全遵循这一规则。综合编译器将特定于综合的命令隐藏在一种称为 pragmas 的注释形式中，相关内容将在下一页讨论。

块注释以 /* 标记开始，并以 */ 标记结束。起始注释和终止注释之间的换行被忽略，允许注释跨越任意数量的行。块注释不能嵌套。一旦遇到 /* 起始标记，解析器将忽略所有文本，包括另一个 /*，直到遇到结束 */ 标记。嵌套的 /* 不会被视为嵌套注释的开始。

最佳实践指南 2.1

模型的代码部分应仅包含以 // 开头的单行注释，请勿在代码主体中使用块注释，即用 / * 和 * / 包围的注释。

块注释在调试模型时对于临时注释掉一段代码是有用的。由于块注释不能嵌套，因此如果在代码中使用了块注释，临时注释掉代码段会很困难。块注释经常适用于模型头部，以注释如文件功能，修改时间等内容。

示例 2.1 展示了单行注释和块注释的使用。

示例 2.1 两种注释类型：单行注释和块注释

```
/*
 * 32 位加法器 / 减法器的 RTL 模型
 *
 * 为 X 项目开发
 *
 * 创作者：斯图尔特 · 萨瑟兰
 *
 * 规范：
 * 执行无符号 32 位算术运算，没有溢出或下溢
 * 通过 mode 选择操作是加法还是减法
 * - 当 mode 为低电平时进行加法
 * - 当 mode 为高电平时进行减法
 * 输出保存在寄存器里
 * 寄存器具有低电平异步复位功能
 *
 * 注意：此模型必须与为 a、b 和 mode 输入提供寄存器值的块结合使用
 * 这些块必须使用相同的时钟，因此此模型中不需要时钟同步器
 *
 * 迭代记录：
 * 1.0：2016 年 6 月 25 日，初步开发
 * 1.1:2016 年 7 月 7 日，更改模式以匹配修订后的设计规范
 *
 */
module rtl_adder_subtracter
(input  logic        clk,      // 时钟输入
 input  logic        rstN,     // 低电平有效复位输入
 input  logic        mode,     // 加 / 减控制输入
```

```systemverilog
  input  logic [31:0]  a, b,          //32 位输入
  output logic [31:0]  sum            //32 位输出
);
  timeunit 1ns/1ns;

  // 带异步复位的加法器/减法器
  always_ff @(posedge clk or negedge rstN) begin
    if (!rstN) sum <=0;
    else case (mode)
      1'b0: sum <= a + b;             // 无符号整数加法，无溢出
      1'b1: sum <= a - b;             // 无符号整数减法，无下溢
    endcase
  end
endmodule: rtl_adder_subtracter
```

attributes 以 * 标记开始，并以 * 标记结束。必须在单行上，并且不能包含换行。attributes 是一种特殊类型的注释，包含特定软件工具的信息。例如，综合 attributes 将被仿真器忽略，但会被综合编译器读取。attributes 注释与特定语言结构相关联。例如，一个模块可以有一个与之相关的 attributes，而一个编程语句也可以有一个与之相关的 attributes。attributes 在混合模拟/数字仿真器中被广泛使用。

pragmas 是一种特殊形式的单行或块注释。pragmas 注释以一个单词开始，该单词标识其余注释包含特定软件工具的信息。综合编译器广泛使用 pragmas 来提供有助于综合过程的信息，但这些信息与仿真无关。几乎所有商业综合编译器都将以单词 synthesis 或 pragma 开头的注释识别为 pragma。

使用综合 pragma 的一个例子如下所示：

```systemverilog
always_comb begin
  if (select ==0) y = a;
  //synthesis translate_off
  else if ($isunknown(seleet))
    $warning("select has incorrect value at %t",$realtime);
  //synthesis translate_on
  else y = h;
```

另一个综合 pragma 的示例如下所示：

```systemverilog
case (mode) //synthesis full_case
```

//synthesis translate_off 指令告知综合编译器忽略随后的任何源代

码,直到遇到 //synthesis translate_on 指令为止。这些指令对于隐藏仅用于仿真的调试或错误处理代码以便不被综合所用是非常有用的。//synthesis full_case 指令引导综合进行特定的逻辑优化,针对 case 决策语句。该指令在 9.3.6 节中有更详细的讨论。

注意:撰写本书时,一款商业综合编译器并未识别 //synthesis 作为综合指令,这些编译器要求指令以 //pragma 或 //synopsys 开头。

一些综合编译器可能还会识别注释中的其他词作为定义综合指令,这些其他词是工具特定的,并且并非每个综合编译器都会将该注释视为指令。综合指令是编写可综合 RTL 模型的重要构造。

注意:使用综合指令时必须谨慎。仿真器会忽略这些注释,并不会模拟指令的效果。这意味着用于模拟和验证正确功能的代码可能与综合编译器实现的行为不同。

关于如何正确使用特定指令的编码指南将在本书讨论这些指令时提供解释。

2.2.2 空白字符

空白字符有两个用途:分隔单词和使源代码更易于阅读。SystemVerilog 中的空白字符包括空格、制表符、新行,在某些上下文中还是文件结束符。

在以下代码片段中,空白字符用于分隔单词 module 和 top,以及分隔 logic 和 a。在名称 a、b 和 c 之间的空白字符是可选的,因为某些其他标记(在这种情况下是逗号)分隔了这些名称。

```
module top;
logic a,b,c;
```

虽然在有其他语言标记分隔单词时,空白字符是可选的,但良好的空白字符使用,对于提高代码可读性和可维护性非常重要。示例 2.2 是一个简单的 RTL 32 位加法器,具有最少的空白字符。

示例 2.2 具有最少空白字符的 SystemVerilog RTL 模型

```
module rtl_adder_poor_style (input logic [31:0] a, b, output
logic [31:0] sum, output logic co); always_comb begin {co,
sum}=a+b; end endmodule: rtl_adder_poor_style
```

示例 2.3 是相同的 RTL 加法器,但充分利用了空白字符。

示例 2.3 充分利用空白字符的 SystemVerilog RTL 模型

```
module rtl_adder_good_style
```

```
(input  logic [31:0] a, b,
 output logic [31:0] sum,
 output logic        co
);
  timeunit 1ns/1ns;

  always_comb begin
    {co, sum} = a + b;
  end

endmodule: rtl_adder_good_style
```

虽然两个示例在语法上都是正确的并且功能上是相同的，但显然第二个示例是一种更可读的编码风格。

示例 2.3 使用空白字符来缩进代码。module…endmodule 块之间使用一级缩进。在 begin…end 块之间的代码使用二级缩进。缩进有助于更容易地让读者看出每个块内的代码。程序员通常热衷于使用空格或制表符进行缩进。在实践中，任何风格都可以正常工作。然而，如果设计团队的所有成员都统一使用一种风格，会使工程师更容易阅读和维护其他工程师开发的代码。

我更倾向于使用空格进行缩进，具体来说，每个缩进级别使用两个空格。通过使用空格，代码在所有编辑器中的缩进量相同，无论制表符设置如何。两个空格足以看到每个缩进级别，但又不会缩进得太远，以至于代码在每行上无法很好地适应。

2.2.3 保留关键字

SystemVerilog 标准保留了一些单词，称为关键字，供 SystemVerilog 语言使用。使用这些关键字作为用户定义名称是非法的。所有保留关键字均为小写。本书中出现在代码中的 SystemVerilog 关键字用粗体表示。表 2.1 列出了 1800-2012 SystemVerilog 标准中的保留关键字。

表 2.1　SystemVerilog – 2012 保留关键字

accept_on	endchecker	inside	pullup	sync_accept_on
alias	endclass	instance	pulsestyle_on-detect	sync_reject_on
always	endclocking	int	Pulsestyle_on-event	table
always_comb	endconfig	integer	pure	tagged
always_ff	endfunction	interconnect	rand	task
always_latch	endgenerate	interface	randc	this
and	endgroup	intersect	randcase	throughout

assert	endinterface	join	randsequence	time
assign	endmodule	join_any	rcmos	timeprecision
assume	endpackage	join_none	real	timeunit
automatic	endprimitive	large	realtime	tran
before	endprogram	let	ref	tranif0
begin	endproperty	liblist	reg	tranif1
bind	endspecify	library	reject_on	tri
bins	endsequence	local	release	tri0
binsof	endtable	localparam	repeat	tri1
bit	endtask	logic	restrict	triand
break	enum	longint	return	trior
buf	event	macromodule	rnmos	trireg
bufif0	eventually	matches	rpmos	type
bufif1	expect	medium	rtran	typedef
byte	export	modport	rtranif0	union
case	extends	module	rtranif1	unique
casex	extern	nand	s_always	unique0
casez	final	negedge	s_eventually	unsigned
cell	first_match	nettype	s_nexttime	until
chandle	for	new	s_until	until_with
checker	force	nexttime	s_until_with	untyped
class	foreach	nmos	scalared	use
clocking	forever	nor	sequence	uwire
cmos	fork	noshowcancelled	shortint	var
config	forkjoin	not	shortreal	vectored
const	function	notif0	showcancelled	virtual
constraint	generate	notif1	signed	void
context	genvar	null	small	wait
continue	global	or	soft	wait_order
cover	highz0	output	solve	wand
covergroup	highz1	package	specify	weak
coverpoint	if	packed	specparam	weak0
cross	iff	parameter	static	weak1
deassign	ifnone	pmos	string	while
default	ignore_bins	posedge	strong	wildcard
defparam	illegal_bins	primitive	strong0	wire
design	implements	priority	strong1	with
disable	implies	program	struct	within
dist	import	property	super	wor
do	incdir	protected	supply0	xnor
edge	include	pull0	supply1	xor

else	initial	pull1		
end	inout	pulldown		
endcase	input			

2.2.4 关键字向后兼容性——'begin_keywords

随着时间的推移，IEEE 发布了多个连续版本的 Verilog 和 SystemVerilog 标准，每个版本的标准都保留了额外的关键字。未来版本的 SystemVerilog 标准可能会保留更多关键字。

保留关键字的这种演变意味着，为某个版本的 Verilog 或 SystemVerilog 标准编写的代码，可能会有用户定义的名称在标准的后续版本中变成保留关键字。SystemVerilog 提供了一对编译器指令来处理关键字向后兼容性。

'begin_keywords 指令后面跟着一个特定版本的 IEEE Verilog 或 SystemVerilog 标准，该版本在引号中指定。读取 SystemVerilog 源代码的软件工具将使用该版本标准的保留关键字列表，直到遇到 'end_keywords 指令或另一个 'begin_keyword 指令。多个 'begin_keyword 指令是堆叠的。'end_keywords 指令将返回到堆栈中的上一个 'begin_keywords 指令。

可以使用 'begin_keyword 指定的 IEEE 版本有：

· "1364-1995"——使用 Verilog-95 的关键字列表。

· "1364-2001"——使用 Verilog-2001 的关键字列表。

· "1364-2005"——使用 Verilog-2005 的关键字列表。

· "1800-2005"——使用 SystemVerilog-2005 的关键字列表。

· "1800-2009"——使用 SystemVerilog-2009 的关键字列表。

· "1800-2012"——使用 SystemVerilog-2012 的关键字列表。

· "1800-2017"——使用 SystemVerilog-2017 的关键字列表（与 SystemVerilog 1800-2012 相同）。

附录 B 列出了这些标准的保留关键字集合。

最佳实践指南 2.2

在每个模块、接口和包之前指定一个 'begin_keywords 指令。在每个模块、接口和包的末尾指定一个匹配的 'end_keywords 指令。

使用这些指令可以记录在开发代码时使用的 SystemVerilog 版本，有助于确保代码与当前和未来版本的 SystemVerilog 兼容。

注意： SystemVerilog 编译器指令不受文件的限制。一个文件中的 'begin_keyword 指令将影响编译器在该次调用中读取的所有后续文件。这可能导致文件顺序依赖性，并在单独编译文件时表现出不同的行为。为了避免这些副作用，每个 'begin_keyword 指令应与同一文件中的 'end_keywords 指令配对。

示例 2.4 和示例 2.5 说明了如何使用 'begin_keyword 和 'end_keywords 指令，以便将遗留的 Verilog 模型与较新的 SystemVerilog 模型混合。示例 2.4 使用的是较旧的 Verilog-2001 标准。该代码使用 priority 作为用户定义的名称，这在 Verilog 中是合法的。示例 2.5 使用 SystemVerilog 编写，其中 priority 是一个保留关键字。通过使用 'begin_keyword 指令，兼容 SystemVerilog 的仿真器或综合编译器可以同时或单独读取这两种模型，尽管示例 2.4 与 SystemVerilog 的保留关键字集不兼容。

注意： 示例 2.4 和示例 2.5 在功能上是等效的，但使用了不同的编程构造。第 6 章将介绍这些示例中使用的编程构造，第 7 章讨论这两种建模风格如何影响综合结果。

示例 2.4　使用 'begin_keywords 与遗留的 Verilog-2001 模型

```
'begin_keywords "1364-2001"        // 使用 Verilog-2001 关键字
'timescale 1ns/1ns
module priority_decoder_1
(input  wire  [3:0] select,
 output  reg  [2:0] priority        //"priority" 不是关键字
);
   // 返回 select 信号最高置位比特所对应的 index 位置，
       若该信号没有任何比特置位，则返回 7
   always @(select) begin
     casez (select) //synthesis full_case
       4'b1???: priority = 4'h3;
       4'b01??: priority = 4'h2;
       4'b001?: priority = 4'h1;
       4'b0001: priority = 4'h0;
       4'b0000: priority = 4'h7;
     endcase
   end
endmodule //priority_decoder_1
'end_keywords
```

示例 2.5 使用 'begin_keywords 与 SystemVerilog-2012 模型

```
'begin_keywords "1800-2012"    // 使用 SystemVerilog-2012 关键字
module priority_decoder_2
(input  logic [3:0] select,
 output logic [2:0] high_bit
);
   timeunit 1ns/1ns;

   // 返回 select 信号最高置位比特所对应的 index 位置，
      若该信号没有任何比特置位，则返回 7
   always_comb begin
     priority case (1'b1)         //"priority" 不是关键字
       select[3]: high_bit = 4'h3;
       select[2]: high_bit = 4'h2;
       select[1]: high_bit = 4'h1;
       select[0]: high_bit = 4'h0;
       default  : high_bit = 4'h7;
     endcase
   end
endmodule: priority_decoder_2
'end_keywords
```

仿真器和综合编译器还提供调用选项，以指定在编译过程中使用的 Verilog 或 SystemVerilog 标准版本。这些调用选项不是 IEEE SystemVerilog 标准的一部分，对于每种工具来说都是不同的。'begin_keywords' 和 'end_keywords' 适用于所有符合 SystemVerilog 标准的软件工具，并可以记录模型中使用的语言版本。

IEEE SystemVerilog 标准并不要求文件必须使用任何特定的文件扩展名。然而，仿真器和综合编译器使用文件名扩展名来确定编译器应该使用哪个保留关键字列表。以 .v 结尾的文件被假定为使用较旧的 Verilog 保留关键字列表编写。以 .sv 结尾的文件被假定为使用较新的 SystemVerilog 保留关键字列表编写。

文件扩展名的问题在于：它们并不指示使用哪个版本的 Verilog 或 SystemVerilog。使用文件扩展名的仿真器和综合编译器可能最终推断为不同的版本编程语言。这意味着以 .v 或 .sv 结尾的文件在一个软件工具上可能正常工作，而在另一个工具上可能会有关键字冲突。

使用 'begin_keywords' 和 'end_keywords' 指令与所有符合 SystemVerilog 的软件工具兼容，并且优于使用文件扩展名来区分语言版本。

2.2.5 标识符（用户定义名称）

编写 SystemVerilog 代码的工程师需要为许多类型的对象创建名称，用户定义的名称称为标识符。

1. 合法标识符

标识符的语法规则如下：

（1）必须以 a ~ z、A ~ Z 或下划线（_）字符开头。

（2）可以包含 a ~ z、A ~ Z、0 ~ 9、下划线（_）或美元符号（$）。

（3）长度可以从 1 到 1024 个字符。

（4）不得是 SystemVerilog 保留的关键字。

合法的用户定义名称示例如下：

```
add32    master_clock    resetN    enable_
```

2. 区分大小写

SystemVerilog 是区分大小写的，这意味着小写字母和大写字母被视为不同的字符。标识符 Input 和 INPUT 是不同的名称，并且与保留关键字 input 不同（SystemVerilog 中所有保留关键字均为小写）。

3. 转义名称

通常非法的字符可以通过转义标识符来使用。转义名称可以使用任何可打印的 ASCII 字符，可以以数字开头，并且可以是保留关键字。转义标识符以反斜杠（\）开头，并以空格结束。反斜杠后面的所有字符直到空格都是转义的，包括通常分隔名称的字符，如逗号、括号和分号。一些转义名称的例子如下所示：

```
\741s74    \reset-    \~enable    \module
```

反斜杠是名称的一部分。每个引用转义标识符的地方必须在名称的开头包含反斜杠，并在名称后以空格结束。

4. 命名空间

标识符在其声明的命名空间内是局部的。在 SystemVerilog 中引入局部命名空间的构造如下：

（1）定义命名空间：一个可以包含模块、原语、程序和接口标识符声明的全局空间。

（2）Package 命名空间：一个可以包含包标识符声明的全局空间。

（3）组件命名空间：由关键字 module、interface、package、program、

checker 和 primitive 引入的局部命名空间。组件命名空间可以包含任务、函数、检查器、实例名称、命名的 begin-end 和 fork-join 块、参数常量、事件、线网、变量和用户定义类型的声明。模块还可以包含嵌套的模块和程序声明。嵌套声明的标识符是局部于模块的，并不在定义的名称空间中。

（4）$unit 编译单元名称空间：一个伪全局空间，可以包含任务、函数、检查器、参数常量、命名事件、线网、变量和用户定义类型的声明。在组件名称空间外部做出的声明位于 $unit 单元空间中。多个 $unit 单元名称空间可以同时存在。一个 $unit 单元空间中的声明不会与其他 $unit 单元空间共享。

（5）块名称空间：由任务、函数以及命名或未命名的 begin-end 和 fork-join 块引入的局部名称空间。块名称空间可以包含命名块、命名事件、变量和用户定义类型的声明。

（6）类名称空间：由关键字 class 引入的局部名称空间。类名称空间可以包含变量、任务、函数和嵌套类声明的声明。

在同一命名空间中，不能重复声明相同的标识符。然而，在同一命名空间中声明一个标识符并引用在不同命名空间中声明的同名标识符是合法的。例如，在实例化一个模块时，可以对模块名称和其实例名称使用相同的名称。

2.2.6 命名约定和指南

一个完整的 ASIC 或 FPGA 模型将包含数百个用户定义的名称。需要为模块名称、端口、常量、变量、线网、用户定义类型、任务、函数以及其他 SystemVerilog 构造声明标识符。遵循良好的命名约定和指南非常重要，以便项目中的所有 SystemVerilog 代码都能保持可维护性和可理解性。良好的命名约定还可以防止设计错误，这些错误可能难以检测和调试。例如，一个命名不当的低电平有效信号可能会被错误地用作高电平有效信号，从而导致功能性错误。编译并仿真有缺陷的代码，需要在验证过程中额外花费时间和精力来进行检测。一个命名良好的低电平有效信号不太可能被错误地用作高电平有效信号，从而节省验证时间和精力。

良好命名约定最重要的指导原则是一致性，也就是说，参与设计项目的每位工程师都应该使用相同的约定来命名关键信号，例如时钟、复位和低电平有效信号。用户定义的类型和常量也应该有一致的命名约定。其他标识符的命名不那么关键，但一致性仍然是有帮助的。

有许多可能的命名约定。例如，时钟信号可能都以 clock_ 、clk_ 或 ck_ 为前缀声明，或者它们可能都以 clock、_clk 或 _ck 为后缀声明。所有低电平有效信号可能都以 n 为前缀声明，或以 _n 为后缀声明。

在项目的其他建模方面保持一致性也是有益的，这包括每个模型开头的注释部分、代码缩进以及输入和输出端口的顺序。

我并不提倡或鼓励使用某种约定而非另一种，而是提倡一致性。本书使用的一致命名约定如下所示：

（1）时钟命名为 clock 或 clk，或在名称后附加 _clk。

（2）高电平有效复位命名为 reset 或 rst，低电平有效复位命名为 resetN 或 rstN，高电平有效置位命名为 set 或 preset，低电平有效置位命名为 setN 或 presetN。

（3）其他低电平有效信号在名称后附加大写字母 N。

（4）其他用户定义类型在名称后附加 _t。

（5）常量使用全大写字母。

（6）Package 名称在名称后附加 _pkg。

2.2.7　系统任务和函数

SystemVerilog 提供了一些特殊的编程结构，称为系统任务和系统函数。系统任务执行一个操作，并且没有返回值。系统函数计算一个值并返回该值。一些系统函数像任务一样执行操作，并返回一个成功或失败的状态值。

为了方便，本书将系统任务和系统函数统称为系统任务。所有系统任务名称都以美元符号（$）开头。大多数系统任务仅用于仿真，并不代表实际的逻辑门级行为。例如，$display 系统任务，在仿真期间打印用户定义的消息。一些其他常用的系统任务包括 $info、$warning、$error 和 $fatal。这些系统任务打印带有相关严重性级别的消息。消息可以是仿真器生成的，也可以是用户定义的。综合编译器中与仿真相关的系统任务会被忽略。尽管本书中的示例将使用这些仿真特定的系统任务中的一些，但本书并未讨论这些系统任务的细节，因为它们不代表硬件，并且在综合时被忽略。

有一些系统任务可以表示硬件行为，并且是可综合的。一些可综合的系统任务将在本书后面的章节中与示例一起讨论。

2.2.8　编译指令

SystemVerilog 有特殊的语句来给读取 SystemVerilog 源代码的编译器发出命令。这些构造被称为编译指令，以反引号（'）开头，有时被称为反斜杠、反引号或反撇号。编译指令在 $unit 命名空间内部分全局（1.5.2 节）。当编译器遇到指令时，它会影响从该点开始编译器读取的所有代码，适用于该次编译器的调用。该指令对已经被编译器读取的代码没有影响，也对其他编译单元没有影响。

一些最常用的编译器指令包括：

（1）'include：在 'include 指令处插入另一个文件的内容。所包含文件的内容在插入的位置必须在语法上合法。

（2）'define：文本替换宏。提供类似于 C 语言的 #define 的预处理命令功能。

（3）'ifdef、'ifndef、'else、'elsif、'endif：条件编译。允许根据是否使用 'define 编译指令或 +define+ 调用选项定义了宏名称，选择性地编译 SystemVerilog 源代码。

（4）'begin_keywords、'end_keyword：指示编译器使用特定版本的 Verilog 或 SystemVerilog 的保留关键字列表。

（5）'timescale：一个遗留的 Verilog 指令，用于指定时间单位和精度。该指令已被 SystemVerilog 的 timeunit 和 timeprecision 关键字所取代，如 1.5.3 节中所讨论。

符合 SystemVerilog 标准的仿真编译器可以实现所有标准编译指令。然而，一些编译指令对于综合没有意义，例如，'timescale，这些指令要么被忽略，要么不被允许。

2.3 模 块

模块是一个容器，包含有关模型的信息。图 2.1 显示了模块的基本内容。

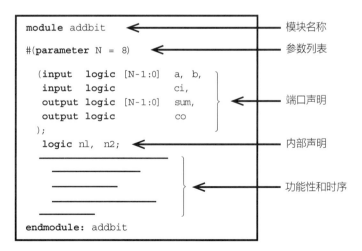

图 2.1 SystemVerilog 的模块内容

1. 模块名称

一个模块被包含在关键字 module 和 endmodule 之间。每个模块都有一个名称，这是一个用户定义的标识符，必须遵循 2.2.5 节中定义的命名规则。可选地，可以在 endmodule 关键字后指定相同的名称，用冒号分隔。结束名称必须与模块名称完全相同。指定结束名称可以帮助在大型复杂模型中进行代码文档和维护，在这些模型中，module 和 endmodule 关键字之间可能有许多行代码。

2. 参数列表

模块名称后面是一个可选的参数列表，被 # (and) 这两个标记包围。参数用于模块的相关配置。参数的声明和使用将在 3.8 节中讨论。

3. 端口声明

模块可以有任意数量的端口，包括零个。端口用于将数据传入或传出模块。端口具有方向、类型、数据类型、大小和名称。方向使用关键字 input、output 或 inout（双向）声明。SystemVerilog 提供了一套广泛的内置类型和数据类型，以及用户定义的类型，以用于端口类型和数据类型。可综合的 RTL 建模中使用的各种类型和数据类型将在第 3 章中详细讨论。从语法上讲，端口的大小可以从 1 位宽到 2^{16}（65536）位宽。在实践中，工程师必须考虑将用于实现设计的 ASIC 或 FPGA 技术的限制。例如，一些设备能够允许处理 64 位宽的数据总线，而另一些设备可能仅支持最大 32 位宽的数据总线。

4. 内部声明

模块可能需要额外的内部数据，除了通过其端口传入的数据。这些内部信号也具有类型、大小和名称。这些信号的声明将在第 3 章中进行讨论。

5. 功能性

每个模块的核心是该模块所代表的实际功能电路的功能描述。这种功能可以在非常详细的层面上描述，也可以在非常抽象的层面上描述。模型抽象的概念已在 1.2 节中介绍。本书专注于以可综合的 RTL 抽象表示模块功能，这是后续章节的主题。

6. 时 序

RTL 建模抽象了实际芯片的时序细节。可综合的 RTL 规定时序在时钟周期边界上。RTL 模型通常被称为零延迟模型，这意味着 RTL 模型在一个时钟周期内没有时序细节。

2.4 模块实例和层次结构

复杂设计被划分为更小的块，这些块相互连接。每个子块被表示为一个模块。图 2.2 展示了一个简单设计，其中 processor 模块被划分为 controller 模块、32 位宽的 mux32 模块、alu 模块、status_reg 模块和两个 32 位宽的 reg32 模块。

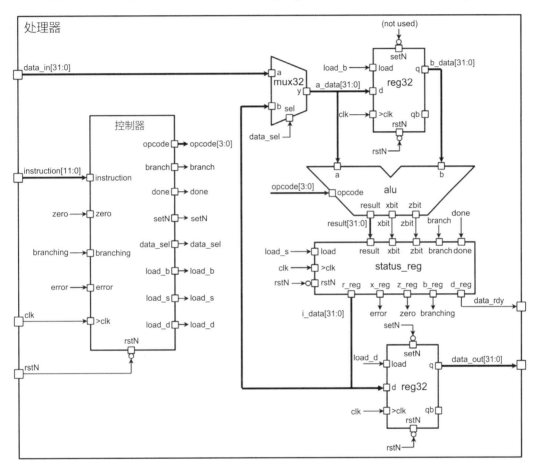

图 2.2 使用子块的设计划分

图 2.2 所示的 processor 模块的 SystemVerilog 代码是一个网表，包含 controller、mux32、alu、status_reg 和两个 reg32 模块的实例。网表是一个包含一个或多个模块实例的列表，以及连接这些实例的网络（导线）。模块实例是对模块名称的引用。该网表的部分代码如下：

```
module processor (/* port declarations */);
    …// 内部网络声明
    controller    cntlr    (/* port connections */);
    mux32         mux      (/* port connections */);
```

```
alu          alu      (/* port connections */);
status_reg   s_reg    (/* port connections */);
reg32        b_reg    (/* port connections */);
reg32        d_reg    (/* port connections */);
endmodule:processor
```

模块实例的语法是：

```
module_name  #(parameter_yalues)  instance_name
  (connections_to_ports);
```

定义参数值是可选的，使用参数使模块可配置将在第 3 章讨论。

模块实例名称是必需的，并且必须在包含例化模块的上下文中是唯一标识符。实例名称允许相同的模块名称被多次实例化，并使每个实例唯一。SystemVerilog 提供两种方式来定义与模块实例端口的连接：端口顺序连接和命名端口连接。

2.4.1 端口顺序连接

端口顺序连接将本地线网名称连接到模块实例的端口，使用模块中定义端口的顺序。例如，如果图 2.2 中 reg32 模块的端口定义为：

```
module reg32
(input    logic           load,
 input    logic  [31:0]   d,
 input    logic           clk,
 input    logic           setN,
 input    logic           rstN,
 output   logic  [31:0]   q,
 output   logic  [31:0]   qb
);
```

那么在模块 processor 中两个 reg32 模型的例化将是：

```
reg32  b_reg (load_b, a_data, clk, setN, rstN, b_data,);
reg32  d_reg (load_d, i_data, clk, setN, rstN, data_out);
```

注意：端口顺序连接容易出错。简单的编码错误，例如以错误的顺序列出连接关系，可能导致设计缺陷，这些缺陷难以调试，从而导致工程时间的浪费。端口顺序连接很难看出哪些信号连接到哪些端口。

本书不使用端口顺序连接，仅在此处引入以对比端口顺序连接和命名端口连接。

2.4.2 命名端口连接

最佳实践指南 2.3

对所有模块实例使用命名端口连接，请勿使用端口顺序连接。

使用命名端口连接可以防止意外连接错误，并使代码更具可读性。命名端口连接将端口名称与连接到该端口的本地信号名称关联起来。命名端口连接有三种形式：显式命名端口连接、.name 端口连接、.* 端口连接。

1. 显式命名端口连接

在显式命名端口连接中，端口的名称前面有一个点，本地信号名称用括号括起来。例如：

```
reg32 b_reg (.load(load_b), .d(a_data), .clk(clk), .setN(),
    .rstN(rstN), .q(b_data), .qb());
reg32 d_reg (.clk(clk), .load(load_d), .setN(setN),
    .rstN(rstN), .d(i_data), .q(data_out));
```

2. .name 端口连接

显式命名端口连接相较于端口顺序连接有许多优点。然而，它也存在一个缺点。显式命名端口连接冗长，并且可能需要大量重复名称。在以下模块实例中可以观察到每个名称都被重复，第一个出现的名称，前面带有一个点，是控制器模块内的端口名称；第二个出现的名称，在括号内，是要连接到该端口的线网名称。

```
controller cntlr (.instruction(instruction),
                  .zero(zero),
                  .branching(branching),
                  .error(error),
                  .clk(clk),
                  .rstN(rstN),
                  .opcode(opcode),
                  .branch(branch),
                  .done(done),
                  .setN(setN),
                  .data_sel(data_sel),
                  .load_b(load_b),
                  .load_s(load_s),
```

```
                    .load_d(load_d)
                );
```

SystemVerilog 为原始 Verilog 语言添加了 .name 端口连接，该连接方式具有显式命名端口连接的所有优点，但消除了为了将线网连接到端口而需要重复输入相同名称的额外工作。只需要指定端口名称。SystemVerilog 推断同名的线网或变量连接到该端口，这意味着冗长的 Verilog 连接样式（例如 .clk (clk) 的命名端口连接）可以简化为仅 .clk。

例如：

```
controller cntlr (.instruction, .zero, .branching, .error,
                  .clk, .rstN, .opcode, .branch, .done,.setN,
                  .data_sel, .load_b, .load_s, .load_d );
```

显式命名端口连接可以和 .name 端口连接混合使用。如果一个线网的名称与其要连接的端口不匹配，则使用显式命名端口连接将前后名称不同的线网显式连接起来，再使用 .name 端口连接将端口名称相同的线网连接起来，这种形式兼顾了二者的优点，使例化更简洁，更易读，更易于维护。

.name 端口连接要求满足以下条件，以便推断端口名称与线网或变量之间的连接：

（1）必须在模块例化之前声明一个名称与端口名称完全匹配的网或变量。

（2）网或变量的向量大小必须与端口向量大小完全匹配。

（3）端口两侧的数据类型必须兼容。IEEE SystemVerilog 标准中定义了很多不兼容的数据类型。例如，一个三态上拉线网通过模块端口连接到一个三态下拉线网是不兼容的。这样的连接不会通过 .name 端口连接推断出来。

这些限制减少了通过 .name 端口连接推断出无意义连接的风险。

.name 端口连接还解决了一个存在的隐患，即连接时不会推断出隐式线网。当使用端口顺序或命名端口连接时，SystemVerilog 会为网表中使用的任何未声明的线网名称推断出线网声明。使用推断线网可能很方便，因为它可以节省显式声明内部互连线网的时间。然而，推断线网也可能导致设计错误。在网表中错误输入的名称不会被视为错误。相反，将为错误输入的名称推断出一个线网，该线网不会与网表中的其他模块例化连接。线网将编译并参与仿真或综合，这种参与不会影响正常工作。（推断线网将在 3.5.3 节讨论）.name 端口连接不会推断隐式线网，因此有助于避免与隐式线网相关的危害。

3. .* 端口连接

.* 端口连接用一个通配符"."表示同名的所有端口和信号应自动连接在一起，适用于模块例化。由图 2.2 可知，连接到控制器模块的所有线网都与端口同名。.* 端口连接可以推断到控制器的所有连接，如下所示：

```
controller cntlr(.*); // 推断到控制器的所有连接
```

与 .name 端口连接一样，为了推断连接，所有线网必须明确声明，名称和向量大小必须完全匹配，并且连接在一起的类型必须兼容。任何无法通过 .* 端口连接推断的连接必须显式连接在一起，使用完整的命名端口连接语法，如以下代码片段所示：

```
alu alu (.a(a_data),
         .b(b_data),
         .* // 推断所有其他连接
        );
```

使用 .* 端口连接时，唯一需要列出的连接是端口名称和连接线网名称不相同的那些。这相对于 .name 端口连接来说是一个优势，因为它使这些差异更加明显。然而，.* 端口连接也有其缺点，即不容易看到通过 .* 端口连接推断的连接，这会使代码维护和调试变得更加困难。

.* 端口连接相对于 .name 端口连接的另一个优势是，.* 端口连接不允许端口保持未连接状态。与显式命名端口连接和 .name 端口连接不同，.* 端口连接不会推断出未连接的端口。端口必须使用空括号显式显示为没有连接，例如".qb()"。

命名端口连接的一些重要考虑事项如下：

（1）端口连接可以按任何顺序列出。上面的实例 d_reg 并没有按照模块 reg32 中端口定义的相同顺序列出端口连接方式。

（2）未使用的端口可以明确列出，但在括号中没有本地信号名称，如在实例 b_reg 中连接到 qb 端口所示，或者未使用的端口可以从连接列表中省略，如在实例 d_reg 中所示。

（3）代码是自文档化的。在没有打开包含 reg32 源代码的文件的情况下，可以直观地看到哪些线网连接到 reg32 模块的哪些端口。

2.5 小 结

与所有编程语言一样，SystemVerilog 有特定的语法和语义规则，必须在编写 SystemVerilog 模型时遵循。本章主要介绍编写 RTL 模型的基本规则，重要的考虑因素包括正确使用空格和注释，以及正确的命名约定。

Verilog 和 SystemVerilog 标准有多个版本，每个版本都保留了先前标准中未保留的额外关键字。SystemVerilog 提供了一对编译器指令（'begin_keywords 和 'end_keywords），以确保遗留模型能够正确地与基于后续版本的编译器编译。

大型设计被划分为子模块，每个子模块都表示为一个模块。使用更高层次的模块来实例化和连接这些子模块。SystemVerilog 提供两种连接模块的方法：端口顺序连接（存在若干风险）和命名端口连接。命名端口连接比端口顺序连接更冗长，但可以帮助防止微妙且难以发现的连接错误。.* 端口连接和 .name 端口连接有助于简化大型网表，同时保留显式命名端口连接的优点，以便增强代码维护时的可读性。

第 3 章　线网和变量类型

SystemVerilog 有线网和变量两种数据类型，这两种数据类型中有许多预定义类型用于建模电路设计和验证测试平台。

本章讨论的主题包括：

· 2 态和 4 态值。

· 文本值。

· 变量类型。

· 线网类型。

· 线网和变量的数组。

· 线网和变量的赋值规则。

· 端口类型。

· 参数常量。

3.1 4态数据值

对于 RTL 建模来说，SystemVerilog 使用 4 态值表示法来表示在实际电路中可能出现的值：

· 0 表示低电平，没有与之相关的电压或电流。

· 1 表示高电平，有与之相关的电压或电流。

· Z 表示高阻抗。在多驱动电路中，0 或 1 的值将覆盖 Z。一些编程运算符和编程语句将 Z 值视为不关心值（参见 5.9 节和 6.2.2 节）。

· X 表示未初始化的值、不确定的值或在多驱动电路中值的冲突。在某些 RTL 模型上下文中，综合编译器将 X 值视为不关心值（参见 9.3.6 节）。

0、1 和 Z 是实际电路中可能存在的值，但 X 不是实际电路中的值。仿真器利用 X 来表示一个特定电路在实际物理实现中的不确定性，例如仿真无法预测实际电路的真实值是 0 还是 1，或对于三态设备的 Z。对于综合，X 值还为设计工程师提供了一种方法来标明"不关心"的条件，在这种情况下，工程师不关心实际电路在特定条件下是否会有 0 或 1 值。

3.2 文本值（数字）

文本值（literal value）是整数或实数（浮点数）。SystemVerilog 提供了

几种指定文本值的方法。在编写 RTL 模型时，还有几个关于文本值的重要规则需要理解。

3.2.1 整数值

文本整数值是一个整数，没有小数部分。整数可以通过多种方式指定：

（1）简单的十进制整数值。整数值可以指定为简单数字，例如数字 9，如以下代码片段所示：

```
result = d + 9;
```

简单的文本数字在仿真和综合中被视为：

· 32 位宽。

· 有符号值。

· 十进制值。

· 2 态（没有 Z 或 X）。

这些特性，协同 d 一起，将影响加法的执行方式和对 result 的赋值方式，这些影响将在第 5 章进行讨论。

（2）二进制、八进制、十进制或十六进制整数值。可以为文本整数值指定特定的二进制、八进制、十进制或十六进制基数。使用撇号（'）指定基数，后跟如下字母：

· b 或 B 表示二进制。

· o 或 O 表示八进制。

· d 或 D 表示十进制。

· h 或 H 表示十六进制。

例如：

```
result = 'd9 + 'h2F + 'b1010;
```

未指定位宽的显式基数文本数字在仿真和综合中被视为：

· 32 位宽值。

· 一个无符号值（注意与简单文本整数的区别，后者是有符号的）。

· 以指定的基数表示的值。

· 一个 4 态值（任何位都可以是 X 或 Z）。

二进制值的每一位可以是 0、1、X 或 Z。八进制值的每 3 比特组成的组可以是 0 到 7、X 或 Z。十进制值的每一位可以是 0 到 9、X 或 Z。十六进制值的每 4 位组可以是 0 到 9、A 到 F、X 或 Z。

（3）定长整数值。默认情况下，简单的文本数字和指定基数的文本数字在编程语句和赋值语句中被视为 32 位位宽。这个默认值并不能准确表示所有使用定长文本整数的硬件模型。工程师也可以指定特定的位宽，用于表示值的位数，比如下面的例子：

```
result = 16'd9 + 8'h2F + 4'b1010;
```

（4）有符号或无符号的整数值。默认情况下，指定基数的文字值在操作和赋值中被视为无符号值。可以通过在撇号后和基数说明符之前添加字 s 或 S 来覆盖此默认值。例如：

```
result = 'sd9 + 'sh2F + 'sb1010 ;
```

有符号值在某些操作和赋值语句中与无符号值的处理方式不同。有符号值和无符号值的影响将在第 5 章讨论。

仿真工具和综合工具需要知道或假设整数值的特定特性，这些特性包括：

· 值的位宽（向量大小）。

· 值的符号（有符号或无符号）。

· 值的基数（也称为基数）。

· 值是 2 态或 4 态。

这些特性影响值的操作和赋值。

注意：综合编译器和静态检查工具，在文本值的位宽与赋值语句左侧变量的位宽不同时，可能会生成警告信息。这些位宽不匹配的警告信息可能会掩盖其他需要关注的信息。显式指定文本值的位宽将阻止位宽不匹配警告的常出现。

最佳实践指南 3.1

在 RTL 模型中仅使用二进制和十六进制文本整数。这些基数在数字逻辑中具有直观的意义。

八进制值的使用在几十年前就已经过时，同时，十进制值很容易与其他数字混淆。

1. 位宽不匹配值的规则

SystemVerilog 允许显式声明一个特定位宽的文本整数，与实际表示该值所需的位数不同。例如：

```
4'hFACE  //4 位宽度,16 位无符号值
16'sh8   //16 位宽度,4 位有符号值,值集的 MSB
32'bZ    //32 位宽度,1 位无符号值
```

SystemVerilog 始终调整值以匹配指定的位宽，规则如下：

（1）当声明的位宽小于实际所需的位数时，值的左侧位被截断。

（2）当声名的位宽大于值的位数时，值的左侧被扩展。扩展的位使用以下规则填充：

· 如果值的最左侧位是 0 或 1，则附加的高位用 0 填充。

· 如果值的最左侧位是 Z，则附加的高位用 Z 填充。

· 如果值的最左侧位是 X，则附加的高位用 X 填充。

注意：即使文本整数被指定为有符号整数，值也不会进行符号扩展。符号扩展发生在使用有符号文本值进行操作和赋值语句时，这在第 5 章讨论。

前面代码片段的值调整为：

```
4'hFACE  // 截断为 4'hE
16'sh8   // 扩展到 16'sh0008
32'bZ    // 扩展到 32'bZZZZZZZZZZZZZZZZ
```

最佳实践指南 3.2

在仿真和综合开始之前，使用 lint 工具（也称为建模规则检查器）进行检查。

当发生截断时，仿真器可能会报告非致命的警告消息。仿真器也有可能主动扩展文本值以匹配位宽，而不会生成任何警告。在仿真中验证设计功能时，存在未意识到位宽/值不匹配的风险。使用 lint 程序将报告任何文字值的不匹配。

2. 文本值的额外规则

问号（？）可以用来代替 Z，表示高阻抗。在大多数情况下，使用字母 Z 来表示高阻抗更为直观。然而，有一些运算符和编程语句使用高阻抗值来表示设计工程师并不关心的条件。这种情况下，使用问号表示这些不关心条件可能更直观。

下划线字符 (_) 可以在文本值的任何地方使用。下划线在仿真工具、综合编译器和其他可以解析 SystemVerilog 代码的工具中被忽略。在数字中添加下划线可以使长数字更易读，特别是二进制值。下划线也可以用来显示值中的子字段。

```
16'b0000_0110_1100_0001        // 显示 4 位字节以提高可读性
20'h2_FACE                     //20 位值，4 位操作码和 16 位数据
```

3.2.2 文本值的向量填充

SystemVerilog 提供了一种特殊形式的无位宽文本整数，可以将任何位宽的向量的所有位设置为 0、1、X 或 Z。文本值的向量位宽根据其上下文自动确定。

- '0 在左侧填充所有位为 0。

- '1 在左侧填充所有位为 1。

- 'z 或 'Z 在左侧填充所有位为 Z。

- 'x 或 'X 在左侧填充所有位为 X。

使用向量填充文本整数的一个例子如下所示：

```
always_ff @(posedge clk)
  if (!setN)                   // 低电平有效
    q <= '1;                   // 将 q 的所有位设置为 1，无论大小如何
  else
    q <= d;
```

文本值的向量填充是进行可扩展设计的重要组成部分，向量填充的出现可以使不同的设计配置有不同的向量宽度。3.8 节将讨论建模可配置向量位宽的方法。

文本值的向量填充不是传统 Verilog 的一部分，它们在 SystemVerilog 中被添加，作为对原始 Verilog 语言的扩展。

3.2.3 浮点文本值（实数）

SystemVerilog 将浮点值称为实数（real）。实数使用 64 位双精度浮点数表示。文本浮点值通过在文本数字中使用小数点来指定。小数点两侧必须指定一个明确的值：

- 3.1567。

- 5.0。

- 0.5。

注意：RTL 综合编译器通常不支持实数或浮点数的表达式。高层次综合（HLS）工具使用浮点数来进行复杂的算术设计。浮点和定点的电路设计超出了本书对于 RTL 建模所规定的范围。

3.3 类型和数据类型

SystemVerilog 提供了两大类数据类型：线网和变量。线网和变量都有类型和数据类型这两种属性。类型用来指示信号是线网还是变量。数据类型用来指示其值为 2 态还是 4 态。为简单起见，本书使用数据类型一词来指代信号的类型和数据类型。

数据类型被软件工具（如仿真器和综合编译器）使用，用以确定如何存储数据以及如何处理数据的变化。数据类型影响操作，并在 RTL 建模中用于指示所需的电路行为。例如，数据类型用于确定加法器是整数加法器还是浮点加法器，并且决定是执行有符号运算还是无符号算术运算。

1. 线网类型和变量类型

变量用作编程的临时存储。这个临时存储通常用于仿真。实际的电路通常不需要这种类型的临时存储，这取决于变量使用的编程上下文。SystemVerilog 有几种变量类型，详见 3.4 节。

线网用于将设计模块连接在一起。线网将数据值从源（称为驱动器）传输到目的地或接收器。SystemVerilog 提供了几种线网类型，详细讨论见 3.5 节。

2. 2 态和 4 态数据类型（bit 和 logic）

SystemVerilog 变量可以是 2 态数据类型或 4 态数据类型。在 2 态下，变量的每一位可以取值为 0 或 1。在 4 态下，变量的每一位可以取值为 0、1、Z 或 X。SystemVerilog 线网只能是 4 态数据类型。关键字 bit 定义变量为 2 态数据类型。关键字 logic 定义变量或线网为 4 态数据类型。

3.4 变量类型

过程块赋值的左侧必需使用变量。以下代码示例中的信号 sum 和 out 必须是变量：

```
always_comb begin                    // 组合逻辑
  sum = a + b;
end
always_ff @(posedge clk)             // 时序逻辑
  if (!rstN)  out <= '0;             // 有源低电平有效复位
  else        out <= sum;
```

变量为仿真提供临时存储。前面代码片段中的 always_comb 过程将在 a 或 b 的值变化时，执行赋值语句 sum = a + b ;，sum 的值必须在仿真中存储，直到下次 a 或 b 变化。类似地，always_ff 过程将在每个时钟的上升沿执行 if-else 决策语句。out 的值必须在时钟周期之间由仿真存储。

仿真所需的临时存储并不一定意味着实际芯片中的存储行为。前面代码片段中的 always_comb 过程将在实际芯片中实现为组合逻辑。因此，sum 的值将持续反映加法器的输出，而不需要任何类型的硬件存储。另一方面，always_ff 过程将在实际芯片中实现为触发器，这是一种硬件存储设备。

3.4.1 可综合变量数据类型

变量通过指定类型和数据类型来声明，这种数据类型的关键字是 var，可以显式指定或隐式推断。

var 关键字在实际的 SystemVerilog 代码中很少使用。相反，var 类型是从其他关键字和上下文中推断出来的。

SystemVerilog 有几个内置数据类型的变量关键字。这些关键字推断出 var logic（4态）或 var bit（2态）变量类型。几种变量数据类型表示实际芯片行为，并且是可综合的。这些可综合数据类型如表 3.1 所示。

表 3.1 可综合的变量数据类型

种 类	描 述
reg	一个过时的通用 4 态变量，等价于 var logic 逻辑
logic	通常推断为通用的 var logic 4 态变量，但模块 input/inout 端口除外，在这些端口上会推断 wire logic
integer	一个 32 位的 4 态变量，相当于 var logic[31:0]
bit	一个通用的 2 态 var 变量，具有用户定义的向量大小，如果未指定大小，则默认为 1 位大小
int	一个 32 位 2 态变量，相当于 var bit[31:0]，综合编译器将 int 视为 4 态 integer 类型
byte	一个 8 位 2 态变量，相当于 var bit[7:0]
shortint	一个 16 位 2 态变量，相当于 var bit[15:0]
longint	一个 64 位 2 态变量，相当于 var bit[63:0]

最佳实践指南 3.3

在 RTL 模型中使用 4 态逻辑数据类型来推断变量。在 RTL 模型中不要使用 2 态类型。这一指导方针的例外是使用 int 类型来声明 for 循环迭代变量。

在实际硬件中存在不明确的值时，使用 4 态变量，允许仿真器使用 X 值来表示。

1. 上下文相关逻辑数据类型

一般情况下，在上下文中，logic 数据类型会推断出一个 4 态变量，与 reg 相同。关键字 logic 实际上不是变量类型，它是一种数据类型，表示线网或变量可以具有 4 态值。

然而，当 logic 关键字独立使用或与模块 output 端口的声明结合使用时，logic 也可能不会推断出一个变量，而是推断出线网。

2. 过时的 reg 数据类型

reg 数据类型是从原始 Verilog 语言中遗留下来的过时数据类型。设计人员应使用 logic 类型而不是 reg。原始 Verilog 语言将 reg 数据类型用作通用变量。不幸的是，使用关键字 reg 是一个误称，因为它看起来是"寄存器"的缩写，寄存器是由触发器组成的硬件器件。实际上，使用 reg 变量与推断出的硬件寄存器之间没有关联。变量的上下文决定了它的硬件是组合逻辑还是时序逻辑。使用 logic 而不是 reg 可以帮助防止这种误解。

3. X 值可以指示设计问题

在仿真过程中出现 X 值通常表明存在设计问题，一些可能导致 X 值的设计缺陷包括：

- 未复位或未初始化的寄存器。
- 在低功耗模式下不能正确保持之前状态的电路。
- 未连接模块的输入端口（未连接的输入端口处于高阻抗状态，这通常会导致 X 值，因为高阻抗值会传播到其他逻辑中）。
- 多驱动冲突（总线争用）。
- 结果未知的操作。
- 超出范围的位选择和数组索引。
- 建立时间违例或保持时间违例。

4. 在 RTL 模型中避免使用 2 态数据类型

bit、byte、shortint、int 和 longint 数据类型都是 2 态逻辑。这些类型无法表示高阻抗（Z 值），也无法使用 X 值来表示未初始化或未知的仿真条件。X 值的出现可以指示潜在的设计错误，例如上述列表中的那些错误，当使用 2 态数据类型时将无法指示。由于 2 态数据类型只能具有 0 或 1 值，因此具有错误的设计在仿真期间可能看起来正常工作，这并不可取。使用 2 态变量的一个合适场合是在验证测试平台中生成随机激励。

5. 不可综合的变量类型

SystemVerilog 有几种变量类型，主要用于验证，通常不被 RTL 综合编译器支持。表 3.2 列出了这些额外的变量类型。这些数据类型在本书中没有用于任何旨在综合的示例。

表 3.2 不可综合的变量数据类型

种 类	描 述
real	双精度浮点变量
shortreal	单精度浮点变量
time	一个具有时间单位和时间精度属性的 64 位无符号 4 态变量
realtime	一个双精度浮点变量，与 real 相同
string	一个动态大小的字节类型数组，可以存储 8 位 ASCII 字符的字符串
event	一个指针变量，用于存储模拟同步对象的句柄
class handle	一个指针变量，用于存储类对象的句柄（声明类型是类的名称，而不是关键字 class）
chandle	一个指针变量，用于存储从 SystemVerilog 直接编程接口传递到仿真中的指针
virtual interface	一个指针变量，用于存储接口端口的句柄（interface 关键字是可选的）

3.4.2 变量声明规则

变量通过指定类型和数据类型来声明。类型是关键字 var，可以显式指定或隐式指定。

注意：var 关键字在实际的 SystemVerilog 代码中很少使用。相反，隐式指定的方式很常见，var 类型是从其他关键字和上下文中推断的。

一些声明变量的例子如下所示：

```
logic    v1;    // 推断 var logic (1 位 4 态变量)
bit      v2;    // 推断 var bit (1 位 2 态变量)
integer  v3;    // 推断 var integer (32 位 4 态变量)
int      v4;    // 推断 var int (32 位 2 态变量)
```

唯一需要使用 var 关键字的地方是作为 4 态逻辑，声明 input 或 inout 端口时。如果没有明确声明为 var，这些端口方向将默认为线网类型。通常情况下，这并没有问题，因为实际的设计中，很少发生输入端口需要是变量的情况。3.6.1 节将对端口的声名进行更详细的讨论。

1. 标量变量

标量变量是一个 1 位变量。reg、logic 和 bit 数据类型默认都是 1 位标量。

```
logic    v5;                //1 位标量变量
logic    v6, v7, v8;        //3 个标量变量
```

2. 向量变量（压缩数组）

向量由一些连续的位组成。IEEE SystemVerilog 标准将向量称为压缩数组。reg、logic 和 bit 数据类型可以表示任意位宽的向量：向量的位宽是在方括号（[ ]）中指定位范围，后跟向量名称来声明的。"范围"被声明为 [最高有效位数: 最低有效位数]。最高有效位（MSB）和最低有效位（LSB）可以是任何数字，且 LSB 可以小于或大于 MSB。LSB 是较小数字的向量范围被称为小端模式，LSB 是较大数字的向量范围被称为大端模式。

```
logic    [31:0]  v9;    //32 位向量，小端模式
logic    [1:32]  v10;   //32 位向量，大端模式
```

在 RTL 建模中，最常见的是小端模式，并且向量范围的 LSB 为 0。上面的变量 v9 说明了这一约定。本书中的所有示例都使用小端模式。

byte、shortint、int、longint 和 integer 数据类型具有预定义的向量位宽，如表 3.1 所述。预定义的范围是小端模式，最低有效位编号为位 0。

3. 有符号和无符号变量

存储在向量变量中的值可以在操作中视为有符号或无符号。无符号变量仅存储正值。有符号变量可以存储正值和负值。SystemVerilog 使用二进制补码表示负值。有符号变量的最高有效位是符号位。当符号位被设置时，向量的其余位以二进制补码形式表示负值。

默认情况下，reg、logic、bit 和 time 数据类型是无符号变量，而byte、shortint、int、integer 和 longint 数据类型是有符号变量。这个默认值可以通过显式声明变量为有符号或无符号来改变，例如：

```
logic  signed  [23:0]  v11;  //24 位有符号 4 态变量
int  unsigned  v12;          //32 位无符号 2 态变量
```

4. 常量的位选择和部分选择

一个向量可以被整体引用，也可以被部分引用。位选择引用向量的单个位。位选择是通过向量的名称，后跟方括号（[ ]）中的位编号来执行的。部分选择

引用向量的多个连续位。部分选择是通过向量的名称，后跟方括号（[ ]）中的位编号范围来执行的，下面的例子说明了位选择和部分选择：

```
logic    [31:0]   data;                //32 位向量变量
logic    [31:0]   dbus;                //32 位向量变量
logic    [7:0]    byte2;               //8 位向量变量
logic             msb;                 //1 位标量变量
assign   dbus = data;                  // 引用整个数据变量
assign   msb = data[31];               // 数据位选择，位 31
assign   byte2 = data[23:16];          // 数据位 23 到 26 的部分选择
```

部分选择必须满足两个规则：位范围必须是连续的；大端小端类型必须与向量声明的大端小端类型相同。位选择或部分选择的结果始终是无符号的，即使整个变量是有符号的。

5. 变量的位选择和部分选择

前面代码片段中 msb 的位选择使用了固定值，这被称为固定位选择。位选择的索引编号也可以是一个变量，例如：

```
logic   [31:0]  data;            //32 位向量变量
logic           bit_out;         //1 位标量变量
always @ (posedge shift_clk)
  if(shift_enable) begin
    for(int i=0; i<=31; i++)  begin
      @ (posedge shift_clk)  bit_out <= data[i];
    end
  end
```

部分选择的起始点也可以是变量。部分选择可以从变量起始点递增或递减。选择的位数总是一个固定范围。变量的部分选择的形式如下：

```
[starting_point_variable + : part_select_size]
[starting_point_variable - : part_select_size]
```

符号"+"表示从起始位数递增，符号"-"表示从起始位数递减。

以下示例使用变量的部分选择来遍历 32 位向量的字节：

```
logic   [31:0]  data;                 //32 位向量变量
logic   [7:0]   byte_out;             //8 位向量变量
always @ (posedge shift_clk)
  if(shift_enable)   begin
```

```
for (int i=0; i<=31: i=i+8) begin
    @(posedge shift_clk) byte_out <= data[i+:8];
end
end
```

可变位宽和部分选择本身是可综合的。然而，上述代码片段展示的可变位宽和部分选择不符合某些综合编译器所要求的 RTL 编码限制。第 8 章将更详细地讨论时序逻辑的综合要求。

6. 带子字段的向量

可以通过使用两个或多个方括号集来定义向量范围，从而声明带子字段的向量。以下代码片段展示了 32 位简单向量与带子字段的 32 位向量之间的区别：

```
logic [31:0] a;            //32 位简单向量
logic [3:0] [7:0] b;       //32 位向量，细分为 4 个 8 位子字段
```

范围 [3:0] 定义了向量中有多少个子字段。在这个例子中，有 4 个子字段，索引为 b[0]、b[1]、b[2] 和 b[3]。范围 [7:0] 定义了每个子字段的大小，在这个例子中是 8 位。

图 3.1 说明了一个简单的 32 位向量的布局，以及一个被细分为 4 个 8 位子字段的 32 位向量。细分向量的子字段可以使用单个索引进行引用，而不是部分选择。

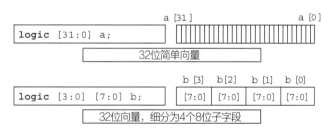

图 3.1 带子字段的向量

以下代码片段演示了如何遍历向量 b 的字节，这样更直接，因为每个字节都是向量的一个子字段：

```
always @ (posedge shift_clk)
    if (shift_enable) begin
        for(int i=0; i<=3; i++) begin
            @ (posedge shift_clk) byte_out <= b[i];
        end
    end
```

细分向量的位选择需要多个索引。选择向量 b 的第三个字节的第 7 位的代码为 b[3][7]。

最佳实践指南 3.4

当设计主要选择整个向量或向量的单个位时，使用简单的向量声明；当设计频繁选择向量的部分，并且这些部分落在已知边界上（例如字节或字边界）时，使用具有子字段的向量。

选择向量的子字段而不是使用简单向量的固定值或变量的部分选择，使代码更易于编写和维护。

3.4.3 变量赋值规则

变量可以通过多种方式赋值：

· 作为过程赋值语句的左侧（在 always、always_comb、always_latch、always_ff 或 initial 过程块中，或在任务或函数中）。

· 作为连续赋值语句的左侧（使用 assign 语句）。

· 作为赋值运算符的结果，例如 ++ 增量运算符。

· 作为模块、任务或函数的输入。

· 作为模块例化、任务例化、函数例化或原语例化的输出端口。

变量只能由单一来源赋值。例如，如果一个变量的值是通过连续赋值语句赋值的，那么在过程块中或从模块输入端口赋值该变量是不合法的。

然而，在单个过程块中，对同一变量的任何数量的赋值被视为单一来源，这一规则对于以下代码的正常工作是重要的：

```
logic   [15:0]  q;              //16 位 4 态无符号变量
always_ff @ (posedg clk)
  if (!rstN)  q <= '0;          //q 的程序性任务
  else        q <= d;           //q 的另一项程序性任务
```

变量赋值单一来源的限制在 RTL 建模中是重要的，这一限制有助于确保抽象 RTL 仿真行为和综合后实现行为是一致的。

always_ff、always_comb 和 always_latch 过程块进一步限制了对变量的过程赋值，仅限于一个过程内，这符合综合编译器的要求。在同一过程内对变量的多次赋值被视为单一驱动。

3.4.4 未初始化的变量

变量在被赋值之前是未初始化的。4 态变量的未初始化值为 'x（所有位设置为 X），2 态变量的未初始化值为 '0（所有位设置为 0）。

在以下示例中，变量 q 在 clk 的第一个上升沿之前是未初始化的。作为 4 态逻辑类型，q 在第一个时钟到来之前将具有 X 值，之后 q 将被赋值为 0 或 d 的值。如果 clk 的上升沿没有发生赋值，则这个 X 值表明设计可能存在问题，这可能是时钟门控或其他情况导致的。

```
logic   [15:0]  q;                    // 未初始化的 4 态变量
always_ff @ (posedg clk)
  if (!rstN) q <= '0;                 // 低电平有效同步复位
  else       q <= d;                  // 时钟分配给 q
```

注意：未初始化的 2 态变量可能隐藏设计问题。未初始化的 2 态变量的值为 0，这看起来似乎是一个合法的复位值，但可能存在复位逻辑问题。

3.4.5 内联变量初始化

SystemVerilog 允许在声明变量时进行初始化，这被称为内联变量初始化。例如：

```
int i = 5
```

变量的内联初始化只在仿真开始时执行一次。某些 FPGA 设备可以被编程，使得寄存器在已知状态下上电，而无需复位。内联变量初始化可以用于模拟这些时序逻辑器件（如触发器）的上电状态。

注意：在 ASIC 技术中不支持内联变量初始化，而某些 FPGA 技术可能支持。当目标设备不支持可编程上电状态时，综合编译器将会：

（1）不允许行内初始化。

（2）忽略它。当行内初始化被忽略时，RTL 仿真行为与综合后的门级实现之间可能会出现不匹配。

最佳实践指南 3.5

仅在 FPGA 实现的 RTL 模型中使用变量初始化，并且仅用于建模触发器的上电值。

对于 ASIC 设计，应使用复位功能初始化变量，不要使用行内初始化；对于 FPGA 设计，仅在确定 RTL 模型在"支持上电寄存器初始化"的设备上实现时，

使用行内初始化。在 RTL 模型中使用行内初始化，实际上将模型锁定为仅能适配于该类型的 FPGA 设备。

最佳实践指南 3.6

在 RTL 模型中仅使用内联变量初始化，不要使用 initial 过程块来初始化变量。

支持内联变量初始化的综合编译器和目标 FPGA 设备，有时也允许使用 initial 过程块来模拟触发器的上电值。

时序逻辑复位和 RTL 模型中变量初始化的适当使用将在 8.1.5 节进行详细介绍。

3.5　线网类型

线网用于将设计模块连接在一起，例如，将一个模块的输出端口连接到另一个模块的输入端口。线网与变量在以下三个方面存在显著不同：

·线网没有像变量那样的临时存储功能。相反，线网反映了驱动线网的当前值（一个电容三态线网似乎存储一个值，但实际上代表的是电容器驱动线网的行为）。

·线网可以解析多个驱动器的结果值，而变量只能有一个源（如果对一个变量进行了多个过程赋值，则最后的赋值是结果值，而不是解析所有赋值的结果）。

·线网反映了驱动器值（0、1、Z 或 X）和驱动器强度。

驱动器的强度级别以 0 到 7 表示。每个级别由一个关键字表示。大多数建模的默认强度级别是强（strong），这是级别 6。强度级别对于晶体管级建模很重要，但在 RTL 建模中不使用。强度的表示和使用超出了本书关于 RTL 建模的范围。

3.5.1　可综合的线网类型

线网通过指定类型和数据类型来声明。类型可以是表 3.3 和表 3.4 中列出的任何关键字。数据类型必须是关键字 logic，可以显式指定或隐式推断。

每种 SystemVerilog 线网类型都有特定的语义规则，这些规则影响多个驱动器的解析。虽然所有线网类型都表示电路行为，但并非所有线网类型都可以在标准 ASIC 和 FPGA 技术中表示。表 3.3 列出了 ASIC 和 FPGA 综合编译器支持的线网类型。

表 3.3 可综合的线网类型

种 类	描 述
wire	解决多个驱动器的互连网络
tri	线网的同义词，在所有方面都是相同的，可用于强调预期具有三态值的线网
supply0	在供电强度水平上具有恒定逻辑 0 的互连网络。可用于表示接地轨（GND、VSS）
supply1	在供电强度水平上具有恒定逻辑 1 的互连网络。可用于表示电源轨（VCC、VDD）

并不是所有综合编译器都普遍支持 SystemVerilog 的线网类型，不可综合的线网类型详见表 3.4。

表 3.4 不可综合的线网类型

种 类	描 述
uwire	仅允许单驱动的互连网络
pull0	一种互连网络，具有将下拉电阻器连接到网络的行为
pull1	一种互连网络，具有将上拉电阻器连接到网络的行为
wand	一种互连网络，通过与驱动值进行 AND 运算来解析多个驱动
triand	wand 的同义词，在所有方面都是相同的，可用于强调预期具有三态值的线网
wor	通过对驱动值进行 OR 运算来解决多个驱动因素的互联网络
trior	wor 的同义词，在所有方面都是相同的，可用于强调预期具有三态值的线网
trireg	具有电容的互连网络，如果所有驱动器都处于高阻抗状态，则电容反映了最后解析的驱动值

注意：一些 RTL 综合编译器可能支持这些线网类型中的一种或多种。最佳的编码风格是不使用这些类型，以确保 RTL 模型与任何综合编译器兼容。如果使用了这些类型，设计工程师应检查项目中使用的所有工具是否支持该类型。

1. CMOS 建模技术

大多数 ASIC 和 FPGA 设备是使用 CMOS 技术实现的。CMOS 互连的行为使用 wire 和 tri 类型表示。wire 类型是最常用的线网类型，也是隐式推断时的默认线网类型（见 3.5.3 节）。

2. 单驱动和多驱动逻辑

在 ASIC 和 FPGA 设计中，大多数互连网络将单个驱动器连接到一个或多个接收器。少数例外是共享的总线，共享总线中，多个驱动器连接到一个或多个接收器。一个例子是具有双向数据总线的 RAM 设备，用于将值写入 RAM 和从 RAM 读取值。ASIC 和 FPGA 设备通常具有一定数量的双向 I/O 引脚，用于读取和驱动值。

最佳实践指南 3.7

在设计意图是单一驱动时，使用 `logic` 数据类型将设计组件连接在一起。仅在设计意图允许多个驱动时，使用 `wire` 或 `tri net` 类型。

将互连声明为 `logic` 将推断出一个变量而不是线网类型。如果同一信号不小心连接到多个模块输出时，该变量只允许单一源进行驱动。

尽管多数互连网络的设计初衷是仅有一个驱动器，但可综合的线网类型，如 `wire`，也同样允许多个驱动器。工程师在使用线网类型时需要小心避免编码错误。网表中的一个简单排版错误可能导致同一个线网不小心连接到多个驱动器。这种类型的错误在编译和展开过程中不会被发现。该错误将导致功能性缺陷，必须在仿真过程中检测出来。

3. 使用变量而不是线网来连接设计模块

SystemVerilog 还允许使用变量将设计元素连接在一起。变量不允许多个驱动器，如果同一个变量不小心连接到多个驱动器，将会发生展开错误。

4. 将输入端口声明为变量类型而不是线网类型

默认情况下，输入和双向端口推断为线网类型，具体来说是 `wire` 类型，除非 `'default_nettype` 指定了不同的线网类型（见 3.5.3 节）。这种线网类型的推断将导致难以检测的建模错误，这些错误其中就包括多个驱动器连接到同一个输入端口（或者一个值从模块内部反向驱动到输入端口）。这些建模错误在 SystemVerilog 中是合法的，因为线网类型允许多个驱动器。

明确将输入端口声明为 `var logic` 类型，可以防止意外的多个驱动器。变量不允许多个驱动器，在设计模块编译和展开时，多个驱动器将被报告为编码错误。

设计人员也可以使用 `uwire` 来防止多驱动。`uwire` 类型作为 1364-2005 Verilog 标准的一部分被添加到 SystemVerilog 中，是为了使多个驱动器成为编译错误。输入端口可以明确声明为 `uwire` 类型（见 3.5.3 节）。`uwire` 类型不允许多个驱动器，在设计模块编译和展开时，多个驱动器将被报告为编码错误。

注意：撰写本书时，大多数综合编译器和一部分仿真器尚未添加对 `uwire` 类型的支持，尽管自 2005 年以来，它已成为 Verilog/SystemVerilog 标准的一部分。本书示例在需要多驱动线网时使用 `wire` 或 `tri` 类型。

3.5.2　线网的声明规则

线网通过指定线网类型和数据类型来声明。数据类型必须是 4 态逻辑数据类型或从 4 态逻辑数据类型派生的用户定义类型。如果数据类型未明确指定，则隐式推断为逻辑数据类型。

所有线网类型的默认大小为标量（1 位）。线网可以使用与变量相同的语法显式声明为任意大小的向量。只有变量的向量声明可以被划分为子字段，而线网向量不能被划分为子字段。

一些可综合的线网声明示例如下所示：

```
wire logic   n1;         // 具有 CMOS 分辨率的 1 位 4 态线网
supply1      vcc;        // 具有常数 1 的 1 位 4 态线网
tri  [31:0]  data;       // 具有 CMOS 分辨率的 32 位向量线网
```

默认情况下，所有线网类型都是无符号的。线网可以像变量一样显式声明为有符号或无符号。

可以使用与变量向量相同的语法从线网向量中选择任何特定位或位组，也可以对线网执行常量和变量位选择及部分选择。

3.5.3　隐式的线网类型声明

在以下类型的上下文中，未声明的信号将推断为线网类型：

·模块 input、inout 或 output 端口中，未显式声明类型或数据类型，或从先前的端口声明中继承。

·模块 input 或 inout 端口显式声明为 logic 或 reg 数据类型，或从先前的端口声明中继承。

·连接到模块或接口例化的端口，或原语例化的端口。

·连续赋值语句的左侧。

默认情况下，推断出的隐式线网类型为 wire 类型。隐式线网的向量大小基于局部上下文决定。如果线网是从模块端口声明推断的，则隐式线网的向量大小将是端口的大小。如果线网是模块连接、接口或原语实例推断的，则推断为标量线网。如果从连续赋值的左侧推断出线网，也会推断出标量线网。示例 3.1 说明了几个隐式线网声明。

示例 3.1　未声明标识符创建隐式线网的示例

```
module mixed_rtl_and_gate_adder
(input          a,          // 隐式线网,4 态逻辑数据类型
 input   logic  b,          // 隐式线网,4 态逻辑数据类型
 input   reg    ci,         // 隐式线网,4 态逻辑数据类型
```

```
   output           sum,              // 隐式线网,4 态逻辑数据类型
   output  logic   co                 // 隐式线网,4 态逻辑数据类型
);
   timeunit 1ns/1ns;


   xor  g1 (n1, a, b);                // 未声明的 n1 是隐式线网
   xor  g2 (sum, n1, ci);
   and  g3 (n2, a, b);                // 未声明的 n2 是隐式线网


   assign n3 = n1 & ci;               // 未声明的 n3 是隐式线网


   always_comb begin
     co = n2 | n3;                    // 允许因为 n2 和 n3 之前被推断为线网类型
   end
endmodule: mixed_rtl_and_gate_adder
```

.name 和 .* 推断的端口连接不会推断隐式内部线网。从端口声明推断的隐式线网可以与 .name 和 .* 的端口连接一起使用，但所有内部使用的线网必须显式声明，以便使用这些端口进行快捷连接。

1. 更改默认隐式线网类型

隐式线网类型可以使用编译器指令 'default_nettype 来更改。在指令之后编译的所有 SystemVerilog 代码将在推断隐式线网时使用指定的线网类型。'default_nettype 必须在模块或接口边界之外指定。

示例 3.2 定义隐式线网类型为 uwire（单驱动）类型。

示例 3.2 更改隐式线网的线网类型

```
'default_nettype uwire         // 更改隐式线网的默认值
module  mixed_rtl_and_gate_adder
(input           a,            // 隐式 uwire 线网,逻辑数据类型
 input   logic   b,            // 隐式 uwire 线网,逻辑数据类型
 input   reg     ci,           // 隐式 uwire 线网,逻辑数据类型
 output          sum,          // 隐式 uwire 线网,逻辑数据类型
 output  logic   co            // 隐式变量,逻辑数据类型
);
   timeunit 1ns/1ns;


   xor  g1 (n1, a, b);          // 未声明的 n1 是隐式 uwire 线网
```

```
    xor  g2 (sum, n1, ci);
    and  g3 (n2, a, b);              // 未声明的 n2 是隐式 uwire 线网

    assign n3 = n1 & ci;            // 未声明的 n3 是隐式 uwire 线网

always_comb begin
    co = n2 | n3;
  end
endmodule: mixed_rtl_and_gate_adder
'default_nettype wire              // 重置隐式线网的默认值
```

2. 关闭隐式线网声明

大型复杂的线网列表可能需要数十个 1 位 wire 来连接设计模块。显式声明这么多线网是烦琐且耗时的。显式声明大量互连线网也可能需要大量输入，且存在输入错误的风险，需要额外的调试时间。隐式线网可以减少编写线网模型所需的时间，并减少错误输入的可能性。

然而，隐式线网的缺点是，连接到模块、接口或原语实例时，拼写错误的名称不会被检测为连接错误，这是因为错误的名称将推断出一个隐式线网，其结果可能导致一个功能性错误，这必须被检测、调试和修正。另一个缺点是，从连接到实例推断出的线网将是一个 1 位线网，无论连接的端口大小如何。连接的大小不匹配将导致警告信息，但仿真或综合仍将继续进行。大小不匹配也可能导致一个功能性错误，必须被检测和修正。

隐式线网声名与显式线网声明的优缺点是 Verilog 和 SystemVerilog 工程师之间经常争论不休的话题。这实际上是用户偏好的问题。这两种编码风格都很好，并且两种风格都有优点和缺点。

对于那些更喜欢显式声明所有线网的工程师或公司，SystemVerilog 提供了一种禁用隐式线网的方法，这使得显式声明所有线网成为强制性要求。禁用隐式线网是通过设置编译器指令来完成的：

'default_nettype none // 关闭隐式线网

该指令必须在模块外部设置，并将对编译到同一编译单元中的所有后续模块保持有效，或者直到遇到另一个 'default_nettype 指令。

是否使用隐式线网或禁用隐式线网通常是个人偏好，有时也是公司内部的编码指南。

本书示例假设隐式线网已启用，并且默认隐式线网类型为 wire。

注意：'default_nettype 指令可以影响多个文件。编译器指令在编译单元中是准全局的。当多个文件在同一编译单元中编译时，编译器指令对在遇到指令之前编译的任何文件没有影响，但会影响在遇到指令之后编译的所有文件。

最佳实践指南 3.8

如果更改了默认线网类型，请始终将 'default_nettype 作为一对指令使用，第一条指令将默认设置为所需的线网类型，第二条指令将默认设置回 wire。

在更改默认值的模块之后，将默认线网类型设置回 wire，可以防止对其他期望默认为 wire 的文件产生非设计意图的副作用。

3.5.4 线网赋值和连接规则

1. 给线网赋值

线网可以从两种类型的源接收值：

（1）作为连接输出或双向端口的连线。

（2）作为连续赋值（assign 语句）的左侧。

线网不能用于过程赋值的左侧（always 语句）。

连续赋值在整个仿真过程中被持续评估。赋值右侧的任何变化都会导致右侧表达式被重新评估，并进一步更新左侧。左侧可以是变量或线网。对线网的连续赋值可以是显式的，也可以是隐式的。

显式连续赋值以关键字 assign 开头，如下所示：

```
wire    [15:0]  sum;
assign  sum = a+b;                // 显式连续赋值
```

隐式连续赋值将声明与对该声明的赋值结合在一起，这种组合不使用 assign 关键字，如下所示：

```
wire    [15:0]  sum = a+b;        // 具有隐式连续赋值的线网
```

需要注意的是，不要混淆内联变量初始化和隐式连续赋值，如下所示：

```
logic   [15:0]  v1 = a+b;         // 内联变量初始化
wire    [15:0]  n1 = a+b;         // 具有隐式连续赋值的线网
```

这两种构造的语法可能看起来相似，但行为却大相径庭。内联变量初始化是一次性评估和赋值。在前面的例子中,如果a或b的值在仿真中后续发生变化,变量 v1 不会被更新。隐式连续赋值,顾名思义,是一个在整个仿真过程中持续被评估的表达式。在前面的例子中,线网 n1 在仿真过程中每当a或b的值发生变化时都会被更新。

2. 连接大小不匹配

线网用于将设计模块连接在一起,例如将一个模块的输出端口连接到一个或多个其他模块的输入端口。通常,端口和互连线网的向量宽度是相同的,但 SystemVerilog 允许向量大小不同。例如,一个 16 位的标量线网可以将一个 32 位宽的输出端口连接到一个 8 位宽的输入端口。这种大小不匹配可能是设计错误,但在 SystemVerilog 中,仅生成警告。

SystemVerilog 语言中解决端口 / 连接不匹配的规则如下:

· 如果端口的位数少于连接到它的线网或变量,则值的最左边的位会被截断,导致值的最高有效位丢失。

· 一个端口的位数比连接到它的线网或变量的位数要多——线网或变量的值被扩展。如果端口、线网 / 变量中的任一项是无符号的,则值为零扩展;如果端口和线网 / 变量都是有符号的,则值为符号扩展。

仿真器和综合编译器会对连接大小不匹配生成警告信息。这些警告不应被忽视! 连接不匹配通常是需要纠正的设计错误。

.name 和 .* 推断的端口连接不允许连接大小不匹配。

3.6 端口声明

模块定义包括一个端口列表,该列表用括号括起来。端口用于将数据传入或传出模块。模块可以有四种类型的端口:input、output、inout 和 interface。输入、输出和双向端口是离散端口,每个端口传递一个单一的值或用户定义的类型。

接口(interface)端口是复合端口,可以传递多个值的集合。本节介绍离散端口的语法和使用指南。接口端口将在第 10 章介绍。

3.6.1 可综合端口声明

端口声明定义了端口的方向、类型、数据类型、符号、大小和名称。

· 端口方向使用关键字 `input`、`output` 或 `inout`。

·端口类型和数据类型可以是变量或 3.4 节和 3.5 节中描述的任何线网类型和数据类型。

·端口符号可以是有符号或无符号。

·端口大小可以从 1 位宽到 2^{16}（65536）位宽。在实践中，工程师必须考虑位宽大小的限制，以及如何将设计匹配到 ASIC 或 FPGA 上。

端口在模块端口列表中声明，该列表用简单的括号括起来。端口可以按任何顺序列出。一些工程师更喜欢先列出输入，然后是输出。其他工程师更喜欢先列出输出，然后是输入。一些公司对端口的顺序有严格的编码风格规则，而其他公司则将端口顺序留给编写模块定义的工程师。工程师在编码风格上也存在很大差异，这些差异不仅包括缩进的使用，也包括是否在同一行或分开行列出多个端口。

SystemVerilog 提供了三种声明端口列表和端口声明的编码风格：组合风格、传统风格和带有组合类型及大小的传统风格。

1. 组合风格端口列表

组合风格端口列表将每个端口的完整声明放在端口列表括号内，这种风格是大多数工程师所偏好的。

```
module  alu
(input   wire   logic signed  [31:0]  a,          //32 位输入
 input   wire   logic signed  [31:0]  b,          //32 位输入
 input   wire   logic         [3:0]   opcode,     //4 位输入
 output  var    logic signed  [31:0]  result,     //32 位输出
 output  var    logic                 overflow,   //1 位输出
 output  var    logic                 error       //1 位输出
);
```

请注意，每个端口声明之间用逗号分隔，并且列表中的最后一个端口在闭合括号之前没有逗号。

可以使用逗号进行分隔，将端口名称列表中相同方向、类型、数据类型和大小的多个端口进行组合，以此简化前面的端口列表，如下所示：

```
module  alu
(input  wire logic signed  [31:0] a, b,          //32 位输入
 input  wire logic         [3:0]  opcode,        //4 位输入
 output var  logic signed  [31:0] result,        //32 位输出
 output var  logic                overflow, error //1 位输出
);
```

IEEE SystemVerilog 标准将组合式端口声明称为 ANSI 风格端口列表，因为该风格类似于 ANSIC-sytle 的函数声明。这种端口声明风格作为 Verilog-2001 标准的一部分被添加到 Verilog 中。

2. 传统风格端口列表

Verilog-1995 标准将端口列表与每个端口的类型、数据类型、符号和大小的声明分开。SystemVerilog 标准将这种分开的风格称为非 ANSI 风格端口列表。这种风格类似于原始的、非 ANSIC-sytle 的函数声明。以下示例使用 Verilog-2001 数据类型。SystemVerilog 逻辑类型也可以与遗留 Verilog 风格端口列表一起使用。

```
module alu (a, b, opcode, result, overflow, error);
  input  [31:0]  a, b;                    //32 位输入
  input  [3:0]   opcode;                  //4 位输入
  output [31:0]  result;                  //32 位输出
  output         overflow, error;         //1 位输出

  wire signed [31:0]  a, b;               //32 位线网
  wire        [3:0]   opcode;             //1 位线网
  reg  signed [31:0]  result;             //32 位变量
  reg                 overflow, error;    //1 位变量
```

请注意，每个端口声明以分号结束，使用逗号分隔的端口名称列表可用于具有相同方向和大小的端口（例如前面端口声明中的端口 a 和 b 或 overflow 和 error）。

如果在端口列表中的第一个端口上省略了端口方向、类型、数据类型、符号和大小，则假定整个端口列表为传统的非 ANSI 风格端口列表。

端口列表中的所有端口必须是组合的 ANSI 风格或传统的非 ANSI 风格。在同一个端口列表中混合这两种风格是非法的。

3. 带有组合类型及大小的传统风格

Verilog-2001 标准允许传统风格的端口列表将方向声明和类型/数据类型声明合并为一个单一的语句。

```
module alu_4 (a, b, opcode, result, overflow, error);
  input  wire   signed [31:0]  a, b;              //32 位输入
  input  wire          [3:0]   opcode;            //4 位输入
  output reg    signed [31:0]  result;            //32 位输出
  output reg                   overflow, error;   //1 位输出
```

4. 模块端口默认值

每个端口的方向、类型、数据类型、符号性和大小都有隐式默认值。端口类型可以是线网（例如 wire）或变量（例如 var）。端口数据类型可以是 logic（4态）或 bit（2态）。端口方向、类型、数据类型、符号性和大小的默认规则如下：

·未指定方向：模块端口的默认方向是 inout，但仅在定义方向之前有效。一旦指定了方向，该方向适用于所有后续端口，直到指定新的方向。

·未指定类型：未指定数据类型（例如 logic）时，默认端口类型是 wire；指定数据类型时，输入和 inout 端口的默认类型是 wire，输出端口的默认类型是 var，并且 wire 可以使用 default_nettype 编译指令进行更改。

·未指定数据类型：所有端口的默认数据类型是 logic（4态）。

·未指定符号性：默认符号性为端口数据类型的默认符号性。reg、logic、bit 和 time 数据类型默认是无符号的。byte、shortint、int、integer 和 longint 数据类型默认是有符号的。

·未指定大小：默认大小为端口数据类型的默认大小。reg、logic 和 bit 数据类型默认是 1 位宽，其他数据类型的默认大小请参考 3.4.2 节。

以下代码片段并不是一种现实的 RTL 编码风格，仅用于说明模块端口声明的隐式默认值：

```
module alu
(wire  logic  signed  [31:0] a, b,      // 隐式默认值
 wire  logic          [3:0]  opcode,    // 双向
 output signed        [31:0] result,    // 双向，无符号逻辑
 output var                  overflow,  //logic，无符号逻辑，1位
 output bit                  error      //var，无符号逻辑，1位
);
```

尽管前面的代码片段中的端口声明是可综合的，但这并不是可综合 RTL 模型的推荐编码风格，3.6.3 节提供了一些端口声明的编码指南。

5. 继承的端口声明

端口方向、类型、数据类型、符号性和大小等特性如果被显式声明，则可以被端口列表中的后续端口继承。继承的端口特性是"粘性"的，因为特性会保持有效，直到被更改。

端口声明继承规则如下：

　　·继承的端口方向：显式端口方向声明在新的方向被指定之前保持有效，即使端口类型发生变化。

　　·继承的端口类型：显式端口类型声明在新的方向或类型被指定之前保持有效。

　　·继承端口数据类型和数据类：显式端口数据类型声明在指定新的方向、类型或数据类型之前保持有效。

　　·继承端口符号性：显式端口符号性声明在指定新的方向、类型、数据类型或大小之前保持有效。

　　·继承端口大小：显式端口大小声明在指定新的方向、类型、数据类型或大小之前保持有效。

　　下面的代码片段不是推荐的 RTL 编码风格，但说明了后续端口如何从模块端口列表中的先前端口声明继承特性。

```
module  alu                              // 继承
(input  wire  logic  signed [31:0] a,    // 特性：
                                    b,   // 全部
        tri1  logic         [3:0] opcode,  // 继承方向
 output                      [31:0] result,  // 无继承
        var                 overflow,  // 继承方向
                            [1:0] error  // 继承方向
                                         // 类型和数据类型

);
```

3.6.2　不可综合的端口声明

　　SystemVerilog 有一些额外的端口类型和声明能力，这些在主要的综合工具中并不普遍支持，例如：

　　·模块参考端口（ref）。

　　·模块互连端口。

　　·输入端口默认值（例如 input logic [7:0] a = 0）。

　　·输出端口初始化（例如 output logic [7:0] y = 1）。

　　·端口表达式（例如 .b({c,d})）。

　　·外部模块和具有隐式端口的嵌套模块。

　　一些综合编译器可能支持这些构造的一部分，但在本书中未讨论，因为撰

写本书时，并不是所有主要综合编译器都支持这些语句。虽说这些构造对于验证可能很有用，但超出了本书关于 RTL 建模的范围。

3.6.3 模块端口声明建议

SystemVerilog 提供了相当大的能力和灵活性来声明模块端口。工程师应采用一致的编码风格来进行端口声明，以确保模型是自成一体的，这种做法使代码更易于维护，并且在未来项目中更易于复用。

最佳实践指南 3.9

使用 ANSI-C 风格的声明来定义模块端口列表。将 input 端口和 output 端口都声明为 logic 类型。

声明模块端口的一些建议如下：

· 使用组合的 ANSI-C 风格端口列表，以便所有端口信息都包含在端口列表中。声明每个端口的方向，而不是依赖默认和继承的端口方向。

· 将所有端口的数据类型声明为 logic 数据类型。在 RTL 模型中避免使用 2 态数据类型，它们可能隐藏设计缺陷。

· 不要声明端口类型。允许语言推断 wire 或 var 类型。输入和输出端口的隐式默认类型对于可综合的 RTL 级模型效果良好。例如，三态端口可以选择性地声明为 tri 类型。tri 类型与 wire 相同，但显式声明有助于记录该端口预期为三态。

· 在单独的行上声明每个端口。这允许添加注释，以描述每个端口的细节。例如，可以接受有一个以逗号分隔的端口名称列表，这些端口名称具有相同的方向、数据类型、大小和类似的使用。

示例 3.3 说明了使用这些编码指南的模块端口列表。

示例 3.3 使用推荐编码指南的模块端口声明

```
module alu
(input  logic  signed  [31:0]  a, b,      //ALU 操作数输入
 input  logic           [3:0]  opcode,    //ALU 操作码
 output logic  signed  [31:0]  result,    // 运算结果
 output logic                  overflow,  // 如果结果溢出，则置位
 output logic                  error      // 如果操作出错，则置位
);
 ///////////////////////////////////////////////
```

```
//                  模型功能未显示                  //
///////////////////////////////////////////////
endmodule: alu
```

在 SystemVerilog 之前，传统 Verilog 没有 `logic` 数据类型，并且对隐式默认端口类型有不同的规则。传统 Verilog 假设所有端口的类型为 `wire`，除非端口被明确声明为 `reg`，这将推断出一个变量。工程师必须小心使用明确的端口声明，以确保每个端口具有正确的类型，从而满足模块内的功能。正确修改所有声明通常需要编译代码，并检查编译错误，但更糟糕的是，一方面，设计工程师容易忽视警告，另一方面，对功能建模方式的更改，也有可能引入新的错误。

SystemVerilog 使端口声明变得更加简单。只需将所有端口声明为 `logic` 数据类型，让语言正确推断出适当的线网或变量类型。SystemVerilog 几乎在所有情况下都能正确推断出线网或变量。

3.7 线网和变量的非合并数组

SystemVerilog 有两种类型的数组：合并数组和非合并数组。合并数组是一组连续存储的位，通常被称为向量；非合并数组是一组线网或变量，详见 3.4.2 节。

集合中的每个线网或变量被称为数组元素。非合并数组的每个元素具有完全相同的类型、数据类型和向量大小。每个非合并数组元素可以独立于其他元素存储，元素不需要连续存储。软件工具，如仿真器和综合编译器，可以以工具认为最优的形式存储非合并数组。

非合并数组的基本声明语法如下：

```
type_or_data_type vector_size array_name array_dimensions
```

`array_dimensions` 是数组维度，它定义了数组可以存储的元素总数。非合并数组可以声明任意数量的维度，每个维度存储指定数量的元素。声明数组维度有两种编码风格：显式地址和数组大小。

显式地址风格指定数组维度的起始地址和结束地址，格式如下：

［起始地址：结束地址］

起始地址和结束地址可以是任何整数值。数组可以从地址 0、地址 512 或任何所需的硬件地址开始。起始地址和结束地址之间的范围表示数组维度的大小（元素数量）。

数组大小风格定义了要存储在方括号中的元素数量（类似于 C 语言数组声明风格），格式如下：

[数组大小]

使用数组大小风格时，起始地址始终为 0，结束地址始终为数组大小减 1。

非合并数组声明的示例如下所示：

```
//1024 个 1 位线网的一维非合并数组
wire  n [0:1023];
//4096 个 16 位变量的一维非合并数组
logic [15:0]  mem  [0:4095];
//32 位实数变量的二维非合并数组
real  look_up_table  [0:15] [0:15];
//32 位 int 变量的三维非合并数组
int  data_array [255] [4] [4];
```

前面的 mem 声明是一个一维 16 位 logic 变量数组。一维数组有时被称为存储数组，因为它通常用于模拟硬件存储设备的存储，如 RAM 和 ROM。

3.7.1　访问数组元素

非合并数组的每个元素可以使用数组索引进行引用。索引跟随数组名称，并用方括号括起来。多维数组需要多个方括号来选择数组中的单个元素。

```
logic  [15:0] mem [0:4095];
data007 = mem [7];                          // 读取 mem 数组的一个元素


real  look_up_table [0:15] [0:15];
look_up_table[0] [15] = 2.15;               // 写入数组的一个元素
```

数组索引也可以是线网或变量的值，如下所示：

```
always_ff @ (posedge clk)
data <= mem [address];                      // 地址的值是数组索引
```

8.3 节将介绍使用数组来模拟 RAM 的功能，并展示完整的同步和异步 RAM 模型的示例。

3.7.2　数组的复制

可以通过使用赋值语句将一个非合并数组复制到另一个非合并数组，前提是这两个数组具有相同的形状。也就是说，这两个数组必须存储相同向量大小的相同数据类型，必须具有相同的维度数量，并且每个维度的大小必须相同。

数组复制的结果是源数组（赋值的右侧）中的每个元素被复制到目标数组（赋值的左侧）中的相应元素。两个数组的索引编号不需要相同。必须完全匹配的是数组的形状和类型。

```systemverilog
logic [31:0]  a  [2:0] [9:0];
logic [0:31]  b  [1:3] [1:10];


always_ff @ (posedge clk)
  if (data_copy)
    a <= b;                       // 将非合并数组赋值给另一个非合并数组
```

类似于数组复制，使用者也可以将数组的一部分（数组片段）复制到另一个数组的片段，只要两个片段的形状相同。片段是数组一个维度内一个或多个连续编号的元素。

在成为 SystemVerilog 之前，最初的 Verilog 语言限制了对数组的访问，只能一次访问数组的一个元素，不允许进行数组复制和对数组多个元素的读/写操作。

3.7.3　数组列表赋值

可以为非合并数组或数组的片段分配一个值列表，这些值包含在 '{} 中，适用于每个数组维度。

```systemverilog
logic [7:0]  lut  [0:3];                  // 包含 4 个元素的数组
logic [7:0]  a, b, c, d;                  //4 个 8 位变量


always_ff @ (posedge clk)
  if (init)
    lut <= '{8'h12,8'h34,8'hAB,8'hCD};    // 初始化数组
  else if (load)
    lut <= '{a,b,c:d};                    // 数组加载值
```

列表语法类似于在 C 语言中为数组指定值列表，但在大括号前添加了撇号。使用 '{ 作为开头分隔符表明所包含的值是表达式列表，而不是 SystemVerilog 连接运算符（详见 5.11 节）。

```systemverilog
logic [7:0]  data  [0:1] [0:3];           //2 行 4 列数组
data = '{'{0, 1, 2, 3}, '{4, 5, 6, 7} };  //2 行 4 列嵌套列表
```

这个数组赋值等同于以下单独赋值：

```systemverilog
data[0][0]=0;
```

```
data[0][1]=1;
data[0][2]=2;
data[0][3]=3;
data[1][0]=4;
data[1][1]=5;
data[1][2]=6;
data[1][3]=7;
```

注意：'{...} 列表与 {...} 连接运算符不同，后者将在 5.11 节中详细介绍。列表操作符将列表中的每个值视为一个单独的值，对应于数组中的一个单独元素。连接运算符将列表中的值打包成一个向量。

通过指定默认值，可以将非合并数组的所有元素赋予相同的值。默认值通过 '[default:\<value>] 指定，如以下代码片段所示：

```
logic   [7:0]   lut [0:3];                  // 包含 4 个元素的数组
logic   [7:0]   a,b,c,d;                     //4 个 8 位变量
always_ff @ (posedge clk or negedge rstN)   // 异步复位
  if (!rstN)                                 // 低电平有效复位
    lut = '(default:'0);                     // 复位整个数组
  else
    lut = '(a,b,c,d);                        //load array
```

3.7.4　数组元素的位选择和部分选择

可以从数组元素向量中选择一个位或一组位。必须首先选择数组的单个元素，然后进行位选择或部分选择。

```
logic   [15:0]   mem [0:4095];
logic   [15:0]   data;
logic   [3:0]    nibble;
logic            lsb;


data   = mem[5];               // 访问整个数组元素
lsb    = mem[5][0];            // 数组元素的位选择
nibble = mem[5][11:8];         // 数组元素的部分选择
```

任何类型和任意维数的非合并数组可以通过模块端口传递，也可以作为任务/函数参数进行传递。端口或任务/函数参数也必须声明为数组。端口或参数数组必须与要传递的数组具有相同的布局（与数组复制相同的规则）。

```
module  cpu (...);
```

```
   ...
   logic   [7:0] data_table  [0:255]; // 一维数组
   gpu il  (.lut (data_table));              // 将数组连接到 gpu 模块
   ...
endmodule: cpu

module gpu
(input logic  [7:0]  lut [0:255]       // 数组端口
...                                     // 其他端口
);
endmodule: gpu
```

最初的 Verilog 语言仅允许简单向量通过模块端口或作为任务 / 函数参数传递。在上述示例中，要传递表数组的值，需要 256 个端口，每个数组元素都需要一个端口。

3.8　参数常量

模块可以通过使用 parameter 来增强可配置性。包含参数常量的模块被称为参数化模块。接口（interface）也可以参数化（将在第 10 章介绍）。

示例 3.4 显示了一个简单的参数化模块，其中 a、b 和 sum 的向量宽度都基于名为 N 的参数的值。N 的默认值为 8，使得该模型成为一个 8 位宽的加法器。

示例 3.4　带参数化端口宽度的加法模块

```
module add_n_bits
#(parameter N = 8)
 (input   logic  [N-1:0]  a, b,
  output  logic  [N-1:0]  sum
 );
  timeunit 1ns/1ns;

  assign  sum = a + b;     //N 位宽加法，无进位
endmodule: add_n_bits
```

参数在运行时是一个常量，这意味着参数的值可以在编译 / 展开时配置，并在仿真开始时运行，或在综合开始时，将 RTL 功能转换为 ASIC 或 FPGA 的固定实现。另一个模块可以例化 add_n_bits 模块，并为该实例重新配置参数 N，如下面的代码片段所示：

```
module alu (/* 端口未展示 */);
  logic  [31:0]  a, b, sum;
  add_n_bits  # (.N(32))  add32 (.*);    // 配置为 32 位
endmodule: alu
```

3.8.1 参数声明

综合编译器支持两种类型的参数常量：

· parameter：一个可以被外部修改的运行时常量。

· localparam：一个只能在内部设置的运行时常量。

参数可以在模块内的两个地方声明：在模块端口列表之前使用 # (...) 参数列表（见例 3.4）或在模块端口列表之后作为局部声明。

在模块内声明的参数使用的语法类似于声明局部变量或线网，一般语法为：

```
parameter data_type signedness size name = value_expression;
localparam data_type signedness size name = value_expression;
```

data_type（可选）在可综合的 RTL 模型中可以是 logic、reg、bit 或用户定义的数据类型。如果未指定数据类型，则参数将采用分配给它的最终值的数据类型。

signedness（可选）使用关键字 signed 或 unsigned 声明。如果未指定，则使用数据类型的默认符号。如果既未指定数据类型，也未指定符号性质，则参数将采用分配给它的最终值的符号。

size（可选）以与变量和线网向量相同的方式指定。如果未指定，则使用数据类型的默认大小。如果既未指定数据类型，也未指定数据大小，则参数将采用分配给它的最终值的大小。

name 可以是任何合法或转义的标识符名称。一个常见的约定是使用全大写字母表示常量，尽管没有语法要求这样做。

value_expression 可以是任何可以为参数数据类型赋值的表达式。该表达式必须是一个常量表达式，这意味着它必须能够被编译器评估，而无需运行仿真。常量表达式可以使用文本值、其他常量以及对常量函数的调用（不具有输出或输入输出参数或外部引用的函数）。

可以将相同显式或隐式数据类型、符号性质和大小的多个参数声明为以逗号分隔的名称列表。

局部参数声明示例如下所示：

```
module parameter_examples;
  parameter    SIZE = 256;                    // 默认为带符号的 logic[31:0]
  parameter    PI = 3.14;                      // 默认为 real 数据类型
  parameter    string REV = "version 1.1a";// 显式类型
  localparam bit [15:0] N = $clog2(SIZE);// 显式类型
  localparam [2:0] READY  = 3'b001,          //3 个常量, logic 类型
                   LOAD   = 3'b010,
                   STORE  = 3'b100;

  ...
endmodule: parameter_examples
```

参数 SIZE 和 PI 将采用分配给它们的最终值的数据类型。如果参数值被外部赋值覆盖，则数据类型可能在编译和展开期间发生变化。

参数 REV 和 N 具有显式数据类型。给参数的赋值，必须与参数的数据类型兼容，并且该值将被转换为该数据类型。此限制同样适用于任何覆盖声明值的外部赋值。

参数 READY、LOAD 和 STORE 具有显式大小，并且隐式数据类型为 logic。赋值给参数的值必须与参数的数据类型兼容，并且该值将被转换为该数据类型。

参数 N、READY、LOAD 和 STORE 是 localparam 参数。因此，参数的值不能被外部重新定义的赋值覆盖。然而，localparam 的值可以是参数计算得到的表达式，这些参数可以被覆盖，如参数 N 所示。

参数 N 的值是调用 $clog2 系统函数返回的值，这是一个常量函数，它返回其参数的以 2 为底的对数的上限（对数向上取整到整数值）。

参数列表在模块端口列表之前指定，并允许参数的使用，以使该模块端口可配置。参数列表被包含在 "#(" 和 ")" 这两个标记之间。该列表可以包含任意数量的参数声明。语法与 local parameter 声明相同，唯一的例外是每个声明之间用逗号而不是分号分隔。示例 3.5 说明了使用参数列表来建模可配置总线功能的 RAM。

示例 3.5 使用模块参数列表建模可配置 RAM

```
module ram
#(parameter  SIZE = 1024,              //RAM 的地址大小
             D_WIDTH = 8,              // 数据总线宽度
             A_WIDTH = $clog2(SIZE)    // 地址总线宽度
 )
```

```
 (input logic    [A_WIDTH-1:0]   addr,
  input logic                    rdN,  wrN,
  inout tri       [D_WIDTH-1:0]   data
 );
  timeunit 1ns/1ns;

  logic  [D_WIDTH-1:0] mem [0:SIZE-1];

  assign data = (!rdN)? mem[addr] : 'z;

  always @ (wrN,  addr,  data)
    if (!wrN) mem[addr] <= data;
endmodule: ram
```

上述代码中，参数列表中的参数由逗号分隔，并且在参数列表的右括号后没有逗号或分号。

parameter 关键字在模块端口列表中是可选的。"#(" 表示参数列表的开始，因此软件工具不需要 parameter 关键字来知道工程师正在定义参数。

在参数列表中为参数赋值也是可选的。如果参数在其声明中没有值，则必须从外部寻找参数覆盖的值。

与模块或接口一起使用的数据类型也可以通过使用关键字 parameter type 进行配置。当在参数列表中声明类型参数时，关键字 parameter 是可选的。

类型参数被分配了内置或用户定义的数据类型，而不是逻辑值。示例 3.6 示出了可以配置为与任何数据类型一起工作的加法器。

示例 3.6　具有可配置数据类型的加法器

```
module add_type
 #(parameter type  DTYPE = logic [0:0]) // 默认值为1位
  (input  DTYPE  a, b,
   output DTYPE  sum
  );
  timeunit 1ns/1ns;

  assign sum = a + b;
endmodule: add_type
```

3.8.2 参数重定义（参数覆盖）

参数化模块可以为模块的每个实例配置唯一的值。为参数定义新值或类型被称为参数覆盖或参数重定义。

参数重定义有三种语法风格：内联命名重定义、内联顺序重定义和分层重定义。

1. 内联命名重定义

内联命名重定义通过名称重定义参数，参数重定义与模块的实例化一起进行。新的参数值在 "#(" 和 ")" 之间指定，该标记位于模块名称之后和实例名称之前。

前面的示例 3.5 是一个包含三个参数的 RAM 模型，这三个参数分别是 SIZE、D_WIDTH 和 A_WIDTH。SIZE 和 D_WIDTH 参数的内联命名重定义的两个示例如下：

```
// 可重新定义的 RAM 大小和字宽
ram # (.SIZE (65536), .D_WIDTH(16)) il (.*);  // 二者都覆盖
ram # (.D_WIDTH(24))  i2 (.*);                 // 只覆盖一个参数
```

以下代码片段展示了三种覆盖示例 3.6 中 DTYPE 类型参数的方法：

```
typedef logic signed   [23:0]  bus24_t;   // 用户自定义类型
int       ai, bi, si;                      //32 位有符号变量
real      ar, br, sr;                      // 浮点变量
bus24_t a24, b24, s24;                     //24 位有符号变量


// 实例化加法器并配置为 32 位有符号类型
add_type # (.DTYPE(int)) i3 (.a(ai), .b(bi), .sum(si));
// 实例化加法器并配置为浮点类型
add_type # (.DTYPE(real)) i4 (.a(ar), .b(br), .sum(sr));
// 实例化加法器并配置为 24 位有符号类型
add_type # (.DTYPE(bus24_t)) i5 (.a(a24), .b(b24), .sum(s24));
```

在内联命名重定义中，模块内参数的定义顺序无关紧要，因为每个参数在重定义中都是明确命名的。可以在不重新定义其他参数的情况下重新定义特定参数。

2. 内联顺序重定义

内联顺序重定义覆盖模块内参数的定义顺序，而不是使用参数的名称，如下所示：

```
// 重新定义 RAM 大小和字宽
ram  # (65536, 16) i3 (.*);          // 按顺序覆盖参数
```

内联顺序重定义的一个缺点是代码可读性较差，很难判断参数和覆盖值的对应关系。以错误的顺序指定覆盖值，可能会导致功能错误，这些错误可能难以检测和调试。另一个缺点是参数不能被跳过，以便在模块声明顺序稍后的位置重新定义参数。在 RAM 示例中，行内顺序重新定义仅能重新定义 SIZE 参数，因为它在 RAM 模块内是第一个，而不能直观地用于重新定义 D_WIDTH 参数。

3. 分层重定义

分层重定义是通过 defparam 关键字指定的。这种类型的参数重定义与参数化模块的实例化无关。相反，参数是通过层次路径重新定义的。重新定义可以在设计或验证层次结构中的任何文件和任何位置进行。一个层次化的 defparam 重新定义示例如下：

```
defparam top.dut.main_processor.reg_blockl.ram.SIZE = 65536;
defparam top.dut.main_processor.reg_blockl.ram.D_WIDTH = 16;
```

分层重定义对软件工具的编译和展开是困难的。对于工程师来说，维护和复用设计代码也是困难的。对设计代码的更改可能导致层次路径的更改，这可能使分层重定义语句无效。本书不使用分层重定义。分层重定义预计将在未来的官方 SystemVerilog 语言版本中被弃用。本书提到这一点是因为该构造被主要的仿真器和综合编译器支持，尽管使用 defparam 应被视为一种最差的实践方式，而不是最佳实践编码风格。

最佳实践指南 3.10

对所有参数覆盖，应使用内联命名参数重新定义，请勿使用行内参数顺序重定义或分层重定义。

3.9 常量变量

任何变量都可以在变量类型前指定 const 关键字来声明为常量。常量变量只能被赋值一次，对该变量的任何后续赋值都是非法的。对于可综合的 RTL 模型，赋值必须与变量声明在同一行完成。常量变量不能被覆盖，但可以被赋值为参数值，而这些参数值是可覆盖的。

常量变量可以在函数中使用，而 parameter 则不能在函数中声明。

```
function automatic logic [15:0] do_magic (logic [15:0] a, b);
  const int magic_number = 86;
  ...
endfunction:do_magic
```

3.10 小 结

本章研究了 SystemVerilog 语言中预定义的类型和数据类型，重点放在适用于编写最佳仿真和综合的 RTL 模型上。

SystemVerilog 有 2 态和 4 态两种数据类型。4 态数据类型所对应的四值系统允许对硬件行为进行精确建模，值 0、1 和 Z 代表物理硬件，值 X 用于建模不关心条件，在这种情况下，设计工程师不关心物理硬件是 0 还是 1。仿真器还使用 X 值来指示潜在问题，在这种情况下，仿真无法确定实际逻辑门是否会有 0、1 或 Z。SystemVerilog 的 2 态数据类型不应用于建模硬件行为，因为它们没有 X 值来表示仿真期间的潜在设计缺陷。

SystemVerilog 线网类型（例如 wire 类型）用于将设计模块连接在一起。线网总是使用 4 态数据类型，当有多个源驱动同一线网时，线网可以根据驱动强度解析出最终值。

SystemVerilog 变量类型用于接收赋值语句左侧的值，并将分配的值存储，直到对变量进行另一次赋值。SystemVerilog 有几种线网类型和变量数据类型，我们展示了声明线网和变量的语法，并讨论了重要的语义规则。此外，还探讨了如何在 RTL 建模中使用这些不同线网和变量。

SystemVerilog 允许使用 parameter 和 localparam 编写可配置的模型，可以使用参数覆盖（也称为参数重定义）为模块的每个实例指定常量的唯一值。

第 4 章　用户定义的类型和包

工程师可以通过额外的用户定义类型扩展内置的 SystemVerilog 类型。用户定义类型是一种强大的建模构造，允许以简洁和准确的方式编写 RTL 模型。使用用户定义类型编写的模型可以更容易地在其他项目中重用。本章主要介绍声明用户定义类型的语法，以及在 RTL 模型中使用用户定义类型的示例，内容包括：

- 用户定义类型（User-defined type）。
- 包的声明（packages）。
- 枚举类型（Enumerated types）。
- 结构体（Structures）。
- 联合体（unions）。

4.1　用户定义类型

除了第 3 章讨论的内置数据类型外，SystemVerilog 还为工程师提供了一种定义新数据类型的机制。用户定义数据类型允许从现有数据类型创建新的类型定义。

用户定义类型使用 `typedef` 关键字来创建，如下所示：

```
typedef int unsigned uint_t;
typedef logic [3:0] nibble_t;
```

一旦定义了新的数据类型，就可以声明该新数据类型的变量和线网：

```
uint_t a, b;                //uint_t 类型的两个变量
nibble_t opA, opB;          //nibble_t 类型的两个变量
wire nibble_t [7:0] data;   // 由 8 个 nibble_t 组成的 32 位线网
```

1. 用户定义类型的命名约定

用户定义类型名称可以是任何合法的标识符。在大型设计中，定义的位置和使用该类型的源代码之间可能相隔许多行，甚至有可能在不同的文件中。如果用户定义类型的名称与模块、线网或变量使用的名称相似，那么 `typedef` 的定义与类型使用之间的分离可能会使代码难以阅读和维护。

为了使源代码更易于阅读和维护，`typedef` 名称应使用一种命名约定，以便明显地表明该名称表示用户定义类型。两种常见的命名约定是为用户定义的类型名称添加 "_t" 后缀或 "t_" 前缀。本书约定使用 "_t" 后缀约定。

2. 本地 typedef 定义

用户定义的类型可以在模块或接口中局部定义（接口将在第 10 章介绍）。本地用户定义的类型只能在其定义的模块或接口内使用。构成整体设计的其他模块或接口无法引用该用户定义的类型。

3. 共享 typedef 定义

当用户定义的类型需要在多个不同模型中使用时，typedef 定义可以在包中声明。

4.2　SystemVerilog包

最初的 Verilog 语言没有一个可用于多个模块的定义，每个模块必须有任务、函数、常量和其他共享定义的冗余副本。传统的 Verilog 编码风格是将共享定义放入一个单独的文件中，然后使用 'include 编译指令在其他文件中包含该文件。该指令指示编译器复制被包含文件的内容，并将这些内容逐字粘贴到 'include 指令的位置。虽然这种编码风格有助于减少代码冗余，但不便于代码重用和维护。

SystemVerilog 在最初的 Verilog HDL 中增加了包的概念。包是一个可以保存共享定义的声明空间。多个模块和接口可以直接引用这些共享定义，也可以通过导入特定的包项或整个包来引用这些共享定义。包解决了在多个模块中重复定义的难题，以及使用 xxx 将定义复制到多个模块中的尴尬。

4.2.1　包声明

SystemVerilog 包是在关键字 package 和 end-package 之间定义的。包是一个独立的声明空间，并不嵌入 Verilog 模块中。包中的定义和声明被称为包项（package item）。包可以包含的可综合定义如下所示：

- parameter、localparam 和 const 常量声明。
- typedef 用户定义类型。
- 动态的 task 和 function 定义。
- 来自其他包的 import 语句。
- 用于包引用的 export 语句。
- 时间单位定义。

包还可以包含不可综合的验证定义，例如，类（class）。验证构造在本书的 RTL 建模中未涉及。

示例 4.1 中显示的枚举和结构体构造将在本章后面讨论。示例中的 word_t 用户定义类型定义位于一个 'ifdef 条件编译指令中，该指令将 word_t 定义为 16 位向量、32 位向量或 64 位向量。'ifdef 构造允许工程师选择调用编译器时要编译的代码。所有使用 word_t 用户定义类型的设计块都将使用编译包时选择的 word 大小。

示例 4.1 包含多个包项的包定义

```
package definitions_pkg;
  timeunit 1ns/1ns;

  parameter VERSION = "1.1";

  'ifdef 64bit
    typedef logic [63:0] word_t;
  'elsif 32bit
    typedef logic [31:0] word_t;
  'else // 默认值为 16 位
    typedef logic [15:0] word_t;
  'endif

  typedef enum logic [1:0] {ADD, SUB, MULT} opcodes_t;

  typedef struct {
    word_t      a, b;
    opcodes_t   opcode_e;
  } instruction_t;

  function automatic word_t multiplier (input word_t a, b);
    // 自定义 n 位乘法器的代码
  endfunction
endpackage: definitions_pkg
```

最佳实践指南 4.1

仅使用 localparam 或 const 定义包常量。不要在包中使用参数定义。

在包中定义的 `parameter` 与在模块中定义的 `parameter` 不同。模块中的 `parameter` 可以为模块的每个实例重新定义。包中的 `parameter` 不能被重新定义，因为它不是模块实例的一部分。在包中，`parameter` 与 `localparam` 是相同的（详见 3.8 节）。

4.2.2　使用包项（package items）

包中的定义和声明称为包项。模块和接口可以通过四种方式引用包项：

· 通配符导入所有包项。

· 显式导入特定包项。

· 显式引用特定包和包项。

· 将包项导入 $unit 声明空间。

本节讨论引用包项的前三种方法，4.3 节将讨论导入 $unit 声明空间的内容。

1. 包项的通配符导入

模块引用包项的最简单和最常见的方法是使用"通配符导入语句"从包中导入所有项，例如：

```
module alu
    import definitions_pkg::*;// 通配符导入
    (/* 模块端口列表 */);
```

包名后的双冒号（`::`）是"作用域解析运算符"，它指示编译器在另一个位置（作用域）查找信息——本例中是 `definitions_pkg` 包。

星号（`*`）是通配符标记，通配符导入有效地将包添加到 SystemVerilog 使用的搜索路径中。

当 SystemVerilog 编译器遇到一个标识符（一个名称）时，它将首先在局部作用域中搜索该标识符的定义。局部作用域可以是任务、函数、begin-end 块、模块、接口或包。如果在局部作用域中未找到标识符定义，则编译器将搜索下一个作用域，直到到达模块、接口或包的边界。如果仍未找到标识符定义，则搜索任何通配符导入的包。最后，工具将在 $unit 声明空间中进行搜索（见 4.3 节）。通配符导入搜索规则的完整语义规则比这个简单描述更复杂，详见 IEEE 1800 SystemVerilog 标准中的定义。

示例 4.2 说明了如何使用通配符导入语句。

示例 4.2　使用包通配符导入

```
module alu
```

```
import definitions_pkg::*;// 通配符导入
(input  instruction_t  iw,
 input  logic          clk,
 output word_t         result
);
  always_comb begin
    case (iw.opcode_e)
      ADD : result = iw.a + iw.b;
      SUB : result = iw.a - iw.b;
      MULT: result = multiplier (iw.a, iw.b);
      DIV2 : result = iw.a >> 1;
    endcase
  end
endmodule: alu
```

在这个例子中,通配符导入的作用是将 definitions_pkg 包添加到模块的标识符的搜索路径中。端口列表可以引用用户定义类型 instruction_t,编译器会在包中找到该定义。同样,case 语句可以引用 opcode 使用的枚举类型标签,这些标签的定义将在包中找到。

2. 显式导入特定包项

SystemVerilog 还允许将特定包项导入到模块中,而无需将整个包添加到该模块的标识符搜索路径中。

显式导入特定包项的一般语法如下所示:

```
import package_name :: item_name ;
```

示例 4.3 使用显式导入将特定包项引入模块。显式导入比使用通配符导入更冗长,但也使模块可读性更高,包中使用的包项对工程师来说显而易见。

示例 4.3 使用显式导入将特定包项引入模块

```
module alu
 import definitions_pkg::instruction_t,definitions_pkg::word_t;
(input  instruction_t  iw,
 input  logic          clk,
 output word_t         result
);
  import definitions_pkg::ADD;
  import definitions_pkg::SUB;
  import definitions_pkg::MULT;
```

```
    import definitions_pkg::DIV2;
    import definitions_pkg::multiplier;

    always_comb begin
      case (iw.opcode_e)
        ADD : result = iw.a + iw.b;
        SUB : result = iw.a - iw.b;
        MULT: result = multiplier(iw.a, iw.b);
        DIV2: result = iw.a >> 1;
      endcase
    end
endmodule: alu
```

注意：对枚举类型定义的显式导入不会导入该定义中使用的标签，标签也必须显式导入，后面会详细介绍。

3. 包导入语句的位置

无论是通配符导入还是特定包项导入，包导入语句可以放置在如下位置：

- 模块端口列表之前：在端口定义和模块内使用的包项。
- 模块端口列表之后：包项可以在模块内使用，但不能在端口定义内使用。
- 在模块定义外，包项被导入到一个伪全局 $unit 声明空间。$unit 存在问题，不应使用。$unit 命名空间及其危害将在 4.3 节进行讨论。

注意：在 SystemVerilog-2009 标准中，只能在模块端口列表之前添加包导入语句。在 SystemVerilog-2005 中，导入语句只能出现在端口列表之后或在 $unit 空间中。在 SystemVerilog-2009 之前编写的遗留代码有时会将导入语句放在模块定义之外，导致包中的定义被导入危险的 $unit 命名空间中。

4. 使用作用域解析运算符的直接包引用

作用域解析运算符（::）可以通过指定包名和包内特定项来直接引用包项。

示例 4.4 是使用作用域解析运算符引用示例 4.1 所示的 definitions_pkg 包中定义的多个包项。

示例 4.4 使用作用域解析运算符的显式包引用

```
module alu
(input   definitions_pkg :: instruction_t   iw,
 input   logic                               clk,
 output  definitions_pkg :: word_t           result
```

```
  );
    always_ff @ (posedge clk) begin
      case (iw.opcode_e)
        definitions_pkg :: ADD : result = iw.a + iw.b;
        definitions_pkg :: SUB : result = iw.a - iw.b;
        definitions_pkg :: MULT: result = definitions_pkg ::
          multiplier(iw.a, iw.b);
        definitions_pkg :: DIV2: result = iw.a >> 1;
      endcase
    end
  endmodule: alu
```

显式引用包项可以帮助记录设计源代码。在示例4.4中，包名的使用使得instruction_t、word_t、ADD、SUB、MULT和multiplier的定义来源更清晰。然而，为每个包项的使用显式引用包名是冗长的。使用包中定义的更常见的方法是导入整个包。本节中所示的显式包引用仅在多个包中存在同名定义时需要，并且必须指明要从哪个包导入该项。

4.2.3 导入多个包

较大的设计项目通常会使用多个包。一个模块或接口可以从所需的多个包中导入。

在导入多个包时，必须避免名称冲突。当使用通配符导入时，这一点尤其重要。在以下代码片段中，包cpu_pkg和gpu_pkg都有一个名为instruction_t的标识符。

```
  package cpu_pkg_pkg;
    typedef logic [31:0] word32_t;
    typedef enum logic [1:0] {ADD,SUB,MULT,DIV2} opcodes_t;
    typedef struct{
      word32_t  a,b;
      opcodes_t opcode;
    }instruction_t;
  endpackage:cpu_pkg_pkg


  package gpu_pkg_pkg;
    typedef enum logic [1:0] {MUL,DIV,SHIFTL,SHIFTR} op_t;
    typedef enum logic {FIXED,FLOAT} operand_type_t;
    typedef struct{
      op_t             opcode;
```

```
      operand_type_t    op_type;
      logic [63:0]      op_a;
      logic [63:0]      op_b;
   }instruction_t;
endpackage:gpu_pkg_pkg


module processor(...);
   ...
   import cpu_pkg::*;
   import gpu_pkg::*;

   instruction_t instruction;          // 错误: instruction_t 有多个定义
   ...
endmodule: processor
```

在这段代码中, instruction_t 标识符在两个包中都被定义,并且两个包都进行了通配符导入。变量 instruction 被声明为 instruction_t 类型。当仿真器、综合编译器或其他软件工具搜索 instruction_t 的定义时,会在两个通配符导入的包中找到一个定义,并且不知道使用哪个定义。多个定义将导致编译错误或展开错误。

当存在多个定义时,源代码必须明确引用或明确导入要在该模型中使用的定义,例如:

```
module processor(...);
   ...
   import cpu_pkg::*;
   import gpu_pkg::*;
   import cpu_pkg::instruction_t;
   instruction_t instruction;
   ...
endmodule: processor
```

显式引用包项优先于本地定义,也优先于通配符导入。前面代码片段中的显式导入解决了在 processor 模块中应使用哪个 instruction_t 定义的歧义。

4.2.4 包的链式引用(package chain)

一个包可以显式导入另一个包的定义,也可以使用通配符导入另一个包。然而,导入的内容在该包外部并不是自动可见的。考虑以下示例:

```
package base_types_pkg;
```

```
    typedef logic [31:0] word32_t;
    typedef logic [63:0] word64_t;
endpackage:base_types_pkg

package alu_types_pkg;
    import base_types_pkg::*;            // 导入另一个包

    typedef enum logic [1:0] {ADD,SUB,MULT,DIV2} opcodes_t;

    typedef struct{
      word64_t a,b;
      opcodes_t opcode;
    }instr_t;
endpackage: alu_types_pkg

module alu
    import alu_types_pkg::*;
    (input instr_t instruction,          //OK: instr_t 已导入
     output word64_t result              // 错误: 在 alu_types_pkg 中
                                          //   找不到 word64_t
    );
    ...
endmodule: alu
```

为了使模块 alu 能够使用两个包中的定义，两个包都需要被导入到 alu 中。SystemVerilog 具有链式导入包的能力，因此模块只需导入链中的最后一个包，在前面的代码片段中就是 alu_types_pkg。包的链式导入是通过使用包 import 和 export 语句的组合来完成的，如下所示：

```
package alu_types_pkg;
    import base_types_pkg::*;        // 导入另一个包
    export base_types_pkg::*;
    typedef enum logic [1:0] {ADD, SUB, MULT, DIV} opcodes_t;

    typedef struct{
      word64_t a,b;
      opcodes_t opcode;
    } instr_t;
endpackage: alu_types_pkg
```

export 语句可以显式导出特定项，也可以使用通配符导出链式导入的所有包项。请注意，当使用通配符导出时，只有在包内实际使用的定义才会被导出。在前面的代码片段中，base_types_pkg 中的 word32_t 定义未在 alu_types_pkg 中使用，因此未被链接，也无法在 alu 模块中使用。

可以在上面的 alu_types_pkg 示例中添加以下显式导出，以链接 word32_t，使其在 alu 模块中可用。

```
export base_types_pkg::word32_t;  // 链接 word32_t
```

注意：撰写本书时，一些仿真器和综合编译器尚不支持包的链接引用。包链的 export 语句是作为 SystemVerilog 2009 标准的一部分添加的。SystemVerilog 2005 标准没有定义包链的方式。

4.2.5　包的编译顺序

SystemVerilog 要求在引用之前编译包定义，这意味着在编译包和模块时存在文件顺序依赖——包必须先编译。这也意味着引用包项的模块不能独立编译。换言之，包必须与模块一起编译，或者如果工具支持单独文件编译，则必须已经预编译包所在的文件。

确保在引用包或包项的任何文件之前编译包的方法有如下两种：

（1）控制文件在编译命令中列出的顺序。文件编译顺序通常使用 Linux 的"make"文件进行控制，也可以使用 Verilog 命令文件（通过 –f 调用选项读取）和脚本或批处理文件。

（2）使用一个文件，这个文件包含编译器指令，指令的目的是使用 'include 指令指示编译器读取包。'include 指令放置在每个设计或测试平台文件的开头，这些文件包含对包项的引用。

```
// 读取此模块使用的包
'include "definitions_pkg.sv"      // 编译包

module alu
  import definitions_pkg::*;       // 通配符导入
  (input instruction_t  iw,
   input logic          clk,
   output word_t        result
  );
  ...
endmodule: alu
```

使用 'include 指令时必须小心，避免在同一编译中多次包含相同的包，这在 SystemVerilog 中是不允许的。可以通过在包定义周围放置 'ifdef（如果"已定义"）或 'ifndef（如果"未定义"）条件编译指令来完成，以便编译器在包已经编译时跳过整个包。条件编译允许根据是否使用 'define 编译指令定义了宏名称，选择性地编译 SystemVerilog 源代码。

以下示例用 'ifndef 条件编译指令选择性地编译了包。当编译器第一次读取包含该包的文件时，"未定义"测试将为真，包将被编译。被编译的代码行包含一个 'define 指令，该指令设置了 'ifndef 使用的宏名称。如果在同一次编译器调用中第二次读取此文件，"未定义"测试将为假，'ifndef 和 'endif 之间的代码将被跳过。

```
// 如果尚未设置此包的内部条件编译标志，则仅编译此包。此文件在首次编译时设
// 置其内部标志
'ifndef DEFINITIONS_PKG_ALREADY_COMPILED  // 如果未设置标志
'define DEFINITIONS_PKG_ALREADY_COMPILED  // 设置标志并编译 pkg
package definitions_pkg;
...                                       // 包项目定义
endpackage: definitions_pkg
'endif                                    // 有条件编译此包的结束
```

4.2.6 综合考量

为了能够进行综合，包中定义的任务和函数必须声明为 automatic，并且不能包含静态变量。这一规则的原因是，综合将在每个引用包任务或函数的模块或接口中复制任务或函数。如果任务或函数在仿真中具有静态存储，那么该存储将由任务或函数的所有引用共享，这是一种与复制不同的行为。通过将任务或函数声明为 automatic，每次调用时都会分配新的存储，从而使行为与任务或函数的唯一副本相同。这确保了对包任务或函数的仿真行为与综合行为相同。

出于类似的原因，综合不支持在包中声明变量。在仿真中，包变量由所有导入该变量的模块共享。一个模块可以写入该变量，而另一个模块将看到新值。这种不通过模块端口传递值的模块间通信是不可综合的。

4.3 $unit命名空间

在将包添加到 SystemVerilog 标准之前，提供了一种不同的机制来创建可以被多个模块共享的定义，这种机制是一个名为 $unit 的伪全局命名空间。在

命名空间之外的任何命名都定义在 $unit 命名空间中。在以下示例中，bool_t 的定义在两个模块之外，因此位于 $unit 命名空间中。

```
typedef enum logic {FALSE,TRUE}  bool_t;

module alu(...);
  bool_t success_flag;
  ...
endmodule:alu

module decoder(...);
  bool_t a_ok;
  ...
endmodule:decoder
```

$unit 可以包含与包相同类型的用户定义，并具有相同的综合限制。然而，与包不同，$unit 可能导致设计代码难以维护，并且难以让软件工具编译。

使用 $unit 的一些风险包括：

· $unit 中的定义可能分散在多个文件中，使得代码维护和代码重用变得困难。当引用包中的用户定义类型、任务、函数或其他标识符名称时，通常很容易找到和维护该标识符的定义。而当用户定义的类型、任务、函数或其他标识符在 $unit 中被定义时，该定义可能位于设计和验证测试平台的源代码中的任何文件、任何目录、任何服务器上。定位、维护和重用定义非常困难。

· 当 $unit 空间中的定义分散在多个文件中时，这些文件必须以非常特定的顺序进行编译。SystemVerilog 要求在引用之前编译定义。当 $unit 声明分散在许多文件中时，编译所有文件以正确的顺序可能会很困难。

· $unit 的作用域在仿真和综合中可以且通常是不同的。每次调用编译器都会启动一个新的 $uni 空间，该空间不会共享其他 $unit 空间中的声明。许多 SystemVerilog 仿真器会将多个文件一起编译。这些工具将看到一个单一的 $unit 空间。一个文件中的 $unit 定义将在单次编译中对任何后续文件可见。大多数 SystemVerilog 综合编译器及一些仿真器支持独立文件编译，其中每个文件可以独立编译。这些工具将看到几个不相连的 $unit 空间。

· 不同定义的重复标识符名称很容易发生。在 SystemVerilog 中，在同一命名空间中多次定义相同名称是非法的。如果一个文件在 $unit 空间中定义了一个 bool_t 用户定义类型，而另一个文件也在 $unit 中定义了一个 bool_t 用户定义类型，则这两个文件永远无法一起编译，因为这两个定义将最终位于

同一个 $unit 空间中。为了避免这种冲突，工程师必须添加条件编译指令，以确保编译器仅编译遇到的第一个定义使用 'define 和 'ifdef。

注意：$unit 是一个危险的共享命名空间，充满了隐患，它的使用可能导致难以编译和维护。

包可以被导入 $unit 中，但与直接在 $unit 中定义一样，具有相同的风险。此外，必须小心不要将同一个包多次导入同一个命名空间中，这样是非法的。

最佳实践指南 4.2

尽可能避免使用 $unit，建议使用包来共享定义。包避免了所有与 $unit 相关的风险，提供了一个受控的命名空间，更易于维护和重用。

4.4 枚举类型

枚举类型提供了一种声明变量的方法，该变量可以具有特定的有效值列表。每个值都与一个标签相关联。枚举变量使用 enum 关键字声明，后跟用逗号分隔的标签列表，标签列表用大括号（{}）括起来。

在以下示例中，变量 rgb 可以具有 RED、GREEN 和 BLUE 的值：

```
enum {RED,GREEN,BLUE}  rgb_e;
```

枚举列表中的标签是常量，类似 localparam 常量。标签可以是任何名称，本书使用全大写字母表示常量。

4.4.1 枚举类型声明语法

枚举类型具有一个基础数据类型，称为基类型，可以是任何 SystemVerilog 内置数据类型或用户定义类型。枚举列表中的每个标签都有一个与该标签相关联的逻辑值。

SystemVerilog 提供了两种声明枚举类型的风格：隐式风格和显式风格。

1. 隐式风格枚举声明

隐式风格枚举声明使用基类型和标签值的默认值。默认基类型为 int。标签的默认值是列表中的第一个标签的值为 0，后续每个标签的值递增。

隐式风格枚举声明示例如下：

```
enum {WAITE, LOAD, READY} states_e;
```

· states_e 是一个 int 数据类型的变量，它是一个 32 位有符号数据类型，这意味着枚举列表最多可以有 2147483648（2^{32-1}）个标签。

· WAITE 是列表中的第一个标签，值为 0；LOAD 值为 1；READY 值为 2。（标签 WAITE 特意以"E"结尾，以避免与 SystemVerilog 中的保留关键字 wait 产生任何混淆或冲突）

这些默认值通常不适合用于硬件建模。int 基类型是一个 2 态类型，这意味着在仿真中导致 X 的任何设计问题无法反映在枚举变量中。int 基类型宽 32 位，这通常比被表示的硬件所需的向量大小要大得多。标签值如 0、1 和 2 并不代表许多类型硬件设计中使用的编码，例如独热值、格雷码或约翰逊计数。

2. 显式风格枚举声明

显式风格枚举声明指定基类型和标签值。以下声明使用独热编码表示一个 3 位宽的状态变量：

```
enum logic [2:0] {WAITE = 3'b001,
                  LOAD  = 3'b010,
                  READY = 3'b100} states_e;
```

显式风格枚举声明施加了几个语法规则，可以帮助防止编码错误：

· 基类型的向量宽度和标签值的显式宽度必须相同。允许使用无大小的文本值（例如 WAITE=1）。

· 每个标签的值必须是唯一的，两个标签不能具有相同的值。

· 标签的数量不能超过基类型所能表示的向量宽度。

在枚举列表中，不必为每个标签指定值。如果未指定值，则该值将从前一个标签递增 1。在下一个示例中，标签 A 被显式赋值为 1，B 自动赋值为递增的 2，C 为递增的 3，D 被显式定义为 13，E 和 F 分别被赋值为递增的 14 和 15。

```
enum logic [3:0] {A=1, B, C, D=13, E, F} listl_e;
```

如果两个标签最终具有相同的值，则会导致错误。以下示例将生成错误，因为 C 和 D 将具有相同的值 3：

```
enum logic [3:0] {A=l, B, C, D=3} list2_e; // 错误
```

最佳实践指南 4.3

在 RTL 模型中使用显式风格枚举类型声明，其中基类型和标签值需要被明确地指定，而不是以推断的形式赋值。

指定基类型和标签值有几个优点：记录了设计工程师的意图，可以更准确地模拟门级行为，并且允许更准确的 RTL 到门级逻辑等价性检查。

3. 类型化枚举类型和匿名枚举类型

可以使用 typedef 将枚举类型声明为用户定义类型，这为使用相同枚举值集声明多个变量或线网提供了一种便捷的方法。

```
typedef enum logic [2:0] {WAITE = 3'b001,
                          LOAD  = 3'b010,
                          READY = 3'b100}  states_t;
states_t state_e, next_state_e;    //2个枚举变量
```

使用 typedef 声明的枚举类型称为类型化枚举类型，不使用 typedef 声明的枚举类型称为匿名枚举类型。

4. 枚举类型标签序列

有两种简写符号可以在枚举类型列表中指定多个相似名称的标签。

第一种快捷方式如下所示：

```
enum logic [1:0] {COUNT_[4]} countsl_e;
```

COUNT_[4] 的简写符号将生成四个标签，分别为 COUNT_0、COUNT_1、COUNT_2 和 COUNT_3。与 COUNT_0 关联的值默认为 0，每个后续标签的值将递增 1。

第二种快捷方式允许指定标签的范围：

```
enum logic [1:0] {COUNT_[8:11]=8} counts2_e;
```

COUNT[8:11] 的简写符号将生成四个标签，分别为 COUNT8、COUNT9、COUNT10 和 COUNT11。与 COUNT8 相关联的值被明确地定义为 8，后续标签的值将递增 1。

如果范围中的第一个值小于第二个值，如 COUNT_[8:11]，则序列将从第一个数字递增到最后一个数字。如果范围中的第一个值大于第二个值，如 COUNT_[11:8]，则序列将从第一个数字递减到最后一个数字。

5. 枚举类型标签作用域

枚举类型列表中的标签在声明和使用的作用域内必须是唯一的。可以包含枚举类型声明的 RTL 建模作用域包括模块、接口、包、begin-end 块、任务、函数和 $unit 编译单元。

以下代码片段将导致错误，因为枚举标签 GO 在同一模块作用域中被使用了两次：

```
module controller (...);
  enum logic {GO=1'b1, STOP=l'b0} fsml_states_e;
  ...
  enum logic [2:0] {READY=3'b001, SET=3'b010, GO=3b100}
    fsm2_states_e; // 错误：GO 已经被定义
  ...
```

通过将至少一个枚举类型声明放置在一个具有自己名称作用域的 begin-end 块中，可以纠正前面的错误。

```
module controller(...);
  ...
  always_ff @ (posedge clk) begin:fsm1
    enum logic {GO=l'bl, STOP=1'b0} fsml_states_e;
    ...
  end:fsm1

  always_ff @ (posedge clk) begin:fsm2
    enum_logic [2:0] {READY=3'b001, SET=3'b010, GO=3'b100}
      fsm2_states_e;
    ...
  end:fsm2
  ...
```

给 begin-end 块进行如上所示的命名并不是必需的，但有助于提高代码的可读性和可维护性。

4.4.2 从包中导入枚举类型

类型化的枚举类型可以在包中定义，这允许多个设计块和验证代码使用相同的定义。

注意： 显式导入枚举类型定义并不会导入该定义中使用的标签。使用包的通配符导入是解决此限制的最简单方法。通配符导入使包中的所有内容都可用。

当从包中导入类型化的枚举类型定义时，仅导入类型名称。枚举列表中的值标签不会自动导入，并在导入枚举类型名称的命名空间中可见。以下代码片段将无法工作：

```
package chip_types_pkg;
```

```
            typedef enum logic [2:0] {WAITE = 3'b001,
                                      LOAD  = 3'b010,
                                      READY = 3'b100} states_t;
        endpackage:chip_types_pkg

module chip(...);
    import chip_types_pkg::states_t;  // 仅导入 states_t
    states_t state_e, next_state_e;
    always_ff @ (posedge clk)           // 异步复位
        if(!rstN) state_e <= WAITE;      // 错误："WAITE"11 尚未导入
        else statee <= next_state_e;
    ...
endmodule:chip
```

为了导入枚举类型标签，必须显式导入每个标签或者使用通配符导入的方法。通配符导入将使枚举类型名称和枚举值标签在导入语句的作用域内可见。以下部分示例展示了通配符导入的使用：

```
module chip(...);
    import chip_types_pkg::*;        // 通配符导入整个包
    states_t state, next_state;
    ...
```

从多个包进行通配符导入时必须小心，如果在多个包中定义了一个标识符（名称），并且这两个包都进行了通配符导入，则会发生编译或展开错误。在这种情况下，必须显式导入要使用的标识符或直接引用它。

4.4.3 枚举类型赋值规则

大多数 SystemVerilog 变量类型是松散类型的，这意味着可以将任何数据类型的值赋给变量。该值将通过使用 SystemVerilog 标准中规定的转换规则转换为变量的类型。

枚举类型是 SystemVerilog 松散类型行为的例外。枚举类型变量是半强制类型的，这意味着只能将特定数据类型赋值给该变量。

枚举类型变量只能被赋值为：

·来自其枚举类型列表的标签。

·另一个相同类型的枚举类型变量。也就是说，这两个变量是使用相同的类型化或匿名枚举类型定义声明的。

· 被强制转换为类型化枚举类型的一个值。

这些规则可通过以下定义和枚举变量的示例进行说明：

```
typedef enum logic [2:0] {WAITE = 3'b001,
                          LOAD  = 3'b010,
                          DONE  = 3'b100} states_t;
typedef enum logic [2:0] {READY = 3'b001,
                          SET   = 3'b010,
                          GO    = 3'b100} flags_ti
states_t state, next_state;
flags_t run_control;
```

如前所述，对 state 和 next_state 枚举变量的以下赋值既有合法的也有不合法的：

```
next_state = LOAD;       // 合法：LOAD 在枚举列表中
state = next_state;      // 合法：state 和 next_state 类型相同
state = 0;               // 不合法：必须使用标签，而不是文字值
state = 3'b100;          // 不合法：必须使用标签，即使它与 DONE 标签的值相同
state = READY;           // 不合法：READY 不在 state 的枚举列表中
state = run_control;     // 不合法：状态和运行控制来自不同的定义
```

注意：枚举类型的强类型规则仅适用于对枚举变量进行赋值。存储在枚举变量中的值仅仅是一个值，可以在比较和数学运算等表达式中不受限制地使用。

当对枚举类型变量执行操作时，枚举变量的值会被转换为枚举类型定义的基本类型，操作的结果不再是枚举类型。这个结果可以赋值给常规的、松散类型的变量，但不能重新赋值回枚举变量。

```
logic [2:0] temp;            // 非枚举变量
temp = next_state + 1;       // 合法：temp 是松散类型的
state = next_state + 1;      // 不合法：next_state+1 不是枚举表达式
state++;                     // 不合法：++ 的结果不是枚举表达式
state += next_state;         // 不合法：+= 的结果不是枚举表达式
```

任何值都可以转换为一个类型的枚举类型，然后赋值给该枚举类型的变量，即使该值与枚举定义的标签之一不匹配。

类型转换运算符将在第 5 章详细介绍。

在 RTL 建模中，有时需要将非枚举表达式转换为枚举类型。然而，在使用类型转换运算符时必须小心。将一个不在其枚举列表中的值强制赋给枚举变量

可能会导致非预期行为，无论是在仿真还是综合中。使用强制转换会给设计工程师带来负担，因为要确保枚举变量中只强制输入有效值。这与松散类型的常规变量没有什么不同，设计工程师需要确保赋值是有效的。

SystemVerilog 还具有一个 $cast 系统函数，可以自动验证类型转换操作的结果。不幸的是，对于 RTL 设计师来说，$cast 并不被一些主要的综合编译器支持。$cast 在验证测试平台中很有用，但不被视为可综合的语句。

4.4.4 枚举类型方法

枚举类型具有几个内置函数，称为方法，用于遍历枚举类型列表中的值。这些方法会自动处理枚举类型的半强制类型特性，使得执行诸如递增到枚举类型列表中的下一个值，以及跳转到列表的开头或结尾等操作变得很容易。使用这些方法，不需要知道标签名称。

注意：撰写本书时，某些综合编译器支持枚举类型方法，但并非所有综合编译器都普遍支持。

枚举类型方法在建模硬件行为方面的实用性有限，它们只是通过赋值语句实现的快捷方式。由于对枚举类型方法的综合限制，本书仅简要描述这些方法，并展示一个简单的例子。

枚举方法通过将方法名称附加到枚举类型变量名称的末尾，并用句点作为分隔符来调用。这些方法是：

• < 枚举变量名 >.first：返回指定变量的枚举列表中第一个成员的值。

• < 枚举变量名 >.last：返回枚举列表中最后一个成员的值。

• < 枚举变量名 >.next(N)：返回基于当前枚举类型变量值的枚举列表中的下一个成员的值。可以将一个整数值作为参数传递给 next。在这种情况下，从枚举变量的当前位置算起，返回后面第 N 个成员的值。当到达枚举列表的末尾时，该方法将回绕到列表的开头。如果当前枚举类型变量的值与枚举列表中的任何成员不匹配，则返回列表中第一个成员的值。

• < 枚举变量名 >.prev(N)：返回基于当前枚举类型变量值的枚举列表中的前一个成员的值。该方法的工作方式与 < 枚举变量名 >.next(N) 相同，可以给 prev 指定一个整数参数。在这种情况下，从枚举变量的当前位置算起，返回前面第 N 个成员的值。当到达枚举列表的开头时，该方法将回绕到列表的末尾。如果当前枚举类型变量的值与枚举列表中的任何成员不匹配，则返回列表中最后一个成员的值。

• < 枚举变量名 >.num：返回枚举列表中标签的数量。

·<枚举变量名>.name：返回枚举类型变量中代表当前值的字符串。如果该值不是枚举的成员，则返回一个空字符串。

枚举类型值可以打印为标签的实际值，也可以打印为标签的名称。直接打印枚举类型变量将打印枚举类型变量的当前实际逻辑值。使用<枚举变量名>.name 方法可以打印表示当前值的标签，而不是实际值。

示例 4.5 说明了如何使用这些枚举类型方法来建模状态机。该模型可以设置或清除 data_synched 标志。如果 data_matches 输入在至少 8 个连续时钟周期内为 1，则设置 data_synched 标志。如果 data_matches 输入在多个连续时钟周期内为 0，则清除 data_synched 标志。清除 data_synched 标志所需的连续为 0 的 data_matches 数量取决于 data_matches 之前连续为 1 的周期数。

示例 4.5 使用枚举类型方法的状态机序列器

```systemverilog
module confidence_counter
(input  logic data_matches, compare_en, rstN, clk,
 output logic data_synched
);
  timeunit 1ns; timeprecision 1ns;

  typedef enum  logic [3:0] {COUNT[0:15]} states_enum_t;

  states_enum_t CurState, NextState;

  // 时序块
  always_ff @(posedge clk or negedge rstN)  // 异步复位
    if (!rstN) CurState <= COUNT0;          // 低电平有效复位
    else       CurState <= NextState;

  // 下一状态组合逻辑块
  always_comb begin
    if (!compare_en)
      NextState = CurState;      // 不进行比较（无状态变化）
    else if (data_matches)        //compare_en && data_matches
      case (CurState)
        COUNT15: ;                // 不能超过15
        default: NextState = CurState.next;    // 递增1
      endcase
    else                          //compare_en && !data_matches
```

```
case (CurState)
  COUNT0 : ; //can't decrement below 0
  COUNT1 : NextState = CurState.prev(1);   // 递减 1
  default: NextState = CurState.prev(2);   // 递减 2
endcase
end


// 寄存器输出块
always_ff @(posedge clk or negedge rstN) // 异步复位
  if (!rstN)                              // 低电平有效复位
    data_synched <= 0;
  else
    begin
      if (CurState == COUNT8)
        data_synched <= 1;
      else if (CurState == COUNT0)
        data_synched <= 0;
    end
endmodule: confidence_counter
```

图 4.1 显示了该状态机的状态流。该状态机表示一个计数器，可以递增或

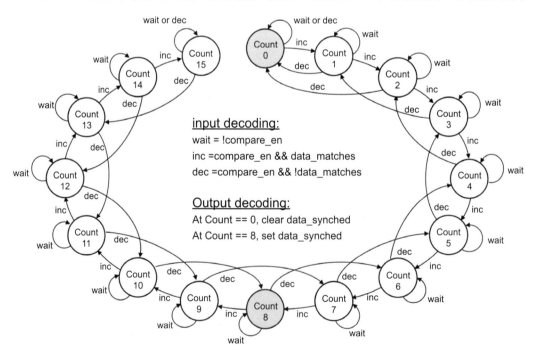

图 4.1 计数器状态机的状态图

递减。计数器计算发生的连续 `data_matches` 数量最多为 16。请注意，对于大多数状态，计数器要么递增 1，要么递减 2。next 和 prev 枚举类型方法可以非常简洁地建模这种递增或递减行为，但可能不被某些综合编译器支持。

4.4.5 传统Verilog编码风格

Verilog 语言在成为 SystemVerilog 之前没有枚举类型。要为数据值创建标签，必须定义一个参数或 localparam 常量来表示每个值，并将一个值分配给该常量。或者，可以使用 define 文本替换宏来定义一组具有特定值的宏名称。

使用参数创建标签的一些示例如下：

```
parameter [2:0]  WAITE = 3'b001,
                 LOAD  = 3'b010,
                 DONE  = 3'b100;
reg [2:0] state, next_state;
```

请注意，当使用 parameter 时，state 和 next_state 变量是 reg 类型的变量，而不是枚举变量。这些一般变量是松散类型的，这意味着可以将任何值分配给变量。在使用松散类型的赋值规则（详见第 5 章）下，以下赋值语句是合法的赋值，但存在功能性错误：

```
always @ (posedge clk or negedge rstN)   // 异步复位
  if (!rstN) state <= 0;                  //BUG:0 不是有效状态
  else state <= next_state;
```

这种编码错误可能是枚举类型变量的语法错误，使用传统的 Verilog 参数和通用变量类型并不能防止此类意外的编码错误。

4.5 结构体

结构体用于将多个变量组合在一个共同的名称下。设计中通常有逻辑信号组，例如总线协议的控制信号或状态控制器中使用的信号。结构体提供了一种有效的方式，将这些相关变量捆绑在一起。结构体中的所有变量可以在一次赋值中赋值，也可以每个变量单独赋值。结构体可以复制到具有相同定义的另一个结构体，并通过模块端口或在任务 / 函数中进出。

4.5.1 结构体声明

结构体使用 struct 关键字声明，类似于 C 语言。struct 关键字后面跟着一个开括号（{）、一系列变量声明和一个闭括号"}"，然后是结构体的名称。

```
typedef enum logic [2:0] {NOP, ADD, SUB, MULT, DIV} opcode_t;
struct{
  int          a, b;        //32 位 2 态变量
  opcode_t     opcode;      // 用户定义类型
  logic [23:0] address;     //24 位变量
  bit          error;       //1 位 2 态变量
}instruction_word;
```

结构体可以将任意数量的变量数据类型捆绑在一起，包括用户定义类型。参数和 localparam 常量也可以包含在结构中。结构体中的参数不能像模块中的参数那样被重新定义。结构中的参数被视为 localparam。

4.5.2　赋值给结构体成员

结构体中的变量被称为结构体成员。每个成员都有一个名称，可以用来从结构中选择该成员。结构成员的引用使用结构的名称，后跟一个句点（.），然后是成员的名称。这与 C 语言中的语法相同。例如，要给前面结构的地址成员赋值，引用方式为：

```
always_ff @ (posedge clk)
  if (init) instruction_word.address = 32'hF000001E;
  else ...
```

结构体不同于数组，因为数组是所有类型和大小相同的元素的集合，而结构体可以是不同类型和大小的变量和常量的集合。另一个区别是，数组的元素是通过使用数组中的索引来引用的，而结构体的成员是通过使用成员名称来引用的。

4.5.3　赋值给整个结构体

可以将整个结构体赋值为另一个结构体表达式。结构体表达式与为数组赋值的方式相同，是用'{ 和 } 这两个标记将使用逗号分隔的值列表括起来形成的，大括号必须包含结构体每个成员的值，例如：

```
struct{
  logic [31:0] a,b;
  opcode_t     opcode;
  logic [23:0] address;
  bit          error;
} instruction_word;
always_ff @ (posedge clk)
```

```
    if (init) instruction_word <= '{3, 5, ADD, 24'hC4, '0};
    else ...
```

结构体表达式中的值必须按照在结构体中定义的顺序列出，如前面的示例所示。结构体表达式可以指定要赋值的结构成员的名称，其中成员名称和值之间用冒号分隔。结构表达体式中的成员名称称为标签。当指定成员名称时，表达式列表可以是任意顺序。

```
instruction_word <= '{address:0, opcode:SUB, a:100, b:7, error:'1};
```

在同一个结构体表达式中按名称和顺序混合是不合法的。

结构体表达式可以通过指定默认值为结构体的多个成员指定一个值。默认值使用 default 关键字指定，如下所示：

```
instruction_word <= '{default:0};      // 将所有成员设置为 0
```

结构体表达式还可以包含对特定结构体成员的赋值，并为所有其他成员指定默认值。

```
instruction_word <= '{error:'1, default:0};)
```

前两个带有默认值的示例存在语义错误。分配给结构体成员的默认值必须与成员的数据类型兼容。大多数 SystemVerilog 变量是松散类型的，所以几乎任何默认值都将是兼容的。然而，枚举类型变量的类型是严格的。对枚举类型变量的赋值必须是其枚举列表中的标签或另一个相同枚举类型定义的枚举变量（枚举类型赋值规则将在 4.4.3 节讨论）。

上面的两个赋值语句试图将 instruction_word 的 opcode 赋予默认值 0。这是一个非法的 opcode，因为 opcode 是一个 opcode_t 枚举类型变量（opcode_t 的 typedef 定义见 4.5.1 节）。当结构体的一个成员是枚举类型变量时，结构表达式必须为该成员指定一个合法的显式值。可以为所有其他成员指定一个默认值，例如：

```
always_ff @ (posedge clk)
    if (!rstN) instruction_word <= '{opcode:NOP, default:0};
    else  ...
```

4.5.4 用户定义类型和匿名结构

可以使用 typedef 关键字从结构体创建用户定义类型，如 4.1 节所述。将结构声明为用户定义类型并不会分配任何存储空间。必须在使用结构体之前声明该用户定义类型的线网或变量。

```
typedef struct{                        // 结构定义
```

```
  logic [31:0] a,b;
  opcode_t opcode;
  logic [23:0] address;
}instruction_word_t
```

```
instruction_word_t iw_net;              // 结构类型变量
wire instruction_word_t iw_var;         // 结构类型线网
```

未使用 typedef 声明的结构体称为匿名结构体。使用 typedef 声明的结构体称为用户定义类型结构体。匿名结构体和用户定义类型结构体都可以在模块内定义，但这些局部定义只能在该模块内使用。用户定义类型结构体也可以在包中定义，并导入需要结构体定义的设计模块中。在包中定义的用户定义类型结构体可以在多个模块和验证测试平台中使用。

4.5.5 复制结构体

用户定义类型结构体可以复制到另一个用户定义类型结构体，只要这两个结构体是从同一个用户定义类型结构体定义中声明的。以下示例使用了 4.5.4 节介绍的结构体定义和声明：

```
always_ff @ (posedge clk)
  if(!rstN)    iw_var <= '{opcode:NOP, default:0};
  else         iw_var <= iw_net;   // 复制 iw_net 结构
```

匿名结构体不能整体复制，但可以逐个成员复制。

4.5.6 合并结构体和非合并结构体

默认情况下，结构体是非合并的，这意味着结构体的成员被视为独立的变量或常量，它们在一个共同的名称下被分组。SystemVerilog 并未指定软件工具应如何存储非合并结构体的成员。存储的布局可能因软件工具而异。可以使用关键字 struct packed 将结构体显式声明为合并结构体：

```
struct packed{
  logic        valid;
  logic [7:0]  tag;
  logic [31:0] data;
} data_word;
```

一个合并结构体将结构体的所有成员存储为连续的位，形式与向量相同。结构体的第一个成员是向量的最左边字段。结构体中最后一个成员的最右边位是向量的最低有效位，编号为 bit 0，如图 4.2 所示。

图 4.2 作为向量存储的合并结构体

合并结构体的所有成员必须是整数值。整数值是可以表示为向量的值，例如字节、整数，以及使用位或逻辑类型创建的向量。如果结构体的某一个成员无法表示为向量，则该结构体不能被合并。这意味着合并结构体不能包含实数或短实数变量、非合并结构体、非合并联合体（union）或非合并数组。

合并结构体可以像非合并结构体一样被复制或赋值结构表达式值列表。合并结构体的成员可以通过成员名称进行引用，方式与非合并结构体相同。

合并结构体也可以被视为一个向量，因此，除了结构体的赋值外，向量值也可以赋值给合并结构体。

```
data_word = 40'h100DEADBEEF;
```

向量赋值是合法的，因为赋值左侧结构的成员已经被合并在一起，形成一个连续的比特集合，方式与向量相同。

由于合并结构体以连续的比特集合存储，因此对合并结构体进行向量操作也是合法的，包括位选择和部分选择。以下两个赋值允许给 data_word 结构体的 tag 成员赋值：

```
data_word.tag = 8'hf0;
data_word[39:32] = 8'hf0;   // 与标签相同的位
```

数学运算、逻辑运算以及可以在向量上执行的任何其他操作也可以在合并结构体上执行。

合并结构体可以使用 signed 或 unsigned 关键字声明。这些修饰符影响整个结构体在数学或关系运算中作为向量使用时的符号性质。它们不影响结构成员的感知方式。基于该成员的类型声明，结构体的每个成员被视为有符号或无符号。合并结构体的部分选择始终是无符号的，和向量的部分选择相同。

```
typedef struct packed signed{
  logic                 valid;
  logic       [7:0]     tag;
  logic signed [31:0]   data;
} data_word_t;

data_word_t d1, d2;

always_comb begin
```

```
            lt = 0; gt = 0;
    if      (d1 < d2)  lt = '1;         // 有符号数比较
    else if (d1 > d2)    gt = '1;
end
```

4.5.7 通过端口和任务及函数传递结构体

结构体可以通过模块和接口端口传递。typedef 应将结构体定义应在一个包中，以便该定义可用作模块端口类型。

```
package definitions_pkg;
    typedef enum logic [2:0] {ADD, SUB, MULT, DIV} opcode_t;

    typedef struct{
      logic [31:0]  a, b;
      opcode_t      opcode;
      logic [23:0]  address;
    }instruction_word_t;
endpackage:definitions_pkg

module alu
    import definitions_pkg::*;       // 通配符导入
    (input instruction_word_t  iw,   // 用户定义的端口类型
     input wire               clk
    );
    ...
endmodule
```

非合并结构体必须是 typedef 结构，以便通过端口传递该结构。与端口的连接必须是与端口完全相同类型的结构体。这意味着，端口及其两侧的连接必须都从相同的 typedef 定义中声明。此限制仅适用于非合并结构体，通过模块端口传递的合并结构体被视为向量。与端口的外部连接可以是相同类型的合并结构体或任何类型的向量。

typedef 结构体也可以通过将任务或函数的参数声明为结构体类型来进行参数传递。

```
module processor(...);
    typedef enum logic [2:0] {ADD, SUB, MULT, DIV} opcode_t;

    typedef struct{                 //typedef 是局部于模块的
```

```
    logic [31:0]    a,b;
    opcode_t        opcode;
    logic [23:0]    address;
} instruction_word_t;

function calculate_result (input instruction_word_t iw);
    ...
endfunction:calculate_result
endmodule:processor
```

当调用一个以非合并结构体作为形式参数的任务或函数时，必须传递一个完全相同类型的结构体给该任务或函数。合并结构体的形式参数被视为一个向量，可以传递给任何类型的向量。

4.5.8 传统Verilog与结构体

最初的 Verilog 语言没有方便的机制来将公共信号收集到一个组中。在最初的 Verilog 风格模型中，工程师不得不使用临时的分组方法，例如命名约定，其中组中的每个信号都以一组共同的字符开始或结束。最初的 Verilog 语言也没有办法通过模块端口或任务和函数传递信号集合。每个信号必须通过单独的端口或参数传递。

将结构体添加到最初的 Verilog 语言中，是一个强大而多功能的 RTL 建模构造。它提供了一种更简洁、更直观和重用性更高的形式来建模复杂的模型功能。在包中定义的 typedef 结构体可以在多个 RTL 模块和验证 RTL 模型的验证平台中复用。

4.5.9 综合考量

匿名结构体、typedef 结构体、非合并结构体和合并结构体都是可综合的。综合工具支持通过模块端口传递结构体，也支持作为输入或输出传递给任务和函数，还支持使用成员名称和值列表为结构体赋值。

综合编译器能够比合并结构体更好地优化非合并结构体。非合并结构体允许软件工具确定存储或实现每个结构体成员的最佳方式，而合并结构体则规定了每个成员以连续的方式进行存储。

4.6 联合体

联合体（union）是一个可以有多个数据类型表示的单个存储元素。

联合体的声明类似于结构体，但推断出的硬件却大相径庭。结构体是多个变量的集合，联合体是单个变量，可以在不同时间存储不同的数据类型。联合体可以存储的变量类型列在大括号（{ }）之间，并为每种变量类型命名，如下所示：

```
union {
  int s;
  int unsigned u;
} data;
```

在上面的例子中，变量是 data。数据变量有两种数据类型：一种是名为 s 的有符号整数类型，另一种是名为 u 的无符号整数值。

在 RTL 建模中，联合体的一个典型应用是：一个值可以表示为几种不同的类型，但在任何特定时钟周期内只能表示为一种类型。例如，数据总线有时可能使用用户网络接口（UNI）通信协议传输数据包，而在其他时间，同一数据总线可能使用网络到网络接口（NNI）通信协议传输数据包。SystemVerilog 联合体可以表示同一总线的这种双重使用。联合体的另一个用途是表示共享硬件资源，例如可以在不同时间存储不同类型数据的硬件寄存器。

4.6.1 类型化和匿名联合体

同结构体一样，联合体可以使用 typedef 来定义，使用 typedef 定义的联合体称为用户定义类型联合体，不使用 typedef 的联合体称为匿名联合体。

```
union{                        // 匿名联合体
  int s;
  int unsigned u;
} data;                       // 一个叫做 data 的变量
typedef union{                // 用户定义类型联合体
  int s;
  int unsigned u;
} data_t;                     // 用户定义类型
datat_data_in,data_out;       //data_t 类型的两个变量
```

匿名联合体和用户定义类型联合体都是可综合的，用户定义类型联合体在 RTL 建模中具有如下优势：

· 可声明多个变量，例如前面的例子中的 data_in 和 data_out。

· 可用作模块端口类型。

· 可在包中定义，然后在多个模块中使用。

4.6.2 联合体变量赋值和读取

同结构体一样，引用联合体的数据类型时，使用联合体的名称后跟表示数据类型的名称，用点（.）分隔。

```
union {
  int s;
  int unsigned u;
} data;
data.s = -5;
$display ("data.s is %d", data.s);

data.u = -5;
$display ("data.u is %d", data.u);
```

在这个例子中，变量 data 有两种可能的数据类型，并且在每种表示中存储了 -5。data.s 数据类型将打印为 -5，一个有符号整数值。data.u 数据类型将打印为 4294967291，一个无符号整数值。

4.6.3 非合并联合体、合并联合体和标签联合体

SystemVerilog 有三种类型的联合体：非合并联合体、合并联合体和标签联合体。大多数综合编译器仅支持合并联合体。非合并联合体和标签联合体不被大多数综合编译器支持。这些联合类型可以表示任何数据类型的存储，包括那些不可综合的数据类型。非合并联合体和标签联合体对于建模测试平台和高级抽象模型是有用的，但不应用于 RTL 建模。

可以在 union 关键字后立即添加关键字 packed 来声明合并联合体，如下所示：

```
typedef union packed{       // 合并联合体
  int s;
  int unsigned u;
} data_t;
```

合并联合体是可综合的，但它对联合体可以表示的数据类型施加了一些限制，这些限制与硬件行为密切相关。在合并联合体中只能表示向量类型，并且联合体可以存储的每种数据类型的向量宽度必须相同。这确保了无论存储值的数据类型如何，合并联合体都将以相同的位数表示其存储。

最佳实践指南 4.4

仅在 RTL 模型中使用合并联合体。

一个合并联合体允许使用一种格式写入数据，并使用不同的格式读取数据。设计模型不需要进行任何特殊处理来跟踪数据是如何存储的。这是因为合并联合体中的数据始终使用相同的位数进行存储。以下示例定义了一个合并联合体，其中一个值可以用两种方式表示：数据包（使用合并结构体）或连续字节数组。

```
typedef struet packed{
  logic [15:0] source_address;
  logic [15:0] destination_address;
  logic [23:0] data;
  logic [7:0]  opcode;
} data_packet_t;


union packed{
  data_packe_t      tpacket;       // 合并联合体
  logic [7:0][7:0]  bytes;         // 合并数组
} dreg;
```

图 4.3 说明了 dreg 的两种数据类型是如何表示的。

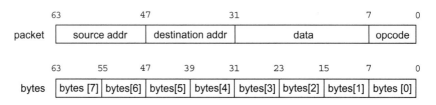

图 4.3　使用相同存储的两种表示的合并联合体

由于联合体是合并形式的，因此无论使用哪种联合体表示，信息都将使用相同的位对齐方式存储。这意味着可以使用字节格式加载一个值（可能来自字节的串行输入流），然后使用 data_packet 格式读取相同的值。

```
always_ff @ (posedge clk, negedge rstN)   // 异步复位
  if (!rstN) begin                        // 低电平有效复位
    dreg.packet <= 0;                      // 使用包类型重置
    i <= 0;
  end
  else if (load_data) begin
    dreg.bytes[i] <= data_in;              // 使用字节类型存储
```

```
      i++;
    end
  else if (data_ready) begin
    case (dreg.packet.opcode)              // 读取为包类型
    //...
    endcase
end
```

4.6.4 通过端口和任务/函数传递联合体

用户定义类型联合体（使用 `typedef` 定义的联合体）可以用作模块端口和任务 / 函数参数的数据类型。非合并联合体要求将相同的联合体类型用于端口的外部连接或用于传递给任务 / 函数参数的外部信号。合并联合体只能表示包数据类型，这允许任何向量类型用于外部连接或外部值。

示例 4.6 显示了一个包含结构体和联合体定义的包。

示例 4.6 包含结构体和联合体定义的包

```
'define_4bit                    // 使用 4 位数据进行综合测试
//'define_32bit                 // 使用 32 位数据字大小
//'define_64bit                 // 使用 64 位数据字大小
package definitions_pkg;
  'ifdef_4bit
    typedef logic          [3:0] uword_t;
    typedef logic signed   [3:0] sword_t;
  'elsif_64bit
    typedef logic          [63:0] uword_t;
    typedef logic signed   [63:0] sword_t;
  'else                          // 默认值为 32 位向量
    typedef logic          [31:0] uword_t;
    typedef logic signed   [31:0] sword_t;
  'endif

  typedef enum logic [2:0] {ADD, SUB, MULT, DIV} op_t;
  typedef enum logic {UNSIGNED, SIGNED} operand_type_t;

  // 合并联合体表示一个可以存储不同类型的变量
  typedef union packed {
    uword_t u_data;
    sword_t s_data;
```

```
  } data_t;

  // 合并结构体表示可以作为一个组引用和通过端口传递的变量集合
  typedef struct packed {
    op_t              opcode;
    operand_type_t    op_type;
    data_t            op_a;
    data_t            op_b;
  } instruction_t;
endpackage: definitions_pkg
```

示例 4.7 在一个简单的算术逻辑单元（ALU）模型中使用了这个包，该模型可以对有符号或无符号值进行操作，但不能同时对两者进行操作。使用一个标志来指示操作数据是有符号的还是无符号的。ALU 操作码、两个操作数和一个符号标志作为单个指令字传递给 ALU，用结构体表示。ALU 的输出是单个值，可以表示为有符号或无符号值，建模为这两种类型的联合体。这允许同一个输出端口用于不同的数据类型。

示例 4.7 带有结构体和联合体端口的算术逻辑单元（ALU）

```
module alu
  import    definitions_pkg::*;               // 通配符导入包
 (input     logic            clk, rstN,
  input     instruction_t    iw,              // 输入是结构体
  output    data_t           alu_out          // 输出是联合体
);
  timeunit 1ns; timeprecision 1ns;

  always_ff @ (posedge clk or negedge rstN)  // 异步复位
    if (!rstN)                               // 低电平有效
      alu_out <= '0;
    else begin: alu_operations
      if (iw.op_type == SIGNED) begin: signed_ops
        case (iw.opcode)
          ADD : alu_out.s_data <= iw.op_a.s_data + iw.op_b.s_data;
          SUB : alu_out.s_data <= iw.op_a.s_data - iw.op_b.s_data;
          MULT: alu_out.s_data <= iw.op_a.s_data * iw.op_b.s_data;
          DIV : alu_out.s_data <= iw.op_a.s_data / iw.op_b.s_data;
        endcase
      end: signed_ops
```

```
  else begin: unsigned_ops
    case (iw.opcode)
      ADD : alu_out.u_data <= iw.op_a.u_data + iw.op_b.u_data;
      SUB : alu_out.u_data <= iw.op_a.u_data - iw.op_b.u_data;
      MULT: alu_out.u_data <= iw.op_a.u_data * iw.op_b.u_data;
      DIV : alu_out.u_data <= iw.op_a.u_data / iw.op_b.u_data;
    endcase
  end: unsigned_ops
 end: alu_operations
endmodule: alu
```

图 4.4 是示例 4.7 的综合结果。受本书页面大小所限，示意图太小没有实际意义，但它说明了在 RTL 模型中使用结构体和联合体的两个重要特性：

（1）结构体和联合体可以简洁地建模大量功能。用更少的代码行建模更多功能是添加结构体和联合体等特性的原因之一，这些特性被添加到最初的 Verilog 中。

（2）联合体在与本节中描述的 RTL 编码指南一起使用时，可以表示多路复用功能，允许多个资源（示例 4.7 中为有符号和无符号加法器、减法器、乘法器和除法器）共享相同的硬件寄存器。图 4.4 中的圆圈表示通用算术操作，梯形符号表示多路复用器。

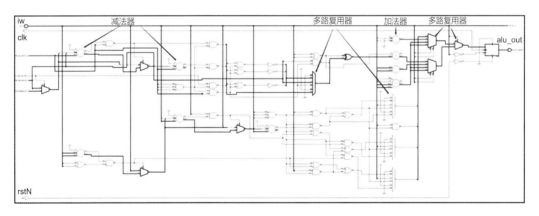

图 4.4 示例 4.7 的综合结果：具有结构体和联合体端口的 ALU

4.7　使用结构体和联合体的数组

结构体和联合体可以包含合并数组或非合并数组。合并结构体或联合体只能包含合并数组。

```
typedef struct{                         // 非合并结构体
  logic data_ready;                     // 非合并数组
  logic [7:0] data [0:3];
} packet_t;

typedef struct packed{                  // 合并结构体
  logic parity;
  logic [3:0] [7:0] data;               // 二维合并数组
} data_t;
```

合并数组和非合并数组可以包含结构体和联合体作为数组中的元素。在合并数组中，结构体或联合体也必须是合并型的。

```
packet_t p_array [23:0];        //24 个元素的非合并数组
data_t [23:0] d_array;          //24 个元素的合并数组
```

数组可以包含用户定义类型结构体和用户定义类型联合体。综合工具支持数组中的合并结构体或非合并结构体。

示例 4.8 说明了如何使用结构体数组。该示例是一个指令寄存器的模型，包含一个非合并型的 32 条指令数组。每条指令是一个复合值，表示为一个合并结构体。指令中的操作数可以是有符号的或无符号的，表示为两种类型的联合体。

示例 4.8 使用结构体数组来建模指令寄存器

```
module instruction_register
 import definitions_pkg::*;     // 通配符导入包
 (input  logic              clk, rstN, load_en,
  input  data_t             op_a,
  input  data_t             op_b,
  input  operand_type_t     op_type,
  input  op_t               opcode,
  input  logic [4:0]        write_pointer,
  input  logic [4:0]        read_pointer,
  output instruction_t      iw
 );
   timeunit 1ns; timeprecision 1ns;

   instruction_t  iw_reg [0:31];   // 结构数组
```

```
// 写入寄存器阵列
always_ff @(posedge clk or negedge rstN)        // 异步复位
  if (!rstN) begin                              // 低电平有效复位
    foreach (iw_reg[i])
      iw_reg[i] <= '{opcode:ADD,default:0};  // 重置值
  end
  else if (load_en) begin
    case (op_type)
      SIGNED:   iw_reg[write_pointer] <=
                  '{opcode,op_type,op_a.s_data,op_b.s_data};
      UNSIGNED: iw_reg[write_pointer] <=
                  '{opcode,op_type,op_a.u_data,op_b.u_data};
    endcase
  end
  // 从寄存器阵列读取
  assign iw = iw_reg[read_pointer];

endmodule: instruction_register
```

该指令寄存器的输入包括单独的操作数、操作码和一个指示操作数是有符号还是无符号的标志。该模型将这些单独的输入值加载到指令寄存器数组中。写指针输入控制数据加载的位置。模型的输出是一个单一的指令结构，从指令寄存器中使用读指针输入选择。

图 4.5 显示了示例 4.8 的综合结果。受本书页面大小所限，示意图太小没有实际意义，但它说明了如何使用结构体、联合体和数组，在只需要很少代码行的基础上，建模大量设计功能。电路图右上方的矩形符号是综合编译器选择的一个通用 RAM 实例，用于表示 RTL 模型中数组的存储。综合编译器将在综合的最后一步将这个通用 RAM 实现为一个或多个同步存储设备，其中通用门级功能被映射到特定的 ASIC 或 FPGA 设备。

4.8 小 结

用户定义类型通过类似 C 语言的 typedef 定义进行声明，允许用户定义由预定义类型或其他用户定义类型构建的新类型。用户定义类型可以用作模块端口，并在任务和函数中传入或传出。

声明包提供了一个地方来定义用户定义类型、任务和函数，这些可以在设

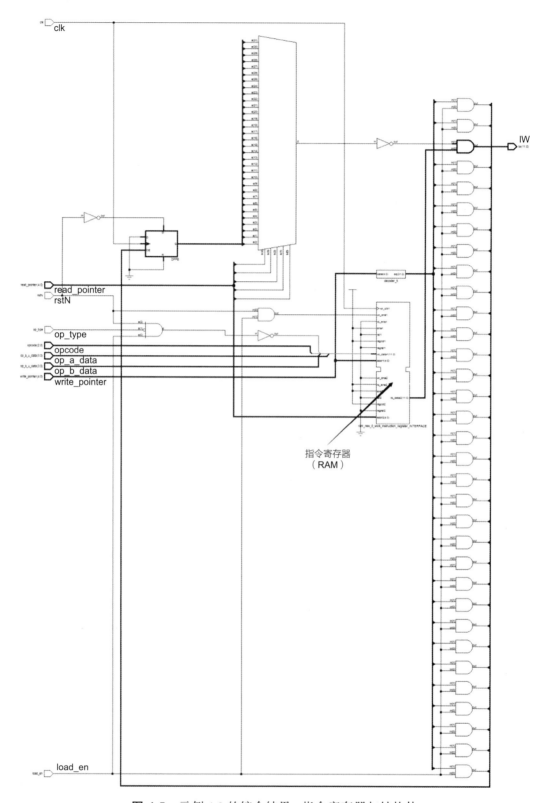

指令寄存器
（RAM）

图 4.5 示例 4.8 的综合结果：指令寄存器与结构体

计和验证代码中共享。共享定义减少了大型项目中的冗余代码，并有助于确保项目的一致性。使用包使代码更易于维护和重用。

枚举类型允许声明一组具有有效值的变量定义。有效值用抽象标签表示，而不是逻辑值。枚举类型允许在比 Verilog 更抽象的层次上建模，使得能够用更少的代码行建模更大的设计。如果需要，可以在枚举类型声明中添加硬件实现细节，例如将独热编码值分配给枚举标签。

结构体使得将多个变量捆绑在一起成为可能，并能够处理整个捆绑，同时仍然能够处理单个变量。结构体捆绑可以被复制、赋值、通过模块端口传递，以及在任务和函数中传入或传出。

联合体提供了一种高级编码风格，用于建模设计中的共享资源，例如，可以在不同时间传输不同数据协议的数据总线，也可以在不同时间存储不同类型数据的寄存器。

本章讨论的所有主题，都是作为 SystemVerilog 语言的一部分，被添加到最初的 Verilog 语言中。

第 5 章　RTL表达式运算符

本章将探讨用于 RTL 仿真和综合的运算符。运算符的作用是评估一个或多个表达式并确定结果。例如,算术运算符"+"将两个表达式相加并返回总和。该操作可以作为无符号整数、有符号整数或浮点数执行,且可以不带进位,并具有 2 态或 4 态结果。理解 SystemVerilog 运算符的规则对于编写能够正确仿真和综合的 RTL 模型至关重要。

本章涵盖的主题包括:

· 2 态和 4 态操作。

· X 态乐观和 X 态悲观。

· 表达式向量大小。

· 连接和复制运算符。

· 条件运算符。

· 位运算符。

· 归约运算符。

· 逻辑运算符。

· 比较运算符。

· 全等运算符。

· 集合成员关系运算符。

· 移位运算符。

· 流操作符(打包和解包)。

· 算术运算符。

· 增量和减量运算符。

· 赋值运算符。

· 类型转换运算符。

5.1 运算符表达式规则

运算符用于对操作数执行操作。大多数运算符有两个操作数,例如,在运算 a+b 中,+(加法)运算的操作数是 a 和 b。每个操作数被称为表达式。表达式可以是文本值、变量、线网、函数调用的返回值或另一个操作的结果。表达式具有一些特性,这些特性会影响操作的执行方式。

5.1.1　4态操作和2态操作

表达式可以是 2 态或 4 态。2 态表达式每个位只能是 0 或 1。2 态表达式不能具有高阻值（用字母 Z 表示）、未知值（用字母 X 表示）或不关心值（也用 X 表示）。4 态表达式能够在表达式的任何位中包含 0、1、Z 或 X 的值。

2 态表达式和 4 态表达式的运算规则很简单，当任何操作数是 4 态表达式时，运算的结果将是 4 态表达式。如果所有操作数都是 2 态表达式，才会得到 2 态结果。如果结果随后作为另一个操作的操作数使用或在编程语句（例如 if-else）中求值，则此规则可能会影响其他操作。

本章推荐的编码指南是仅在 RTL 建模中使用 4 态类型，这主要是因为运算结果中任何位上的 X 都可以很好地表明其中一个操作数存在问题。当使用 2 态类型时，设计问题可能会被掩盖，因为操作结果中没有 X 值来指示潜在的错误。

5.1.2　X态乐观和X态悲观

大多数 SystemVerilog 运算符是 X 态乐观的，这意味着即使操作数中有 X 或 Z 值，操作仍可能产生已知结果。少数 SystemVerilog 运算符，如算术和关系运算符，是 X 态悲观的，这意味着如果任何操作数的任何位有 X 或 Z 值，则结果的所有位将自动为 X。

1. X 态乐观

即使在一个或两个操作数有 X 或 Z 值的情况下，X 态乐观操作也能产生有效结果。考虑以下示例及所示的逻辑值：

```
logic [3:0] a, b, result;
assign a = 4'b01zx;              // 某些位是 X 或 Z
assign b = 4'b0000;             // 所有位都为零

assign result = a & b;         //a 和 b 按位 AND
```

该运算的结果是 4'b0000，这是因为 & 运算符为其操作数的每一位建模一个 AND 逻辑门。在数字逻辑中，0 与任何值进行 AND 运算的结果将是 0。操作数 a 中的高阻抗位（用 Z 表示）和未知位（用 X 表示）在结果中变为零，因为这些位与 b 中对应的位进行 AND 运算，而 b 的值为 0。这种行为被称为 X 态乐观。仿真将有一个已知的结果，即使一个操作数具有 X 或 Z 值的位。X 态乐观仅适用于仿真能够准确预测实际逻辑门行为的值。在以下示例中，b 操作数是全 1 而不是全 0。

```
assign a = 4'b01zx;             // 某些位是 X 或 Z
```

```
assign b = 4'b1111;              // 所有位都是 1

assign result = a & b;           //a 和 b 按位 AND
```

该运算的结果是 4'b01xx。对于这些操作数值，X 态乐观不适用于最右边的两个位。在实际逻辑门中，高阻抗和 X 进行 AND 运算，可能的结果是 0 或 1。具体是哪个值取决于多个条件，例如用于构建 AND 门的晶体管类型、晶体管电路的阻抗、电容、工作电压，甚至环境温度也会影响最终的结果。抽象的 RTL 中 AND 运算符没有这些详细信息，数字仿真无法预测 1 与 Z 进行 AND 运算时会产生 0 还是 1。同样，X 代表一个未知值，这意味着实际逻辑门的值可能是 0、1 或 Z。由于这种模糊性，数字仿真无法预测 1 与 X 进行 AND 运算时会产生 0 还是 1。

2. X 态悲观

少量的 SystemVerilog 运算符适用于 X 态悲观操作。如果操作数的任何位具有 X 或 Z 值，则该操作会自动返回一个所有位均设置为 X 的值。悲观运算符包括算术运算符（例如加法运算符）和关系运算符（例如小于运算符）。

```
logic [3:0] a, b, result;

assign a = 4'b000x;              // 某些位是 X 或 Z
assign b = 4'b0101;              // 十进制 5

assign result = a + b;           // 将 a 和 b 的值相加
```

该运算的结果是 4'bxxxx。这种 X 态悲观的发生，是因为算术加法运算符执行基于数字的加法，而不是按位加法。操作数 a 的值是 4'b000x，这不是一个数字，因此运算结果是一个未知值。5.4 节至 5.15 节将详细探讨 SystemVerilog RTL 运算符，以及每个运算符是 X 态乐观还是 X 态悲观。理解这些影响对于编写正确表示所需硬件行为的 RTL 模型至关重要。

5.1.3 表达式向量大小和自动向量扩展

运算符的每个操作数可以是任意大小的向量，包括标量（1 位）。操作数的向量大小可能会影响操作的执行方式，这是芯片设计工程师的一个重要考量因素。

1. 自定义操作数

有些运算符独立处理每个操作数，操作数是否为不同的向量大小并不重要，这些运算符的操作数被称为自定义操作数。在以下示例中，&& 运算符执行 AND 操作，测试两个操作数是否都为真。如果它们都为真，则该操作返回的结果为真；否则，该操作返回的结果为假。

```
logic [15:0] a;
logic [31:0] b;
logic        result;

assign result = a && b;        // 测试 a 和 b 是真是假
```

操作数 a 和 b 是自定义的，每个操作数的运算结果可以是真或假，与另一个操作数的向量大小无关。

2. 上下文决定操作数

许多运算符需要首先将操作数扩展到相同的向量大小，然后才能执行操作，这些运算符的操作数被称为上下文决定操作数。该操作将最短的操作数左扩展到与最大的操作数相同的向量大小。在以下示例中，& 运算符执行按位 AND 操作，将每个操作数的每个位进行 AND 运算，并返回布尔结果。

```
logic [7:0] a;                //8 位变量
logic [15:0] b;               //16 位变量
logic [15:0] result;          //16 位变量

assign result = a & b;        //16 位操作
```

为了将 a 的每一位与 b 的每一位进行 AND 运算，该操作将两个操作数调整为相同的向量宽度。该操作将检查操作的上下文，以确定最大的操作数，然后将较短的操作数左扩展以匹配最大操作数的大小。扩展规则如下：

·如果最左边的位是 0 或 1，并且操作数是无符号类型，则操作数是零扩展的（每个额外的位被赋值为 0）。

·如果最左边的位是 0 或 1，并且操作数是有符号类型，则操作数是符号扩展的（每个额外的位被赋值为最左边的位或原始值。最左边的位称为符号位）。

·如果最左边的位是 Z，则操作数是 Z 扩展的（每增加一位的值为 Z）。

·如果最左边的位是 X，则操作数是 X 扩展的（每增加一位的值为 X）。

算术运算的上下文推断大小比其他运算符的上下文推断大小更复杂。上下文推断大小不仅考虑运算符的操作数，还考虑赋值语句左右两侧所有表达式的向量大小，如下所示：

```
logic [7:0]  a;               //8 位变量
logic [15:0] b;               //16 位变量
```

```
logic [23:0] result;                      //24 位变量

assign result = a + b;                     //24 位操作
```

5.1.4 有符号表达式和无符号表达式

算术运算符、比较运算符和移位运算符可以执行有符号操作或无符号操作。规则很简单：如果所有参与运算的操作数都是有符号的，则执行有符号操作；如果任何一个受影响的操作数是无符号的，则执行无符号操作。以下代码片段说明了这些规则（操作的类型在注释中注明）：

```
logic        [15:0] a, b, ul, u2;    // 无符号类型
logic signed [15:0] c, d, sl, s2;    // 有符号类型

assign ul = a + b;                    // 无符号操作
assign sl = a + C;                    // 无符号操作
assign u2 = C + d;                    // 有符号操作
assign s2 = c + d + a;                // 无符号操作
```

5.1.5 整数（向量）和实数（浮点）表达式

所有 SystemVerilog 运算符都可以对整数值执行操作。IEEE SystemVerilog 标准将整数值称为整数表达式——由一个或多个连续位组成的值。工程师通常将这些整数或整数值称为向量。

SystemVerilog 将定点和浮点表达式称为实数表达式。大多数类型的操作可以在实数表达式上执行，包括赋值操作、算术操作、逻辑（真/假）操作、比较操作和增量/减量操作。有一些操作不能在实数表达式上执行，例如位和部分选择操作、按位操作、移位操作、连接操作和流操作。

可以对整数和实数表达式的混合进行操作。混合类型操作的规则是，如果任何操作数是实数表达式，则另一个操作数被转换为实数表达式，并执行浮点操作。

注意： RTL 综合编译器通常不支持实（浮点）表达式。高层次综合（HLS）工具可用于复杂的算术设计。浮点和定点设计超出了本书关于 RTL 建模的范围。

5.2 连接和复制运算符

连接和复制运算符将多个表达式连接在一起以形成一个向量表达式。向量

结果中的总位数是每个子表达式中所有位数的总和。连接有两种形式：简单连接和复制连接。简单连接将任意数量的表达式连接在一起。复制连接将表达式连接在一起，然后将该结果复制指定的次数。表 5.1 显示了连接和复制运算符的一般语法和用法。

表 5.1　用于 RTL 建模的连接和复制运算符

操作符	使用案例	描　　述
{ }	{m, n}	将 m 和 n 连接成一个向量
{r{ }}	{r{m, n}}	将 m 和 n 连接到一起，然后重复 n 次，r 必须是一个文本整数值。

以下变量和数值用于展示这些运算符的结果：

```
logic [3:0] a = 4'b1011;
logic [7:0] b = 8'b00010001;
```

· {a,b} 的结果是 101100010001（二进制），一个 12 位值。

· {4'hF,a} 的结果是 11111011（二进制），一个 8 位值。

· {8{2'b10}} 的结果是 1010101010101010（二进制），一个 16 位值，2 位模式 01 重复 8 次。

· {{4{a[3]}},a} 的结果是 11111011（二进制表示），一个 8 位值，其中 a 的最高有效位重复 4 次，然后连接到 a。

连接和复制运算符是可综合的。这些运算符并不直接表示硬件中的任何逻辑功能，它们仅仅表示将多个信号组合在一起，将文字值附加到信号或文字值。

示例 5.1 和示例 5.2 说明了连接运算符在 RTL 建模中的两个常见应用：在赋值语句的右侧或左侧连接多个信号。在每个示例之后，图 5.1 和图 5.2 展示了连接运算符在综合生成的门级功能中是如何消失的。尽管如此，连接运算符是一种在 RTL 模型中简洁地表示硬件功能的有用构造。

示例 5.1　使用连接运算符：多个输入状态寄存器

```
// 存储多个输入值的 8 位状态寄存器
//
//-----------------------------------------------------------
//| int_en | unused | unused | zero | carry | neg | parity |
//-----------------------------------------------------------
// 注意：未使用的位设置为常数 1
//
module status_reg
```

```
(input    logic            clk,        // 寄存器时钟
 input    logic            rstN,       // 低电平有效复位
 input    logic            int_en,     //1 位中断启用
 input    logic            zero,       //1 位结果 =0 标志
 input    logic            carry,      //1 位结果溢出标志
 input    logic            neg,        //1 位否定结果标志
 input    logic   [1:0]    parity,     //2 位奇偶校验位
 output logic   [7:0]      status      //8 位状态寄存器输出
);
    timeunit 1ns; timeprecision 1ns;

    always_ff @(posedge clk or negedge rstN)   // 异步复位
      if (!rstN)                               // 低电平有效复位
        status <= {1'b0,2'b11,5'b0};           // 复位
      else
        status <= {int_en,2'b11,zero,carry,neg,parity};
                                               // 负载

endmodule: status_reg
```

注意：综合编译器如何实现运算符会受多种因素的影响，例如目标设备、与该操作符一起使用的其他操作符或编程语句、所使用的综合编译器，以及指定的综合选项和约束等。

示例 5.1 中的状态寄存器有两个未使用的位，其常量值为 1。用于生成图 5.1 中状态寄存器的综合编译器将这两个未使用的位映射为 8 位输出上的简单上拉值。其他综合编译器，或指定不同的综合约束，可能会以不同的方式映射相同的 RTL 功能，例如使用预设为 1 的触发器。

示例 5.2　使用连接运算符：带进位的加法器

```
module rtl_adder
(input    logic a, b, ci,
 output logic sum, co
);
    timeunit 1ns; timeprecision 1ns;

    assign {co,sum} = a + b + ci;

endmodule: rtl_adder
```

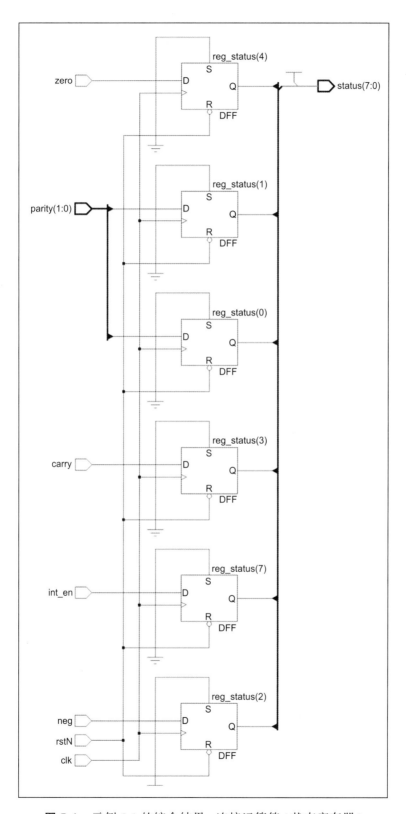

图 5.1 示例 5.1 的综合结果：连接运算符 (状态寄存器)

用于生成图 5.2 所示的综合编译器将 RTL 加法器功能映射到一个通用加法器模块。综合的下一步，是将通用加法器模块映射到特定的 ASIC 或 FPGA 设备。在该步骤中，通用加法器将被映射到该类资源所对应的加法器实现。

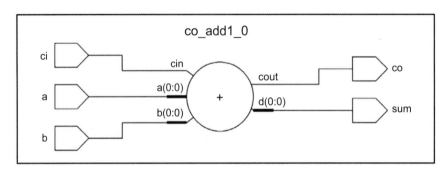

图 5.2　示例 5.2 的综合结果：加法运算符（带进位的加法器）

连接和复制运算符常用于创建作为其他运算符的操作数，后续章节将看到这些示例。

使用连接运算符时需要注意一些重要规则：

·可以连接任意数量的表达式，任意数量指大于等于 1。

·连接中的表达式必须具有固定大小。不允许使用无大小的文本值，例如数字 5 或 '1。

·连接的结果始终是无符号的，无论连接中表达式的符号如何。

不要将连接与赋值列表混淆。SystemVerilog 有一个赋值列表运算符，该运算符被包含在 '{ 和 } 标记之间。尽管赋值列表运算符看起来与连接运算符相似，但其功能却截然不同。连接运算符将多个值连接在一起以创建一个新的单一值。赋值列表运算符以一个撇号（'）开头，用于将一组单独的值分配给数组的各个元素或结构的各个成员。

5.3　条件运算符

在 RTL 建模中，广泛使用的运算符是条件运算符，也称为三元运算符。该运算符用于在两个表达式之间进行选择。用于表示条件运算符的符号如表 5.2 所示。

表 5.2　用于 RTL 建模的条件（三元）运算符

操作符	使用案例	描　述
?:	s ? m : n	如果 s 为真，选择 m；如果 s 为假，选择 n

在问号（？）之前列出的表达式称为控制表达式，它可以是一个简单的整数值（任意大小的向量，包括 1 位）或另一个返回整数值的操作的结果。例如：

```
logic sel, mode, enableN;
logic [7:0] a, b, yl, y2;
assign yl = sel ? a:b;
assign y2 = (mode &!enableN) ? a + b: a- bi;
```

控制表达式根据以下规则被评估为真或假：

· 如果任何位为 1，则表达式为真。

· 如果所有位为 0，则表达式为假。

· 如果没有位被置 1，且并非所有位为 0，则表达式为未知，这种情况可能发生在某些位为 X 或 Z 时。

在 4 态值的情况下，控制表达式可能既不为真也不为假。在以下值中，没有任何位为 1，但并非所有位为 0。

```
4'b000z;// 一个既不为真也不为假的表达式
```

当控制表达式未知时，条件运算符对两个可能的返回值进行逐位比较。如果对应的位都是 0，则该位返回 0；如果对应的位都是 1，则该位返回 1。如果对应的位不同或者任一位具有 X 或 Z 值，则该位返回 X。

给定值：

```
sel = l'bx;
a = 8'b01xz01xz;
b = 8'b11110000;
```

那么条件操作：

```
sel?a:b;
```

将返回 8'bx1xx0xxx。

条件运算符的行为通常类似于硬件多路复用器。示例 5.3 说明了如何使用条件运算符在两个输入之间选择一个输入到寄存器。

示例 5.3 使用条件运算符：多路复用的 4 位寄存器 D 输入

```
module muxed_register
#(parameter WIDTH = 4)                    // 寄存器大小
(input  logic          clk,         //1 位输入
 input  logic          data_select, //1 位输入
```

```
input  logic [WIDTH-1:0]  d1, d2,        // 可扩展的输入大小
output logic [WIDTH-1:0]  q_out           // 可扩展的输出大小
);
  timeunit 1ns; timeprecision 1ns;

  always_ff @(posedge clk)
    q_out <= data_select? d1 : d2;         // 存储 d1 或 d2

endmodule: muxed_register
```

图 5.3 是示例 5.3 的综合结果，条件运算符被映射到四个多路复用器，每个多路复用器对应于 4 位 d1 和 d2 输入的每一位。

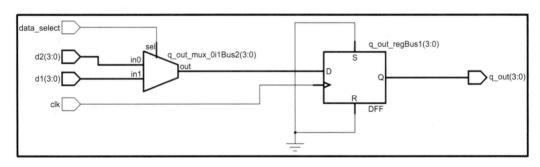

图 5.3　示例 5.3 的综合结果：条件运算符（多路复用寄存器）

图 5.3 所示电路是综合编译器将电路映射到特定的 ASIC 或 FPGA 目标实现之前的通用综合结果。用于生成图 5.3 的综合编译器使用了具有未连接的 set 和 rst 输入的通用触发器。如果目标设备中存在没有这些输入的触发器，那么使用 ASIC 或 FPGA 库的最终实现可能会采用这类触发器。不同的综合编译器可能会使用不同的通用组件来表示这些中间结果。

条件运算符并不总是实现为多路复用器。综合编译器可能会根据操作数的类型和操作的上下文，将条件运算符映射并优化为其他类型的门级逻辑。在示例 5.4 中，条件运算符表示三态缓冲器，而不是多路复用逻辑。

示例 5.4　使用条件运算符：具有三态输出的 4 位加法器

```
module tri_state_adder
#(parameter N = 4)                          //N 位加法器大小
(input  logic                 enable,      //out 输出的使能信号
 input  logic       [N-1:0] a, b,          // 可扩展的输入大小
 output tri logic   [N-1:0] out            // 三态输出，线网型
);
```

```
timeunit 1ns; timeprecision 1ns;

assign out = enable? (a + b) : 'z;     // 三态缓冲器

endmodule: tri_state_adder
```

在示例 5.4 中，条件运算符 (?) 选择是否将 out 端口赋值为 (a+b) 或高阻抗。如果 en 为假，则将 out 赋值为 'z。'z 是将表达式的所有位设置为高阻抗的值，并自动对齐到表达式的向量大小。out 三态输出端口被声明为 tri logic 类型，而不是通常的 logic 类型。logic 数据类型仅定义端口时可以有 4 种状态值，它并不定义端口类型是线网类型还是变量类型。输出端口默认为变量类型，除非明确声明为线网类型（相反，输入端口默认为线网类型，除非明确声明为变量类型）。tri 关键字声明一个线网类型。tri 类型在各方面与 wire 类型相同，但 tri 关键字可以帮助记录该网络或端口的预期三态（高阻抗）值。

图 5.4 是示例 5.4 的综合结果。

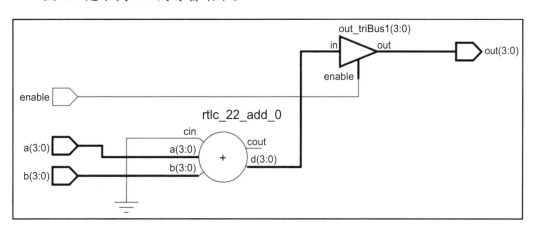

图 5.4 示例 5.4 的综合结果：条件运算符（三态输出）

5.4 位运算符

位运算符逐位执行操作，从最右边的位（最低有效位）向最左边的位（最高有效位）依次进行处理。表 5.3 列出了位运算符及其功能。

表 5.3 RTL 建模的位运算符

操作符	使用案例	描 述
~	~m	按位取反 m
&	m & n	将 m 和 n 进行按位与
|	m | n	将 m 和 n 进行按位或

操作符	使用案例	描　述
^	m ^ n	将 m 和 n 进行按位异或
^~	m ^~ n	将 m 和 n 进行按位同或
~^		

没有直接按位操作的 NAND 或 NOR 运算符需要对 AND 或 OR 操作的结果进行反转，例如 ~(m&n)。括号是必需的，以确保首先执行 AND 操作。

位操作要求两个操作数具有相同的向量大小。在执行操作之前，较小的操作数将被左扩展以匹配较大操作数的大小。

1. 位反转

位反转运算符将操作数的每一位反转，从右到左进行。在 X 态悲观条件下，对 X 或 Z 值反转的结果总是 X。表 5.4 是位反转的真值表，表中的结果是针对操作数的每一位。

位反转操作的一个示例结果如下所示：

```
logic [3:0] a, rl;
assign a = 4'b01zx;   // 某些位是 X 或 Z
assign rl = ~a;       // 结果为 4'b10xx
```

2. 按位与（AND）

按位与运算符对第一个操作数的每一位与第二个操作数中对应的位进行布尔与运算，从右到左进行。按位与运算符是 X 态乐观的：0 与任何值进行与运算的结果为 0。表 5.5 是按位与的真值表，表中的结果遍历了两个操作数的每一种可能。

表 5.4　位反转真值表

~	结　果
0	1
1	0
x	x
z	x

表 5.5　按位与真值表

&	0	1	x	z
0	0	0	0	0
1	0	1	x	x
x	0	x	x	x
z	0	x	x	x

一些按位与操作的示例结果如下所示：

```
logic [3:0]a, b, c, rl, r2;
assign a = 4'b01zx;     // 某些位是 X 或 Z
assign b = 4'b0000:     // 所有位均为 0
assign c = 4'b1111;     // 所有位均为 1
```

```
assign r1 = a & b;              // 结果为 4'bn0000
assign r2 = a & c;              // 结果位 4'b01xx
```

3. 按位或（OR）

按位或运算符对第一个操作数的每一位与第二个操作数中对应的位进行布尔或运算，从右到左进行。按位或运算符是 X 态乐观的：1 与任何值进行或运算将结果为 1。表 5.6 是按位或的真值表。

一些按位或运算的示例结果如下所示：

```
logic [3:0] a, b, c, rl, r2;
assign a = 4'b01zx;             // 某些位是 X 或 Z
assign b = 4'b0000;             // 所有位都是 0
assign c = 4'b1111;             // 所有位都是 1

assign r1 = a | b;              // 结果为 4'b01xx
assign r2 = a | c;              // 结果为 4'b1111
```

4. 按位异或（XOR）

按位异或运算符对第一个操作数的每一位与第二个操作数中对应的位进行布尔异或运算，从右到左进行。按位异或运算符是 X 态悲观的：对 X 或 Z 值进行异或运算的结果总是 X。表 5.7 是按位异或的真值表。

表 5.6 按位或的真值表

|	0	1	x	z
0	0	1	x	x
1	1	1	1	1
x	x	1	x	x
z	x	1	x	x

表 5.7 按位异或真值表

^	0	1	x	z
0	0	1	x	x
1	1	0	x	x
x	x	x	x	x
z	x	x	x	x

一些按位异或运算的示例结果如下所示：

```
logic [3:0] a, b, c, rl, r2;
assign a = 4'b01zx;             // 某些位是 X 或 Z
assign b = 4'b0000;             // 所有位都是 0
assign c = 4'b1111;             // 所有位都是 1

assign r1 = a ^ b;              // 结果为 4'b01xx
assign r2 = a ^ c;              // 结果为 4'b10xx
```

5. 按位同或（XNOR）

按位同或运算符对第一个操作数的每一位与第二个操作数中对应的位进行布尔同或运算，从右到左进行。按位同或运算符是 X 态悲观的：对 X 或 Z 值进行同或运算的结果是 X。

表 5.8 是按位同或的真值表。

表 5.8　按位同或真值表

^~ ~^	0	1	x	z
0	1	0	x	x
1	0	1	x	x
x	x	x	x	x
z	x	x	x	x

一些按位同或运算的示例结果如下所示：

```
logic [3:0] a, b, c, r1, r2;
assign a = 4'b01zx;            // 某些位是 X 或 Z
assign b = 4'b0000;           // 所有位都是 0
assign c = 4'b1111;           // 所有位都是 1


assign r1 = a ~^ b;           // 结果为 4'b10xx
assign r2 = a ^~ c;           // 结果为 4'b01xx
```

示例 5.5 是一个使用位运算符的小型 RTL 设计。

示例 5.5　使用位运算符：多路复用 N 位宽按位与 / 按位异或操作

```
// 用户定义类型
package definitions_pkg;
   typedef enum logic {AND_OP, XOR_OP} mode_t;
endpackage: definitions_pkg


// 多路复用 N 位宽按位与 / 按位异或操作
module and_xor
 import definitions_pkg::*;
#(parameter N = 4)                    // 操作大小（默认 8 位）
(input  mode_t        mode,           //1 位枚举输入
 input  logic [N-1:0] a, b,           // 可扩展的输入大小
 output logic [N-1:0] result          // 可扩展的输出大小
);
   timeunit 1ns; timeprecision 1ns;

   always_comb
     case (mode)
       AND_OP: result = a & b;
```

```
    XOR_OP: result = a ^ b;
  endcase
endmodule: and_xor
```

图5.5展示了示例5.5中的RTL模型是如何综合的。正如本章前面所提到的，综合所创建的实现可能受到多种因素的影响，包括目标设备、与运算符一起使用的其他运算符或编程语句所使用的综合编译器，以及指定的综合选项和约束。

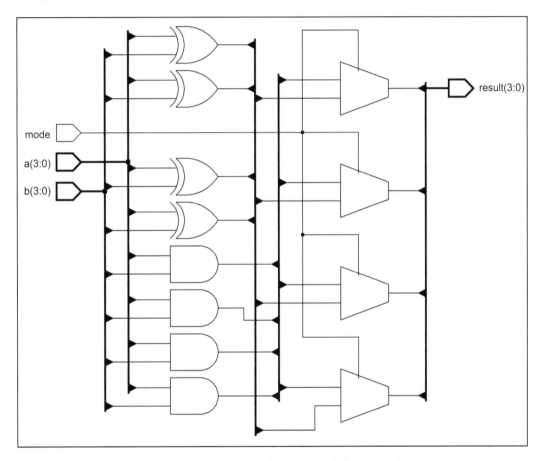

图5.5 示例5.5的综合结果：按位与和或操作

5.5 归约运算符

归约运算符对单个操作数的所有位执行操作，并返回一个标量（1位）结果。表5.9列出了常见的归约运算符。

归约运算符包括 NAND 和 NOR 运算符，而位运算符没有这些。归约AND、OR 和 XOR 运算符逐位执行操作，从右侧的最低有效位向左侧的最高有效位进行。这些操作使用与其对应的位运算符相同的真值表（见 5.4 节）。归约 NAND、NOR 和 XNOR 运算符首先分别执行归约 AND、OR 或 XOR 操作，然后对 1 位结果取反。

表 5.9　用于 RTL 建模的归约运算符

操作符	使用案例	描　述
&	&m	m 的所有位取与
~&	~&m	m 的所有位取与非
|	|m	m 的所有位取或
~|	~|m	m 的所有位取或非
^	^m	m 的所有位取异或
~^ ^~	~^m	m 的所有位取同或

归约 AND、NAND、OR 和 NOR 运算符是 X 态乐观的：对于归约 AND，如果操作数中的任何位为 0，结果将为 1'b0；对于归约 NAND，如果操作数中的任何位为 0，结果将为 1'b1；对于一个归约 OR，如果操作数中的任何位为 1，结果将是 1'b1；对于一个归约 NOR，如果操作数中的任何位为 1，结果将是 1'b0。归约 XOR 和 XNOR 运算符是 X 态悲观的：如果操作数的任何位为 X 或 Z，结果将是 1'bx。表 5.10 是每个归约运算符对于一些示例值的结果。

表 5.10　归约运算的示例结果

操作符	&	~&	|	~|	^	~^
4'b0000	1'b0	1'b1	1'b0	1'b1	1'b0	1'b1
4'b1111	1'b1	1'b0	1'b1	1'b0	1'b0	1'b1
4'b1000	1'b0	1'b1	1'b1	1'b0	1'b1	1'b0
4'b000z	1'b0	1'b1	1'bx	1'bx	1'bx	1'bx
4'b100x	1'b0	1'b1	1'b1	1'b0	1'bx	1'bx

示例 5.6 是一个小的 RTL 模型，该模型利用归约运算符检查数据值的正确奇偶性。

示例 5.6　使用归约运算符：使用 XOR 的奇偶校验器

```
// 用户定义类型
package definitions_pkg;
  typedef struct {
    logic [3:0]   data;
    logic         parity_bit;
  } data_t;
endpackage: definitions_pkg
```

```
// 奇偶校验器使用偶数奇偶校验，注册错误标志。
// 数据值和奇偶校验位的集合应该有偶数个 1
module parity_checker
 import definitions_pkg::*;
(input   data_t data_in,          //5 位结构体输入
 input   clk,                      // 时钟输入
 input   rstN,                     // 低电平有效异步复位
 output logic  error               // 如果检测到奇偶校验错误，则设置
);
   timeunit 1ns; timeprecision 1ns;

   always_ff @(posedge clk or negedge rstN)        // 异步复位
     if (!rstN) error <= 0;          // 低电平有效复位
     else        error <= ^{data_in.parity_bit, data_in.data};
       // 如果在合并数据和奇偶校验位中设置了奇数位，则归约 XOR 返回 1
endmodule: parity_checker
```

图 5.6 显示了这个 RTL 模型如何综合。

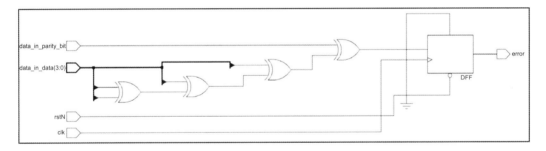

图 5.6 示例 5.6 的综合结果：归约 XOR（奇偶校验器）

5.6 逻辑运算符

逻辑运算符对其操作数求值，并返回一个值，该值指示求值结果是真还是假。例如，"a && b" 测试 a 和 b 是否都为真，如果两个操作数都为真，则运算符返回真；否则，运算符返回假。

SystemVerilog 没有内置的真或假布尔值。相反，逻辑运算符的返回值使用逻辑值 1'b1（一个位宽的逻辑 1）表示真，使用 1'b0 表示假。逻辑运算符还可以返回 1'bx，以指示一个模糊条件，在这种情况下，仿真无法确定实际逻辑门的评估结果是真还是假。

SystemVerilog 使用以下规则来确定一个操作数是真还是假：

· 如果所有位都是 0，则操作数为假。

· 如果任何位为 1，则操作数为真。

· 如果任何位为 X 或 Z，并且没有位为 1，则操作数为未知。

表 5.11 列出了 RTL 综合编译器普遍支持的逻辑运算符。

表 5.11　RTL 建模的逻辑运算符

操作符	使用案例	描　　述
&&	m && n	逻辑与：m 和 n 是否同时为真
||	m || n	逻辑或：m 是真或 n 是真
!	!m	逻辑非：m 是真还是假

逻辑非运算符通常被称取反运算符。

逻辑运算符首先对每个操作数进行归约 OR 来执行其操作，产生 1 位结果，然后评估该结果以确定其是真还是假。在取反运算符的情况下，首先对 1 位结果进行取反，然后评估为真或假。

表 5.12 和表 5.13 显示了这些逻辑运算符在一些示例值上的结果。

表 5.12　逻辑 AND 和 OR 运算的示例结果

操作数 1	操作数 2	&&	||
4'b0000	4'b0000	1'b0	1'b0
4'b0000	4'b1000	1'b0	1'b1
4'b0000	4'b00zx	1'b0	1'bx
4'b0000	4'b01zx	1'b0	1'b1
4'b1000	4'b0000	1'b0	1'b1
4'b1000	4'b1000	1'b1	1'b1
4'b1000	4'b00zx	1'bx	1'b1
4'b1000	4'b01zx	1'b1	1'b1

表 5.13　逻辑取反运算的示例结果

操作数 1	!
4'b0000	1'b1
4'b1000	1'b0
4'b00zx	1'bx
4'b01zx	1'b0

5.6.1　逻辑取反运算与按位反转运算的区别

应注意不要混淆逻辑取反运算符（！）和按位反转运算符（~）。逻辑取反运算符对其操作数进行真/假评估，并返回一个 1 位值，表示真、假或未知结果。

按位反转运算符对操作数的每一位进行逻辑反转（反码），并返回与操作数相同位宽的值。

在某些操作中，这些操作的结果恰好相同，但在某些操作中，它们返回的值大相径庭。这种差异可能导致在 "if-else" 语句中错误使用运算符时产生故障代码。

考虑以下示例：

```
logic         enable;              //1 位控制信号
logic [1:0] select;               //2 位控制信号

assign enable = 1'b1;
assign select = 2'b01;

if (!enable) ...                   // 评估结果为假
if (~enable) ...                   // 评估结果为假

if (!select) ...                   // 评估结果为假
if (~select) ...                   // 评估结果为真 -- BUG!
```

前面代码片段最后两行之所以不同，是因为这两个运算符的工作方式不同：逻辑非运算符（!）将两个位进行 OR 运算并对 1 位结果取反，对 2 位 select 进行真 / 假评估；位运算取反操作符（~）仅对 2 位 select 向量的每一位进行取反，并返回一个 2 位结果，if 语句对 2 位向量进行真 / 假评估，因为取反后的值仍然有一位设置为 1，所以结果为真。

最佳实践指南 5.1

使用位运算取反操作符来对一个值进行按位反转，不要使用这个操作符对真 / 假测试的结果进行反转。相反，使用逻辑非运算符来反转真 / 假测试的结果，不要使用逻辑非运算符来反转一个值。

最佳实践指南 5.2

仅使用逻辑真 / 假操作符来测试标量（1 位）值，不要对向量进行真 / 假测试。

如果向量的任何位被设置为 1，则逻辑操作将返回真，这可能导致在测试特定位时出现设计错误。在评估向量值时，使用相等或关系运算符来测试可接受的值。

示例5.7是一个使用NOT、AND和OR运算符的小型RTL设计。该设计是一个逻辑比较器，如果两个数据值中的任一个落在可配置的值范围内，则置高一个标志位。

示例 5.7 使用逻辑运算符：当值在范围内时置高标志位

```
module status_flag
#(parameter              N = 4,              // 数据总线大小
        logic [N-1:0]  MIN = 'h7,            // 最小值
        logic [N-1:0]  MAX = 'hC             // 最大值
)
(input   logic          clk,                 // 时钟输入
 input   logic          rstN,                // 低电平有效异步复位
 input   logic [N-1:0]  d1, d2,              // 可扩展的输入大小
 output  logic          in_range             // 设为 d1 或 d2
);                                           // 在最小 / 最大范围内
   timeunit 1ns; timeprecision 1ns;

   always_ff @ (posedge clk or negedge rstN)  // 异步复位
     if (!rstN) in_range <= '0;               // 低电平有效复位
     else       in_range <= (((d1 >= MIN) && (d1 <= MAX))||
                             ((d2 >= MIN) && (d2 <= MAX)))
                                ;
endmodule: status_flag
```

图 5.7 显示了示例 5.7 中的 RTL 模型是如何综合的。

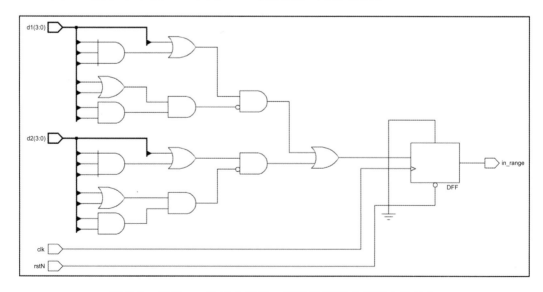

图 5.7 示例 5.7 的综合结果：逻辑运算符（范围内比较）

5.6.2 短路逻辑运算符

短路逻辑运算符是一种常见的逻辑运算符，它可以帮助我们在条件判断中更加高效地执行代码。短路逻辑运算符包括 && 和 || 两种：

（1）&&（逻辑与）运算符：当两个条件都为真时，返回真；否则，返回假。但是，如果第一个条件为假，则不会执行第二个条件判断。

（2）||（逻辑或）运算符：当两个条件中有一个为真时，返回真；否则，返回假。同样，如果第一个条件为真，则不会执行第二个条件判断。

短路逻辑运算符的使用可以减少代码的执行次数，提高代码执行效率。在条件判断中，我们应该根据实际情况选择合理的逻辑运算符，以达到更好的效果，SystemVerilog 仿真会对逻辑运算符进行短路处理，但综合生成的实际逻辑门级实现永远不会进行短路处理。实际逻辑门将并行评估两个操作数。在极少数情况下，仿真与综合之间的这种差异可能会导致设计缺陷。当第二个操作数是对一个操作数的调用，并且该操作数修改了外部变量的值时，就会发生这种情况。在实际的门级实现中，对外部变量的影响将始终发生。然而，在仿真中，如果由于短路处理而未调用该函数，则由该函数修改的外部变量将不会被更新。

最佳实践指南 5.3

一个函数应该只修改其函数返回的变量和内部临时变量，这些变量永远不会离开该函数。

不修改外部变量，就可以避免上面所述的极端情况，这种极端情况可能导致仿真行为与综合后的门级实现之间的关键不匹配。

5.6.3 不可综合的逻辑运算符

SystemVerilog-2009 增加了两个在本书撰写时通常不被 RTL 综合编译器支持的逻辑运算符——蕴含运算符和等价运算符，这两个运算符的符号和描述如表 5.14 所示。

表 5.14 不可综合的逻辑运算符

操作符	使用案例	描　　述
->	m->n	逻辑操作，(!m||n) 的简化版本，如果 m 不为真，则 n 需要为真
<->	m<->n	逻辑操作，(!m||n)&&(!n||m) 的简化版本，如果 m 不为真，则 n 需要为真；如果 n 不为真，m 需要为真

5.7 比较运算符

比较运算符对其操作数求值，并返回一个值，该值指示求值结果是真还是假。逻辑值 1'b1 表示真，而 1'b0 表示假。在仿真中，这些比较运算符也可以返回 1'bx，以指示一个模糊条件，在该条件下仿真无法确定实际逻辑门是否会导致 1（真）或 0（假）。

表 5.15 列出了比较运算符，所有比较运算符都是可综合的。

表 5.15　用于 RTL 建模的比较运算符

操作符	使用案例	描　述
==	m == n	相等，m 是否等于 n
!=	m != n	不相等，m 是否不等于 n
<	m < n	小于，m 是否小于 n
<=	m <= n	小于等于，m 是否小于等于 n
>	m > n	大于，m 是否大于 n
>=	m >= n	大于等于，m 是否大于等于 n

1. 悲观比较

比较运算符与大多数其他 SystemVerilog 运算符相比，独特之处在于它们总是悲观的。如果任一操作数有一个位是 X 或 Z，则该操作数被视为未知，因此结果也将是未知的。这种在 RTL 级别的悲观性抽象化了实际逻辑门级行为，因为后者的结果会更明确，考虑以下具有大于操作的值：

```
logic [3:0] c, d;
logic       gt;

assign c = 4'b1001;        // 数值 9
assign d = 4'b000z;        // 未知，可以是数字 0 或 1

assign gt = (c>d);         // 操作返回 1'bx（未知）
```

变量 d 的前 3 位为零，但最低有效位具有模糊的高阻值。在实际的逻辑门中，这个高阻抗位可能被感知为 0 或 1，这意味着 d 的数值可能是 0 或 1。

如果大于操作是乐观的，则它可以比较 c 和 d 的位。由于 c 的最高有效位是 1，而 d 的最高有效位是 0，所以乐观的操作可能会判断 c 必须大于 d，尽管 d 的最低有效位是模糊的。比较器的硬件实现将查看每个位的值，并可能具有这种乐观的行为。

RTL 比较运算符比实际的逻辑门更悲观。由于 d 中高阻抗位的模糊性，(c>d) 操作返回 1'bx，表示比较的结果未知。

2. 有符号和无符号比较

比较运算符可以执行有符号或无符号比较：如果两个操作数都是有符号表达式，则执行有符号比较；如果任一操作数是无符号表达式，则另一个操作数将被视为无符号值。

当有符号和无符号值在同一模型中混合时，上述规则可能导致意外的结果。以下代码片段中的结果可能是一个设计缺陷：

```
logic          [7:0]  u1;
logic signed [7:0]    s1;
logic                 gt;
assign u1 = 5;                 // 无符号数 5
assign s1 = -3                 //-3

assign gt = s1 > u1;           // 返回 true—GOTCHA
```

"GOTCHA" 是编程术语，指的是语法上合法但产生无意或不良结果的代码。–3 被评估为大于 5 是一个陷阱。导致这一结果的原因是有符号负值以 2 的补码形式表示，最高有效位置 1 指示该值为负。当无符号比较时，将这两个补码位模式视为正值，最高有效位的 1 使得该值成为一个大的正值。

最佳实践指南 5.4

　　避免在比较操作中混合使用有符号和无符号表达式。两个操作数应当都是有符号或无符号的。

如果设计需要混合有符号和无符号比较，那么比较绝对值而不是负值可能是可取的。SystemVerilog 没有返回负值绝对值的运算符或内置函数。相反，绝对值必须通过执行 2 的补码操作来计算。可以使用算术一元减法运算符（–）来实现这一点。

使用带参数的总线宽度执行绝对值操作的可综合函数如下所示：

```
function [WIDTH-1:0] abs_f (logic signed [WIDTH-1:0] a);
  return (a >= 0)? a:-a;          // 用 2 的补码表示负值
endfunction: abs_f
```

使用此函数的示例如下所示：

```
parameter WIDTH = 8;
logic        [WIDTH-1:0]  u1;
logic signed [WIDTH-1:0]  s1;
logic                     gt1, gt2;
assign u1 = 5;                          // 无符号 5
assign s1 = -3;                         // 有符号 -3

assign gt1 = abs_f(s1) > abs_f(u1);     // 返回 false
assign gt2 = abs_f(u1) > abs_f(s1);     // 返回 true
```

示例 5.8 是一个使用小于比较运算符、大于比较运算符和相等比较运算符的关系比较器。

示例 5.8 使用比较运算符的关系比较器

```
// 根据 a 是否小于、等于或大于 b, 分别设置 lt、eq 和 gt 标志
module comparator
#(parameter N = 8)                      // 数据大小（默认 8 位）
(input  logic        clk,               // 时钟输入
 input  logic        rstN,              // 低电平有效异步复位
 input  logic [N-1:0] a, b,             // 可扩展的输入大小
 output logic        lt,                // 如果 a 小于 b, 则设置
 output logic        eq,                // 如果 a 等于 b, 则设置
 output logic        gt                 // 如果 a 大于 b, 则设置
);
  timeunit 1ns; timeprecision 1ns;

  always_ff @(posedge clk or negedge rstN)      // 异步复位
    if (!rstN) {lt,eq,gt} <= '0;        // 复位标志
    else begin
      lt <= (a < b);                    // 小于运算符
      eq <= (a == b);                   // 等于运算符
      gt <= (a > b);                    // 大于运算符
    end
endmodule: comparator
```

图 5.8 是示例 5.8 的综合结果。

图 5.8 所示的原理图基于通用组件，这是在综合编译器将功能映射到特定目标 ASIC 或 FPGA 设备之前的情况。用于生成此通用原理图的综合编译器使

用了两个通用的大于比较器，但顶部实例的 a 和 b 输入被反转。这种通用功能映射到实际组件的方式将取决于特定目标技术中可用组件的类型。

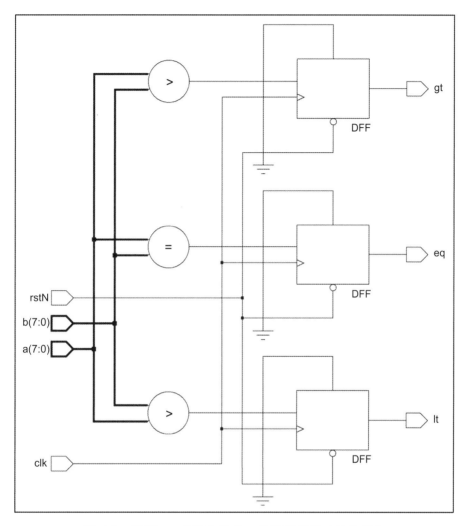

图 5.8 示例 5.8 的综合结果：关系运算符（比较器）

5.8 全等运算符

除了上一节讨论的比较运算符外，SystemVerilog 还有全等运算符，这些运算符也被称为一致运算符。

表 5.16 列出了全等运算符的例子。

=== 和 !== 的全等运算符在使用上类似于 == 和 != 的逻辑相等运算符，但有一个重要的功能差异：全等运算符通过比较两个操作数的每一位所有的 4 种可能的逻辑值（0、1、Z 和 X）来执行其操作，而逻辑相等运算符仅比较操作数每一位的 0 和 1 的值。

表 5.16 用于 RTL 建模的全等运算符

操作符	使用案例	描　述
===	m===n	全等，m 是否全等于 n
!==	m!==n	不全等，m 是否不全等于 n
==?	m==?n	通配等价，掩码后，m 是否全等于 n
!=?	m!=?n	通配不等价，掩码后，n 是否不全等于 n

注意：有<u>些</u> RTL 综合编译器根本不支持 === 和 !== 全等运算符，有些 RTL 综合器支持这些运算符，但限制使用不涉及 X 或 Z 值的表达式。

最佳实践指南 *5.5*

在 RTL 模型中使用 == 和 != 相等运算符，不要使用 === 和 !== 全等运算符。

所有 RTL 综合编译器都支持逻辑相等运算符，但全等运算符并不是普遍支持的。全等运算符仅能使用在不打算综合的测试平台代码中。

"==?" 和 "!=?" 通配符形式的逻辑相等运算符是可综合的。这些运算符比较两个值的位，并能够从比较中屏蔽特定的位。通过在第二个操作数中指定 X、Z 或 ? 来屏蔽位。对于被屏蔽的位。掩码像通配符一样起作用：第一个操作数中对应的位可以是任何值，因为它在比较中被屏蔽。在示例 5.9 中，比较仅在 16 位字的高 8 位上进行，低 8 位被忽略，可以是任何值。

示例 5.9 使用全等运算符：高地址范围的比较器

```
// 如果地址高位字节的所有位都已设置，则设置 high_addr 标志
module high_address_check
(input   logic        clk,              // 时钟输入
 input   logic        rstN,             // 低电平有效异步复位
 input   logic [31:0] address,          //32 位输入
 output  logic        high_addr         // 将高字节全部设置为 1
);
  timeunit 1ns;  timeprecision 1ns;

  always_ff @(posedge clk or negedge rstN)     // 异步复位
    if (!rstN)                          // 低电平有效异步复位
      high_addr <= '0;
```

```
    else
        high_addr <= (address ==? 32'hFF??????);    // 屏蔽低位
endmodule: high_address_check
```

示例 5.9 中的掩码位可以表示为 32'hFFxxxxxx、32'hFFzzzzzz、32'hFF?????? 或 X、Z、? 的任何组合，并且可以使用小写或大写字符表示 X 和 Z。虽然所有这些变体在功能上是相同的，但使用问号作为通配符可以使代码更易于理解。字母 X 和 Z 在有些上下文中可以是通配符，在有些上下文中可以是文本值。这些字母的双重用法，可能会使代码在作为通配符而不是逻辑值时，变得不够直观。

==? 和 !=? 在综合编译器中与 == 和 != 的处理方式相同，但比较器中省略了被掩码的位。图 5.9 是示例 5.9 的综合结果。

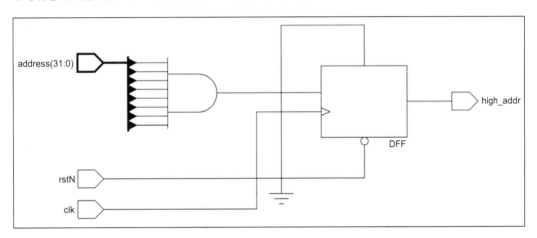

图 5.9 示例 5.9 的综合结果：全等运算符 ==?（比较器）

5.9 集合成员关系运算符

集合成员关系运算符 inside 将一个表达式与用大括号（{ }）括起来并用逗号分隔的其他表达式集合进行比较。如果第一个表达式与集合中的任何表达式匹配，则运算符返回 1'b1（表示真）；如果列表中的表达式都不匹配，则运算符返回 1'b0（表示假）。

表 5.17 是 inside 运算符的一般语法和用法。

表 5.17 用于 RTL 建模的集合成员运算符

操作符	使用案例	描　述
inside{ }	m inside {0,1,n}	集合成员：m 是否匹配 0、1 或 n？

在可综合的 RTL 代码中使用 inside 运算符的一个例子如下所示：

```
always_ff @ (posedge clk)
  if(address inside {0, 32, 64, 128, 256, 512, 1024})
    boundary <= '1;
  else
    boundary <= '0;
```

inside 运算符返回 1'b1 或 1'b0 值以分别表示真或假。在前面的例子中，运算符返回值可以直接赋值给 boundary，而无需 if-else 决策，如下所示：

```
always_ff @(posedge clk)
  boundary <= address inside {0,32,64,128, 256, 512, 1024};
```

同样的功能可以使用逻辑 OR 运算符建模，但 inside 运算符更简洁。将前面的代码片段与下面的传统 Verilog 风格进行比较：

```
always (posedge clk)
  boundary <= (address==0) || (address==32) || (address==64) ||
              (address==128) || (address==256) ||
              (address==512) || (address==1024);
```

inside 运算符集的表达式可以是方括号（[ ]）之间的值范围，在范围的两个极端之间用冒号（:）分隔：

```
always_comb begin
  small_value = data inside{[0:255]};
end      // 如果数据匹配 0 到 255 之间的值，则为 true
```

inside 运算符还允许在比较中将值列表中的位屏蔽掉，方式与相等运算符（==?）相同。在指定为 X、Z 或 ? 的值集合中的任何位在比较中不被考虑。被忽略的位是一个通配符，第一个操作数中对应的位可以是任何 4 态值。

```
always_comb begin
  pattern_flag = data inside {8'b??1010??};
end      // 如果数据的中间位匹配 1010，则为真
```

示例 5.10 是一个使用 inside 运算符的小型 RTL 设计。

示例 5.10 使用集合成员运算符：特定地址的解码器

```
//
// 解码器，当地址位于地址范围的象限边界时，就会设置一个标志
//
module boundary_detector
#(parameter N = 16)
```

```
(input  logic [N-1:0] address,          // 地址总线
 output logic            boundary_flag  // 当地址位于象限边界时置位
);
 timeunit 1ns; timeprecision 1ns;
  always_comb begin
    boundary_flag = (address inside {(0),          //quad 1
                                    (((2**N)/4)*1), //quad 2
                                    (((2**N)/4)*2), //quad 3
                                    (((2**N)/4)*3)  //quad 4
                                    } );

  end
endmodule: boundary_detector
```

inside操作符可以表示多种门级比较电路,图5.10是示例5.10的综合结果。

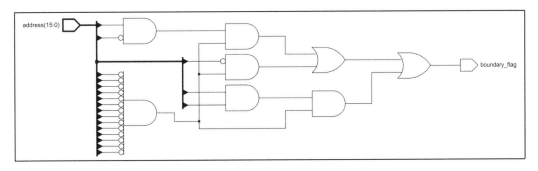

图 5.10　示例 5.10 的综合结果：inside 操作符（边界检测器）

inside 集合成员关系运算符允许列表的成员是可以在仿真期间变化的表达式。这个操作符的其他用法如下所示：

（1）值的列表可以是表达式：

```
always_comb begin
  data_matches = data inside(a, b, c);
end     // 如果数据与 a、b 或 c 的当前值匹配,则为 true
```

（2）值的集合可以存储在数组中：

```
always_comb begin
  prime_val = data inside {PRIMES};
end     // 如果数据与 PRIMES 数组中的值匹配,则为 true
```

（3）该运算符可以用于连续赋值：

```
assign prime val = data inside {PRIMES};
```

注意： 在本书撰写时，一些 RTL 综合编译器并未完全支持 inside 运算符。应确保设计流程中的所有工具都支持在项目中使用 inside 运算符。

5.10 移位运算符

移位运算符将向量的比特位向右或向左移动指定的次数。SystemVerilog 有按位移位运算符和算术移位运算符，相关运算符如表 5.18 所示。

表 5.18 用于 RTL 建模的移位运算符

运算符	示例用法	描 述
>>	m>>n	按位右移：将 m 向右移动 n 次
<<	m<<n	按位左移：将 m 向左移动 n 次
>>>	m>>>n	算术右移：将 m 向右移动 n 次，保留有符号表达式的符号位的值
<<<	m<<<n	算术左移：将 m 向左移动 n 次（与按位左移的结果相同）

按位进行移位，简单地将向量的位向右或向左移动指定的次数。被移出向量的位将会丢失，被移入的新位将用零填充。例如，操作 8'b11000101<<2 将会得到值 8'b00010100。按位移位将执行相同的操作，无论被移位的值是有符号还是无符号。

算术左移在有符号和无符号表达式上执行与按位右移相同的操作，而算术右移在无符号和有符号表达式上执行不同的操作。如果被移位的表达式是无符号的，则算术右移的行为与按位右移相同，即用零填充进入的位；如果表达式是有符号的，则算术右移将通过用符号位的值填充每个传入位来保持值的符号性。

图 5.11 显示了这些移位操作如何将向量的位移动 2 位。

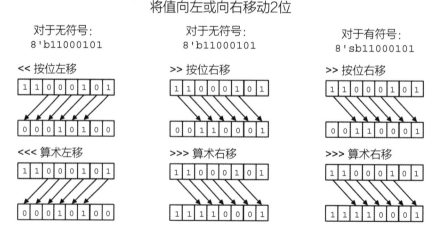

图 5.11 按位移位和算术移位操作

5.10.1 综合移位操作

1. 固定次数的移位操作

固定次数的移位操作，简单地对输入总线的比特位置进行重排序，同时将移位的位连接到地。实现固定移位不需要逻辑门。示例 5.11 是一个简单的二分之一组合逻辑模型，其中通过将 8 位总线向右移位 1bit 来执行除法。

示例 5.11 使用移位运算符：通过向右移位一位实现除 2 操作

```
//
// 通过将 N 位总线向右移动一位实现除 2 操作，分数结果总是向下舍入
//
module divide_by_two
#(parameter N = 8)
(input  logic [N-1:0] data_in,         //N 位输入
 output logic [N-1:0] data_out          //N 位输出
);
   timeunit 1ns; timeprecision 1ns;

   assign data_out = data_in >> 1;       // 向右移动一位


endmodule: divide_by_two
```

图 5.12 显示了这种固定比特数的右移是如何综合的。综合编译器在模块的输入和输出上放置了缓冲器，但没有利用任何额外的门来执行该操作。

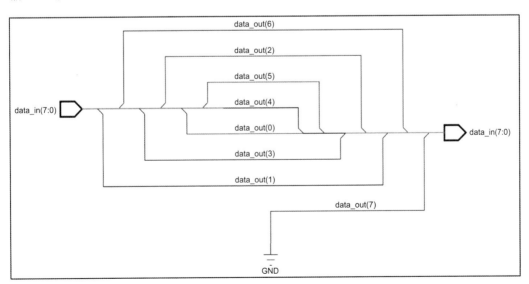

图 5.12 示例 5.11 的综合结果：移位运算符，右移 1 位

固定次数的移位也可以使用连接运算符表示，以下两行代码在功能上是相同的：

```
logic [7:0] in, out1, out2;

assign out1 = in >> 1;              // 使用移位运算符移位
assign out2 = {1'b0, in[7:1]};      // 使用连接运算符移位
```

两种执行移位操作的方式在综合时将转化为相同的重连硬件中。第一种风格相对于第二种风格没有优势。

2. 可变次数的移位操作

可变次数的移位操作表示了一个桶式移位器的功能。然而，确切的实现将取决于特定目标库中可用的门级功能。

某些目标设备可能有一个预先构建的桶式移位器，并对该设备进行了优化。其他设备可能需要综合，以便从较低级别的门电路逐步构建桶式移位器。桶式移位器的一个应用是左移乘以 2 的幂或右移除以 2 的幂。例如，向左移动 1 位将一个值乘以 2，向左移动 2 位将一个值乘以 4。

示例 5.12 展示了一个变量左移操作的代码。

示例 5.12　使用移位运算符：通过向左移位乘以 2 的幂

```
//
// 将 N 位总线向左移动可变次数，乘以 2 的幂，没有溢出。
//
module multiply_by_power_of_two
#(parameter N = 8)
(input  logic [N-1:0]          data_in,    //N 位输入
 input  logic [$clog2(N)-1:0]  base2exp,   //N 的 log2 的上限
 output logic [N-1:0]          data_out    //N 位输出
);
  timeunit 1ns; timeprecision 1ns;

  assign data_out = data_in << base2exp;   // 向左移动

endmodule: multiply_by_power_of_two
```

示例 5.12 中，$clog2 系统函数用于计算 base2exp 输入端口的宽度，返回一个值的 log2 的上限（小数值向上取整到下一个整数），是计算表示一个值所需位数的便捷方法。

图 5.13 是示例 5.12 的综合结果，该原理图是综合过程的中间结果：在移位功能被映射并优化到特定设备之前。一个通用的逻辑左移组件表示未映射的移位操作。

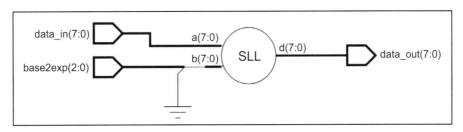

图 5.13 示例 5.12 的综合结果：移位运算符，变量左移

综合结果中的通用左移组件对其两个输入具有相同的位数。base2exp 输入的未使用高位被接地。当综合将通用的左移组件映射到特定目标实现时，这些未使用的位可能会被移除。

移位运算符可以用于乘以或除以非 2 的幂的值。以下示例将一个向量左移 7 次：

```
assign out = in << 7;        // 非 2 的幂向左移动
```

通过级联移位操作，可以在硬件中实现非 2 的幂的移位。例如，左移 7 次可以通过连接一个 4 位左移器、一个 2 位左移器和一个 1 位左移器来完成。

这个工作由综合完成，综合允许工程师在抽象层面进行设计，专注于功能，而不必陷入实现细节中，也不必过于担心特定 ASIC 或 FPGA 的特性。综合编译器将抽象的功能模型转换 ASIC 或 FPGA 的高效实现电路。虽然可以在更详细的层面上建模桶移位行为，但这样做通常没有优势。现代综合编译器在使用移位运算符的抽象 RTL 模型中识别桶移位行为，并将在目标设备中生成该功能的最佳实现。该实现可能因不同的目标设备而异，具体取决于该设备中可用的标准单元、查找表（LUT）或门阵列。

5.10.2 综合旋转操作

SystemVerilog 没有旋转运算符。但设计工程师可以使用连接运算符，对固定次数的旋转进行建模，例如：

```
logic [7:0] in, out1, out2;
assign out1 = {in[0], in[7:1]};        // 向右旋转一位
assign out2 = {in[5:0], in[7:6]};      // 向左旋转两位
```

同时使用移位操作和连接运算符可以实现向量的可变旋转次数。

```
logic [7:0]    in, out1, out2;
logic [2:0]    rotate_num;
logic [15:0]   temp1, temp2;              // 尺寸是 in 宽度的两倍

assign temp1 = {in, in} >> rotate_num;    // 右移
assign out1  = temp1 [7:0];               // 选择右半部分

assign temp2 = {in, in} << rotate_num;    // 左移
assign out2  = temp2 [15:8];              // 选择左半部分
```

旋转的工作原理是首先将要旋转的表达式与自身连接，然后将结果向右移位所需的次数。移位操作导致连接向量的位被移位，从而使原始值一端的位旋转到原始值的另一端。在移位操作后，选择包含旋转结果的连接向量的一半。对于右移操作，右半部分包含所需的结果。对于左移操作，左半部分包含所需的结果。

图 5.14 说明了如何移动一个值的位，该图将一个值旋转两次，但该操作可以旋转一个值最多 N 次，其中 N 是原始值中的位数。（旋转超过 N 次会导致零移入原始位位置，并且不再像旋转操作那样工作）

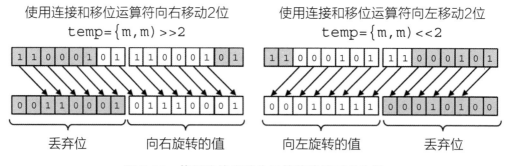

将值向左或向右旋转2位

For the value: m = 8'b11000101

图 5.14 使用连接和移位运算符旋转可变次数

固定次数的旋转仅仅是重新连接一个向量的位，并不会综合成任何实际的逻辑门。可变次数的旋转综合成级联的多路复用器，类似于可变次数的桶式移位器。可变移位实现和可变旋转实现之间的区别在于多路复用器的连接方式。

示例 5.13 是使用连接和移位运算符执行旋转操作：

示例 5.13 使用连接和移位运算符执行旋转操作

```
//
// 将输入向量按照旋转因子输入指定的次数向左旋转
```

```
//
module rotate_left_rfactor_times
#(parameter N = 8)
(input   logic [N-1:0]           data_in,   //N 位输入
 input   logic [$clog2(N)-1:0]   rfactor,   //N 的 log2 的上限
 output  logic [N-1:0]           data_out   //N 位输出
);
    timeunit 1ns; timeprecision 1ns;
    logic [N*2-1:0] temp;

    assign temp = {data_in,data_in} << rfactor; // 向左旋转
    assign data_out = temp[N*2-1:N];            // 选择 temp 的左半部分

endmodule: rotate_left_rfactor_times
```

图 5.15 是示例 5.13 的综合结果。

图 5.15 所示的电路是在映射和优化到特定目标 ASIC 或 FPGA 设备之前的综合实现中间结果。请注意，在桶式移位器中，每个 bank（根据原理图方向的不同，可以是行或列）中的多路复用器数量等于要移位或旋转的向量中的位数。所需的 bank 数量是移位或旋转控制向量中的位数。该控制向量不应大于表示旋转表达式中位数减 1 所需的大小。$clog2 函数可用于计算旋转控制信号的大小。

可以利用 SystemVerilog 的赋值语句规则来执行向右旋转操作，而无需临时变量，如下所示：

```
logic [7:0] in, out;
logic [2:0] rfactor;

assign out = {in,in} >> rfactor; // 赋值截断高位
```

此快捷方式适用于向右旋转，因为连接的结果是一个宽度为待旋转值两倍的值，而连接的右半部分包含所需的旋转结果。赋值语句是从右到左操作的。当赋值语句的右侧比左侧有更多位时，右侧的高位会被截断，这种截断产生了所需的旋转操作结果。

然而，一些软件工具会在赋值语句的左侧和右侧的向量大小不同时发出警告信息。这是一个有用的警告，不应被轻视。最常见的情况是，赋值大小不匹配表明模型中的声明或操作存在错误。使用连接和移位操作的旋转操作是一个例外，其中赋值截断是预期的，并产生所需的结果。

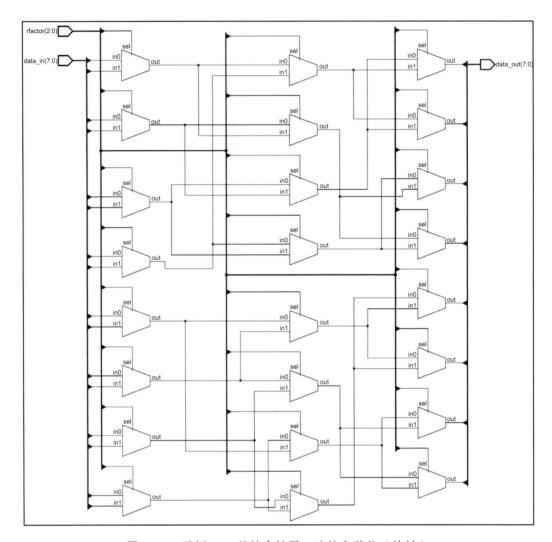

图 5.15 示例 5.13 的综合结果：连接和移位（旋转）

SystemVerilog 的强制转换运算符可以防止在需要截断时发出截断警告，例如：

```
assign out = 8'({in, in} >> rfactor); // 将结果转换为 8 位
```

类型转换运算符在 5.15 节中有更详细的讨论。

尽管可以使用循环对旋转操作进行可变次数的编码，但该代码在大多数综合编译器中无法工作。

最佳实践指南 5.6

使用运算符将向量向左或向右移动或旋转可变次数的位，不要使用循环来移动或旋转向量的位数。

综合编译器不支持执行可变次数的循环。综合要求循环迭代次数必须是一个在编译时可用的静态值。静态和数据依赖循环迭代的综合，此部分内容将在6.3.1 节详细介绍。

5.11 流操作符（打包和解包）

在 SystemVerilog 中，流操作符 >> 和 << 用在赋值表达式的右边，后面带表达式、结构体或数组。流操作符用于把其后的数据打包成一个比特流。操作符 >> 把数据从左至右变成流，而 << 则把数据从右至左变成流。本节将介绍这两个可综合应用的操作符：反转向量内位的顺序和反转向量内字节的顺序。用于流操作符的标记如表 5.19 所示。

表 5.19　用于 RTL 建模的流操作符（打包和解包）

运算符	示例用法	描　述
{>>{}}	{>>m{n}}	右流（提取）：从 n 中提取 m 大小的块，从最右侧块向最左侧块工作
{<<{}}	{<<m{n}	左流（提取）：从 n 中提取 m 大小的块，从最左侧块向最右侧块工作

流操作符从向量中以串行流的方式提取或推送位组。流操作符可以用于将数据打包到向量中或从向量中解包数据。当流操作符用于赋值的右侧时，会发生打包。该操作将从右侧表达式中以串行流的方式提取块，并将流打包到左侧的向量中。提取的位可以是任意数量位的块。如果未指定块大小，默认情况下为每次 1 位。

以下代码使用 1 位块的默认值和左流操作符从向量中提取位（从最左侧（最高有效位）开始），并将它们打包到一个变量中（从最右侧（最低有效位）开始）。SystemVerilog 赋值操作符总是从右到左工作。因此，流操作符提取的第一个块（在以下代码中是 a 最左侧的位）被赋值给赋值左侧变量 b 的最右侧。赋值左侧的变量 b 包含从赋值右侧提取 a 的打包结果。

```
logic [7:0] a, b;

assign a = 8'b11000101;

always_comb begin
  b = {<<{a}};                // 将 b 设置为 8'b10100011（a 的位反转）
end
```

左流操作符的一个类似应用是通过提取和流式传输右侧表达式的 8 位块大小来反转向量的字节，并将流打包到赋值左侧的向量中，如下所示：

```
logic [31:0] in, out;
assign out = {<<8{in}};      // 以相反的顺序重新打包字节
```

当在赋值的左侧使用流操作符时，会发生解包。位块从右侧表达式中提取，并分配给流操作符内的表达式块。以下代码片段解包一个 32 位向量，并将值流入数组的单独 8 位元素中：

```
logic [7:0]   a [0:3];  //4 个 8 位变量的数组
logic [31:0]  in;       //32 位向量

assign in = 32'hAABBCCDD;

always_comb begin
  {>>8{a}} = in;        // 设置 a[0]=AA,a[1]=BB,a[2]=CC,a[3]=DD
end
```

注意：撰写本书时，一些综合编译器不支持流操作符，而一些综合编译器仅在使用 1 位的默认块大小时支持流操作，如上面的位反转代码片段示例。在 RTL 模型中使用流操作符之前，工程师应确保所有设计流程中使用的软件工具都支持这些操作符。

流操作符简单地从总线中选择单个或一组位。实现流操作符的功能不需要逻辑门。然而，在 RTL 建模级别，流操作符可以使用简洁的方式来表示复杂的功能，例如反转具有参数化向量宽度的数据的位或字节顺序。

示例 5.14 说明了如何使用流操作符对向量进行位反转，其中向量的宽度可以通过参数重定义进行配置。

示例 5.14 使用流操作符：反转参数化向量的位

```
module reverse_bits
#(parameter N = 8)
(input  logic [N-1:0]  data_in,          //N 位输入
 output logic [N-1:0]  data_out          //N 位输出
);
  timeunit 1ns; timeprecision 1ns;

  assign data_out = { << { data_in }};    // 位顺序颠倒

endmodule: reverse_bits
```

图 5.16 是示例 5.14 的综合结果，用于此示例的综合编译器在模块的输入和输出上放置了缓冲区，但没有利用任何额外的门来执行该操作。

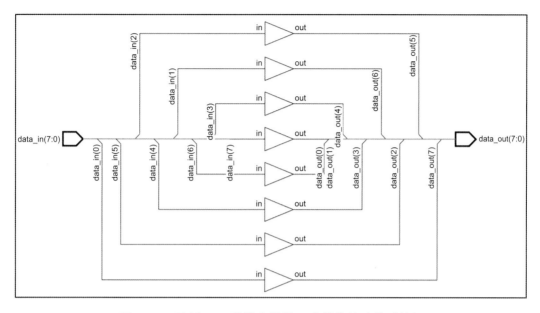

图 5.16 示例 5.14 的综合结果：流操作符（位反转）

综合编译器显示缓冲区将 data_in 的每个位映射到 data_out 中的不同位。当网表映射到特定的 ASIC 或 FPGA 目标设备时，这些缓冲区可能会被移除。

5.12 算术运算符

SystemVerilog 有多种算术运算符，根据一个或多个表达式的值计算结果，这些运算符如表 5.20 所示。

表 5.20 RTL 建模的算术运算符

运算符	示例用法	描 述
+	m + n	加法：将 m 的值加到 n 的值上
-	m − n	减法：从 m 的值中减去 n 的值
-	−m	m 的一元负值（m 的二进制补码）
*	m * n	乘法：将 m 的值乘以 n 的值
/	m / n	除法：将 m 的值除以 n 的值
%	m % n	取模：m 除以 n 的余数
**	m ** n	幂：m 的 n 次幂所对应的值

所有 SystemVerilog 算术运算符都是可综合的，但特定的 ASIC 和 FPGA 可能对在该设备的门级实现中可以实现的内容有一些限制。乘法、除法、取模和幂等在硬件中是复杂电路，可能需要大量的逻辑门和传播时间路径。

在以综合为目的编写 RTL 模型时，设计工程师必须记住 RTL 代码的最终目的不是成为在通用计算机上运行的软件程序。RTL 模型的目标是成为数字逻辑门的抽象表示。简单代码如下：

```
always_ff @ (posedge clk)
    out <= a/b ;
```

要求综合编译器创建一个门级除法器，使其在每个时钟周期内达到一个完整结果，而没有中间的流水线阶段。这是否可行取决于多个因素，例如设计的时钟速度、分子和分母向量的宽度，以及目标 ASIC 或 FPGA 设备的能力。

注意: 每个特定 ASIC 或 FPGA 设备的能力和限制可能差异很大。使用乘法、除法、取模和幂运算符的 RTL 模型，应在认真思考目标设备的能力的基础上进行代码的编写。

理想情况下，RTL 模型中的算术运算可以在不考虑该功能是作为 ASIC 还是 FPGA 实现的情况下编写。当使用乘法、除法、取模和幂运算符时，这一理想并不总是能实现的。

最佳实践指南 5.7

为了获得更好的综合结果：

（1）对于乘法和除法以 2 的幂为基数的情况，使用移位运算符，而不是 *、/、% 和 ** 算术运算符。

（2）对于乘法和除法以非 2 的幂为基数的情况，如果可能，使用一个操作数的常量值。

（3）对于乘法和除法，当两个操作数都是非常量值时，使用较小的向量大小，例如 8bits 位宽。

遵循这些指南，将有助于确保 RTL 模型能够综合到大多数目标 ASIC 和 FPGA 设备。设计工程师在编写 RTL 模型时，需要采取额外步骤，特别是当设计规范要求的操作超出这些建议的指南时。可能需要对流水线数据路径进行建模，以将一个操作分解为多个时钟周期。一些综合编译器具有寄存器重定时的能力，这是一种自动化过程，可以将组合逻辑在流水线中移动到不同的阶段，以实现更快的时钟速度。另一种设计技术是使用有限状态机，将复杂的算术操作分解为多个时钟周期。

许多目标为 ASIC 和 FPGA 的设备具有预定义的门级算术块或复杂算术操作的知识产权（IP）模型，这些组件可以替代 SystemVerilog 算术运算符。使用内置的门级算术块或 IP 模型，可以在实现中有效地获得最佳结果质量。权衡之处在于设计模型可能会锁定到特定的目标 ASIC 或 FPGA 系列。为了更改为不同的目标设备，可能需要重写和重新验证一些 RTL 模型。

高级综合（HLS）工具也可以用于将抽象的复杂操作映射到 RTL 模型，或直接映射到逻辑门。而寄存器传输级（RTL）建模要求设计工程师精确指定每个时钟周期内需要执行的操作，高级综合允许指定操作必须在特定数量的时钟周期内完成。综合编译器随后将确定如何最好地实现该要求。高级综合超出了本书的范围，本书专注于编写 RTL 模型的最佳编码实践。

5.12.1 整数和浮点算术

算术运算符根据操作数的数据类型执行不同类型的操作，规则如下：

·如果两个操作数都是有符号整数值（整数值是文本整数值，大小为 1 或多个比特的向量），则执行有符号整数算术；如果两个操作数都是整数值，并且至少有一个操作数是无符号类型，则执行无符号整数算术。

·如果任一操作数是实值（实值是文本浮点值或 real 或 shortreal 类型），则执行浮点算术。

这些算术运算符可以简化硬件功能的 RTL 模型编写。不需要使用不同的运算符来建模无符号、有符号或浮点行为。相同的运算符可以建模所有三种类型的行为。然而，这种含义丰富的运算符也意味着工程师必须小心使用数据类型，以表示所需的硬件类型。

以下三个示例说明了操作数数据类型如何影响执行的算术运算类型。

（1）示例 5.15 说明了一个没有进位的简单无符号加法器。

示例 5.15 使用无符号数据类型的算术运算符

```
module unsigned_adder
#(parameter N = 8)
(input  logic [N-1:0]  a, b,      //N 位无符号输入
 output logic [N-1:0]  sum        //N 位无符号输出
);
  timeunit 1ns; timeprecision 1ns;

  assign sum = a + b;             // 无进位加法器

endmodule: unsigned_adder
```

（2）示例 5.16 说明了一个没有进位的有符号加法器。

示例 5.16 使用有符号数据类型的算术运算符

```
module signed_adder
#(parameter N = 8)
(input  logic signed [N-1:0]  a, b,    //N 位有符号输入
 output logic signed [N-1:0]  sum      //N 位有符号输出
);
  timeunit 1ns; timeprecision 1ns;

  assign sum = a + b;                   // 无进位加法器

endmodule: signed_adder
```

（3）示例 5.17 说明了一个浮点加法器。（此示例不受综合编译器支持）

示例 5.17 使用带实数数据类型的算术运算符

```
module floating_point_adder
(input  real  a, b,        // 双精度浮点输入
 output real  sum          // 双精度浮点输出
);
  timeunit 1ns; timeprecision 1ns;

  assign sum = a + b;        // 浮点加法器

endmodule: floating_point_adder
```

请注意，上述三个示例中仅更改了端口声明，加法器的 RTL 代码的功能代码没有进行更改。

图 5.17 是示例 5.15 中无符号加法器的综合结果。

图 5.18 是示例 5.16 中有符号加法器的综合结果。

由上述两图可知，图 5.17 中的无符号加法器的综合结果与图 5.18 中的有符号加法器的综合结果是相同的，这一原因将在下一节进行讨论。

用于生成图 5.17 和图 5.18 的综合编译器将 RTL 加法器功能映射到一个具有未使用的进位输入和进位输出的通用加法器块。综合的下一步将是选择特定的 ASIC 或 FPGA 设备。在该步骤中，通用加法器将被映射到特定的加法器实现。特定设备的加法器可能没有这些进位输入和进位输出端口，这取决于该特定设备中可用的组件。

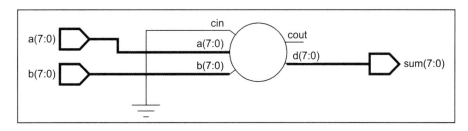

图 5.17 示例 5.15 的综合结果：算术运算（无符号）

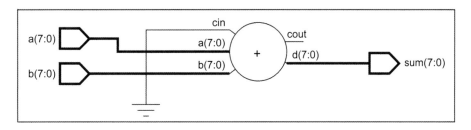

图 5.18 示例 5.16 的综合结果：算术运算（有符号）

注意： 示例 5.18 不是可综合的，展示此示例是为了说明数据类型如何影响操作。RTL 综合编译器通常不支持实数（浮点）表达式。高级综合（HLS）工具可用于复杂的算术设计。浮点和定点设计超出了本书的范围。

5.12.2 无符号和有符号算术可能被综合为相同的门电路

在仿真中，无符号加法器将负输入值视为一个大的正值，这是因为负值以二进制补码形式表示。最高位（对于下面的 8 位向量示例为 bit7）成为符号位，当最高位为 1 时，该值为负。当有符号位置位且又将其视为无符号值时，符号位失去了其意义。该值的最高有效位被置位，变为一个大的正值。

对于示例 5.15 中建模的无符号加法器，以下以十进制和二进制表示的输入值将产生无符号输出值。

```
a=1  (00000001)   b=1   (00000001)   sum = 2    (00000010)
a=1  (00000001)   b=255 (11111111)   sum = 0    (00000000)
a=1  (00000001)   b=-3  (11111101)   sum = 254  (11111110)
a=-1 (11111111)   b=-3  (11111101)   sum = 252  (11111100)
```

当相同的输入值应用于示例 5.16 中建模的有符号加法器时，十进制结果是不同的。

```
a=1  (00000001)   b=1   (00000001)   sum = 2    (00000010)
a=1  (00000001)   b=-1  (11111111)   sum = 0    (00000000)
a=1  (00000001)   b=-3  (11111101)   sum = -2   (11111110)
a=-1 (11111111)   b=-3  (11111101)   sum = -4   (11111100)
```

请注意，在十进制中，有符号加法器和无符号加法器的结果是不同的，这是因为十进制基数将 sum 的最高有效位解释为符号位。然而，在二进制中，无符号加法器和有符号加法器的输出值是相同的。有符号和无符号操作之间的区别不在于二进制结果，而在于如何解释该结果的最高有效位。对于无符号类型，最高有效位仅仅是值的一部分；对于有符号类型，最高有效位是一个标志，指示该值为负。

无符号和有符号类型在加法、减法和乘法操作中的综合相似性是成立的，但在除法操作中则不成立。除法操作的二进制结果对于有符号和无符号操作可能是不同的，因为除法操作可能会有小数结果。例如，有符号的除法操作 1/−1 将得到 −1，而无符号的除法操作将得到 0。原因是 −1 作为无符号值是 255，因此无符号操作实际上是 1/255，这是一种无法表示为整数的分数结果。

最佳实践指南 5.8

对所有 RTL 模型操作使用无符号类型。在建模准确的硬件行为时，很少需要使用有符号数据类型。

将模块端口和内部变量声明为逻辑类型将推断输入和双向端口的无符号网络类型，以及输出端口的无符号变量。

5.13　增量和减量运算符

SystemVerilog 为原始 Verilog 语言添加了 ++ 增量运算符和 −− 减量运算符，如表 5.21 所示。

表 5.21　用于 RTL 建模的增量和减量运算符

运算符	示例用法	描　述
++	++n n++	前增量，n 的值加 1；或后增量，n 的值加 1
−−	−−n n−−	前减量，n 的值减 1；或后减量，n 的值减 1

++ 和 −− 运算符的操作数必须是一个大小为 1 或更多位的向量变量。也可以使用浮点类型的 real 或 shortreal，但大多数综合编译器都不支持这些类型。

在前置递增操作中，操作数的值首先增加 1，然后返回一个新值。在下面的示例中，n 的当前值首先递增，结果被赋值给 y。因此，在语句执行后，y 的值为 6，n 的值也为 6。

```
n = 5 ;
y = ++n;              //y=6, n=6
```

在后置递增操作中，操作数的当前值首先被返回，然后操作数增加 1。在下面的示例中，n 的当前值被赋给 y，然后 n 被递增。因此，在语句执行后，y 的值为 5，n 的值为 6。

```
n = 5 ;
y = n++;              //y=5, n=6
```

这些相同的规则适用于 -- 运算符，只是操作数减少 1。

```
n = 5 ;
y = --n;              //y=4, n=4
y = n--;              //y=4, n=3
```

5.13.1 递增和递减运算符的正确用法

递增和递减运算符只是以下语句的快捷方式：

```
n = n + 1;            // 与 n++ 相同
n = n - 1;            // 与 n-- 相同
```

注意： 递增和递减运算符都是阻塞赋值行为。

SystemVerilog 有两种类型的过程赋值：阻塞赋值，用单个等号（=）表示；非阻塞赋值，用小于等于号（<=）表示。这些赋值类型的目的和正确用法前面已经介绍过，这里不再赘述。简而言之，阻塞赋值用于建模组合逻辑的行为，例如数字逻辑门、多路复用器和解码器；非阻塞赋值用于建模时序逻辑的行为，例如触发器、寄存器、计数器和流水线。

使用错误的赋值类型可能导致仿真竞争条件。竞争条件发生在一个变量在同一仿真时间点被同时读取和写入时。如果阻塞和非阻塞赋值未正确使用，仿真处理这种同时读写的方式与实际逻辑门传播逻辑值变化的方式可能会有所不同。RTL 与门级行为之间的不匹配可能导致设计在仿真中看似已完全验证，但在实际 ASIC 或 FPGA 中无法正常工作。

以下代码片段展示了在组合逻辑模型中正确使用增量和减量运算符的示例：

```
logic [15:0] data_bus;
logic [3:0]  count_ones;
always_comb begin
  count_ones = '0;
  for(int i=15; i>=0; i--)
```

```
      if(data_bus[i]) count_ones++;
end
```

以下代码片段展示了增量运算符的不当使用:

```
parameter MAX = 12;
logic [7:0] count, data, q;

always_ff @ (posedge clk or negedge rstN) // 异步复位
  if(!rstN)   count <= 0;                  // 低电平有效复位
  else        count++;                     //BUG: 递增计数值

always_ff @ (posedge clk)
  if(count < MAX) q = data + count;        // 读取计数值
  else            q = data + MAX;
```

前面示例中的仿真竞争条件来自于时序逻辑块,该块在时钟的上升沿触发,同时递增计数变量,而第二个时序逻辑块读取计数值。在这个例子中,不应该使用 ++ 递增运算符的原因是,赋值给 count 的时序逻辑块需要用非阻塞赋值来建模,如下所示:

```
always_ff @ (posedge clk or negedge rstN) // 异步复位
  if (!rstN) count <= '0;                  // 低电平有效复位
  else       count <= count + 1;           // 增量计数
```

最佳实践指南 5.9

仅在组合逻辑过程和控制循环迭代时使用递增和递减运算符。不要使用递增和递减来建模时序逻辑行为。

使用阻塞赋值行为的适当场合是表示组合逻辑时。使用增量和减量运算符来建模时序逻辑,例如计数器,将导致仿真竞争条件。在时序逻辑过程中,非阻塞赋值是必需的,以避免仿真竞争条件。

增量和减量运算符最常见的用法是与 for 循环控制变量一起使用,如下所示:

```
logic [15:0] data_bus;
logic [3:0]  highest_bit;

always_ff @ (posedge clk) begin
  highest_bit <= '0;
  for (int i=0; i<=15; i++)
```

```
    if(data_bus[i]) highest_bit <= i;
end
```

上述代码片段中，在时钟的上升沿被赋值的寄存变量是 highest_bit，并且使用非阻塞赋值进行赋值。循环控制变量 i 是一个临时变量，不存储在寄存器中，并且使用 ++ 运算符的阻塞赋值行为进行赋值。

综合要求循环在零时间内执行，不能包含延迟或时钟周期。在这个零延迟的上下文中，循环迭代将表示组合逻辑，即使循环位于时序逻辑块内，如前面的代码片段所示。

5.13.2 增量和减量运算符正确使用的示例

示例 5.18 类似于本节前面展示的 count_ones 代码片段。这个更完整的示例使用一个参数来表示数据总线的大小，以便模型可以扩展到不同的总线宽度。使用 8 位总线大小是为了使综合原理图的大小适配本书的页面大小。

示例 5.18 使用增量和减量运算符

```
module count_ones
#(parameter N = 8)
(input    logic [N-1:0]       data_bus,
 output   logic [$clog2(N):0]  count  // 基于 data_bus 大小计算计数宽度
  timeunit 1ns; timeprecision 1ns;

  always_comb begin
    count = '0;
    for (int i=N-1; i>=0; i--)
      if (data_bus[i]) count++;
  end
endmodule: count_ones
```

图 5.19 显示了此示例的综合原理图。

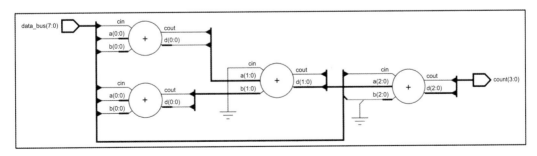

图 5.19 示例 5.18 的综合结果：增量和减量运算符

用于生成图 5.19 所示实现的综合编译器将 RTL 位计数器功能映射到一系列通用加法器。加法器表示 ++ 运算符，该运算符递增 count 变量。

作为 for 循环一部分的递减运算符在综合结果中并未出现，这是因为 RTL 模型中的 for 循环被展开，以便为循环的每次迭代创建加法器。通用加法器具有进位输入，因此可以对 data_bus 的最多 3 位进行相加。对于一个 8 位的 data_bus，从 for 循环中实例化了 3 个这样的通用加法器，并使用第 4 个加法器来汇总这 3 个加法器的结果。

综合的下一步是选择 ASIC 或 FPGA 设备。通用加法器将被映射到特定的电路实现中。映射过程可能会根据目标设备中可用的加法器类型，执行进一步的优化。

图 5.20 是针对 XilinxVirtex®-7FPGA 的通用增量加法器综合结果。加法器被设备中的查找表（LUT）所替代。每个 LUT 包含多个基本逻辑门。这些门及其之间的连接可以被编程以实现特定的功能，例如一系列的增量操作。

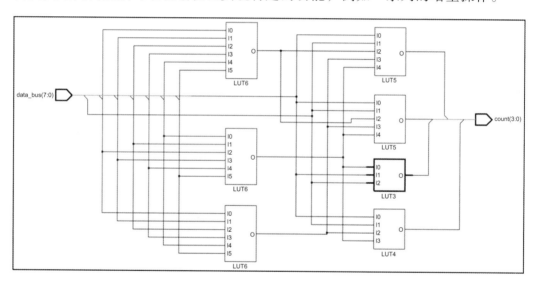

图 5.20 映射到 XilinxVirtex®-7FPGA 后的综合结果

图 5.21 是针对 Xilinx CoolRunner™-Ⅱ FPGA 的通用增量加法器的综合结果。在该设备中，增量功能被映射到离散的与门、或门和反相器。此处仅显示原理图的一部分，以便专注于增量加法器的实现方式。

5.13.3 复合运算与自增自减运算符

多个运算可以组合成一个单一的语句，例如：

```
sum = a + b - c;
```

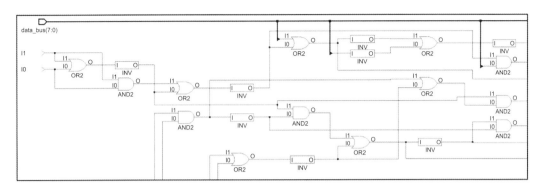

图 5.21 映射到 XilinxCoolRunner™-Ⅱ CPLD 后的综合结果

SystemVerilog 通过运算符优先级规则来定义多个运算执行的顺序，这些规则将在 5.16 节详细介绍。

注意：自增/自减运算符的优先级与其他几个算术运算符相同。在复合表达式中使用自增/自减与其他算术运算符结合时，运算的评估顺序可能会模糊不清。

当自增或自减运算符与具有相同评估优先级的其他算术运算符一起使用时，仿真器可以以任意顺序评估这些运算符。例如：

```
n = 5;
y = n + ++n;            //y 可以指定为 11 或 12
```

在上述代码片段中，仿真器可以选择：

·首先评估 + 运算符，然后评估 ++ 运算符。在这种情况下，仿真将使用 n 的当前值，即 5，加上前置递增 ++ 操作的返回值，即 6。复合运算的结果是 11(5+6)。

·首先评估 ++ 运算符，然后评估 + 运算符。在这种情况下，仿真将使用 n 的新值，即 6，加上前置递增 ++ 操作的返回值，即 6。复合运算的结果是 12(6+6)。

这种评估顺序的模糊性可能导致不同仿真器中产生不同的结果，更危险的是，验证过的 RTL 仿真与综合后的门级实现之间存在差异。

5.13.4　关于递增和递减运算符的轶事

最初的 Verilog 语言诞生于 1985 年，Phil Moorby 是其主要作者，他将 C 语言中的许多编程语句和运算符作为 Verilog 的基础框架，但为了使 Verilog 的语法和语义规则更适于建模硬件行为，对其进行了许多重要的调整。毕竟 C 语言是一种纯软件语言，很难准确理解和表现硬件行为，例如时序逻辑、传播延迟和并发性。

尽管最初的 Verilog 中的许多运算符来自于 C 语言，但 Phil 并没有将 C 语言的递增（++）和递减（--）运算符纳入其中，这意味着像 for 循环这样的结构必须以更笨拙的风格编码，例如

```
for (i = 0; i <= 15; i = i +1)...
```

SystemVerilog 标准委员会在 Phil Moorby 创建 Verilog 语言近 15 年后，增加了递增和递减运算符。作为本书的作者，我有机会在 Phil Moorby 当时工作的公司进行了一场关于 SystemVerilog 相较于原始 Verilog 语言增加的特性的演讲，而 Phil 正好出席了这个演讲。当讨论自增和自减运算符时，我看向 Phil，并问道："你为什么不把这些运算符包含在最初的 Verilog 语言中？"Phil 对被点名感到不快，然后交叉双臂回答道："因为我不喜欢它们！"

这就是最初的 Verilog 没有包含递增和递减运算符的原因。Phil 没有详细说明他为什么不喜欢这些运算符，也许是因为本节讨论的潜在竞争条件和复合操作的评估顺序所带来的风险。值得注意的是，Phil 也是定义 SystemVerilog 的标准委员会的积极参与者，并支持 SystemVerilog 中添加递增和递减运算符。

5.14 赋值运算符

SystemVerilog 为最初 Verilog 语言添加了类似 C 语言的赋值运算符，这些运算符将一个操作与对运算符第一个操作数的阻塞赋值结合在一起。例如，赋值操作"a+=b;"是语句"a=a+b"的简写。

表 5.22 列出了 RTL 逻辑综合编译器通常支持的赋值运算符。

表 5.22　RTL 建模的赋值运算符

运算符	示例用法	描　　述
+=	n+=m	将 m 加到 n 并将结果赋值给 n
-=	n-=m	从 n 中减去 m 并将结果赋值给 n
*=	n*=m	将 n 乘以 m 并将结果赋值给 n
/=	n/=m	将 n 除以 m 并将结果赋值给 n
%=	n%=m	将 n 除以 m 并将余数赋值给 n
&=	n&=m	将 m 与 n 进行按位与运算并将结果赋值给 n
|=	n|=m	将 m 与 n 进行按位或运算并将结果赋值给 n
^=	n^=m	将 m 与 n 进行按位异或运算并将结果赋值给 n
<<=	n<<=m	将 n 按 m 指定的次数进行左移并将结果赋值给 n
>>=	n>>=m	按位右移 n 由 m 指示的次数，并将结果赋值给 n
<<<=	n<<<=m	算术左移 n 由 m 指示的次数，并将结果赋值给 n
>>>=	n>>>=m	按 m 指示的次数对 n 进行算术右移，并将结果赋值给 n

注意：赋值运算符使用阻塞赋值行为。

示例 5.19 是在一个简单的组合逻辑块中使用赋值操作。

示例 5.19 使用赋值运算符

```systemverilog
package bitwise_types_pkg;
  timeunit 1ns; timeprecision 1ns;

  typedef enum logic [1:0] {AND_OP, OR_OP, XOR_OP, RS1_OP} op_t;
endpackage: bitwise_types_pkg

module bitwise_unit
import bitwise_types_pkg::*;
#(parameter N = 8)
(input  logic [N-1:0]      a, b,
 input  op_t               opcode,
 output logic [N-1:0]      result
);
  timeunit 1ns; timeprecision 1ns;

  always_comb begin
    result = a;              // 将输入转换为结果输出
    case (opcode)            // 基于操作码修改结果
      AND_OP: result &= b;
      OR_OP : result |= b;
      XOR_OP: result ^= b;
      RS1_OP: result >>= 1;
    endcase
  end
endmodule: bitwise_unit
```

图 5.22 显示了该示例的综合输出。

赋值运算符在验证代码中可以是一个方便的快捷方式，但这些运算符在 RTL 建模中价值不大。有价值的运算符应该减少代码行数，降低编码错误的风险，并提供帮助使代码更易于理解。我认为这些赋值运算符在可综合的 RTL 上下文中并未达到这些目标。

请注意，示例 5.19 所示的 RTL 模型中，必须在 case 语句之前对 result 进行中间赋值，以便将 result 用作 case 语句中赋值运算符的第一个操作数。当使

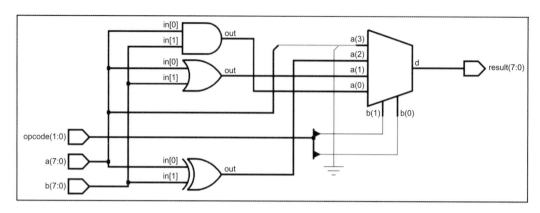

图 5.22 示例 5.19 的综合结果 : 赋值运算符

用常规赋值语句和运算符时，这一额外的代码行是不需要的。以下代码片段展示了在不使用赋值运算符的情况下，如何更简洁且易于阅读地建模示例 5.19 中的代码。

```
always_comb begin
  case (opcode)
    AND_OP:result = a & b;
    OR_OP :result = a | b;
    XOR_OP:result = a ^ b;
    RS1_OP:result = a >> 1;
  endcase
end
```

5.15 类型转换运算符和类型转换

SystemVerilog 提供了一种类型转换运算符，允许显式地改变表达式的类型、大小或符号性。类型转换运算符的三种形式如表 5.23 所示。

表 5.23 RTL 建模的类型转换运算符

运算符	示例用法	描 述
<type>'()	int'(n)	将 n 转换为 int 数据类型
<size>' ()	16'(n)	将 n 转换为 16 位数据位宽
<signedness>'()	signed'(n)	将 n 转换为有符号类型

对于熟悉 C 语言的人来说，需要注意的是，类型转换的语法与 C 语言不同。SystemVerilog 使用的格式是 <type>'(<expression>)，而 C 语言使用的格式是 (<type>)<expression>。这种不同的语法是为了保持与原始 Verilog 语

言使用括号的向后兼容性，并提供 C 语言中所不具备的大小和符号转换的额外能力。

SystemVerilog 是一种松散类型的语言，这意味着当一个类型或大小的表达式被赋值给一个不同类型或大小的表达式时，会自动发生隐式转换。这些松散类型转换的一些简单示例如下所示：

```
logic [15:0]  u16;              //16 位无符号 4 态变量
logic [31:0]  u32;              //32 位无符号 4 态变量
int           s32;              //32 位有符号 2 态变量
real          r64;              // 双精度浮点 var

initial begin
  u32 = u16;                    //u16 被扩展为 32 位宽
  u16 = u32;                    //u32 被截断为 16 位宽
  s32 = u32;                    //u32 被转换为带符号的 2 态值
  u32 = s32;                    //s32 被转换为无符号的 4 态值
  r64 = s32;                    //s32 被转换为浮点值
  s32 = r64;                    //r64 四舍五入为 32 位整数值
end
```

隐式类型或大小转换也可以在上下文相关操作被评估时发生，在下述代码中，算术运算符，如 +，要求两个操作数具有相同的类型和大小。所有操作数将在执行操作之前扩展到最大的向量大小。因此，在操作 u32+u16 时，u16 将首先通过左扩展其值被转换为 32 位大小。

```
assign u32 = u32 + u16;     //32 位加法操作
```

另一个可以自动发生的隐式转换是从有符号值到无符号值，或反之亦然。在下述代码中，s32 值将被隐式转换为无符号值。上下文相关的操作（见第 5.1.3 节）仅在两个操作数都是有符号时执行有符号操作。如果其中一个操作数是无符号的，则执行无符号操作。在 s32<u32 的小于比较中，s32 首先被转换为无符号值，因为 u32 是无符号的。

```
assign s32 = s32 < u32;     //32 位无符号比较
```

这些转换规则在 IEEE 1800 SystemVerilog 标准中定义，因此所有使用 SystemVerilog 的软件工具，包括仿真器和综合编译器，都执行相同的转换。将一种类型或大小的表达式赋值给另一种数据类型或大小的表达式时可能发生的转换及其完整描述，请参阅 IEEE 标准。

请注意，在某些松散类型转换中，数据可能会丢失。在赋值"u16=u32;"中，最左边的 16 位被截断，u32 中的那两个高字节的值丢失了。在赋值 "s32=r64;" 中，双精度浮点数存在精度损失，任何大于 32 位整数所能存储的数据都丢失了。

5.15.1 类型转换

当发生以下情况时，SystemVerilog 将执行隐式类型转换：

- 操作数类型混合。

- 一种类型的表达式赋值给另一种类型的表达式。

在大多数情况下，这种隐式转换会做正确的事情，并综合到所需的门级功能。

使用类型转换的目的如下：

- 通过执行显式类型转换使隐式类型转换更加明显，或者执行不同于隐式转换规则的操作。

- 为枚举变量赋值，因为枚举变量没有像其他 SystemVerilog 数据类型那样的隐式转换规则。

1. 对枚举类型变量的赋值

枚举比大多数其他 SystemVerilog 数据类型要求更严格的类型化。枚举变量被定义为一系列的合法值列表。将枚举变量赋值为该合法列表之外的值是一个错误，此时不会发生隐式的类型转换。枚举变量及其赋值规则详见 4.4 节。以下代码片段演示了一个解码器，它将值赋给一个名为 opcode 的 3bits 枚举变量。解码器的一个分支试图将数据向量中的 3bits 赋值给枚举变量。不幸的是，这个赋值违反了枚举变量赋值的规则，因此无法编译，尽管这是所需的功能。

```
typedef enum logic {ARITHMETIC, BRANCH} instruction_t;
typedef enum logic [2:0] {NOP, ADD, SUB, MULT, DIV, AND, OR,
                          XOR} opcode_t;
instruction_t instruction;
opcode_t      opcode;
logic [15:0]  data;

always_comb begin
  case (instruction)
    ARITHMETIC : opcode = data[2:0];    // 非法赋值
    BRANCH     : opcode = NOP;
  endcase
end
```

类型转换可以用于显式地将数据中的 3 位值转换为枚举类型，从而使此赋值合法。

```
ARITHMETIC  : opcode = opcode_t' (data[2:0]);
```

2. 混合整数和浮点运算

以下代码片段展示了一个复合运算，混合了整数和浮点类型。

```
parameter PI = 3.14159;
logic [31:0] a, b, result;

assign result = a + (b * PI);
```

上述例子中 PI 是一个定点值，所以 SystemVerilog 的自动类型转换将把这个复合表达式中的所有操作数转换为实数值，并执行浮点运算。乘法操作（*）和加法操作（+）将被模拟为双精度浮点操作。虽然浮点操作将保持使用 PI 到 5 位小数的完整精度，但在硬件实现时，浮点算术单元可能比整数算术单元更大且更慢。

类型转换提供了一种手段，以指定在表达式求值的任何时刻都应该进行数据类型转换。以下代码片段将 b*PI 的浮点结果转换为整数类型。现在，加法操作的两个操作数将是 32 位向量类型，并将模拟和综合为无符号 32 位整数加法器。

```
assign result = a + integer'(b * PI);
```

请注意，只有内置类型关键字和用户定义类型可以与类型转换一起使用。以下代码片段是非法的，因为它将内置逻辑关键字与向量大小规范结合在一起。

```
assign result = a + logic [31:0]'(b * PI);    // 非法语法
```

指定大小转换的向量大小可以通过使用用户定义类型来完成，如下所示：

```
typedef logic [31:0] DTYPE;
DTYPE a, b, result;
assign result = a + DTYPE' (b* PI);
```

SystemVerilog 允许使用 parameter type 关键字对数据类型进行参数化。类型参数可以与类型转换一起使用，如下所示：

```
parameter type DTYPE = logic [31:0];
DTYPE a, b, result;
assign result = a + DTYPE'(b*PI);
```

5.15.2 大小转换

"表达式从一种向量大小隐式转换为另一种向量大小"在 RTL 建模中得到广泛应用。隐式大小转换最常见的是文本值 0 和 1，例如：

```
logic [7:0] count;

always_ff @ (posedge clk or negedge rstN)  // 异步复位
  if(!rstN) count <= 0;                      // 低电平有效复位
  else      count <= count + 1;              // 增量计数
```

"count<=0" 和 "count<=count+1" 的赋值语句是直观的，且是一种常见的复位和递增编码。这些赋值语句在功能上是正确的，但实际上存在多个大小不匹配的问题，需要隐式大小转换。

在赋值 "count<=0" 中发生了隐式大小转换。数字 0 是一个无大小的文本量，默认值为 32 位（参见 3.2 节），而 count 是一个 8 位变量。赋值语句隐式截断了文本值 0 的高 24 位，将 32 位值转换为 8 位值。综合编译器将自动删除表达式中从左侧开始的任何未使用的位。

在赋值 "count<=count+1" 中发生了两个隐式大小转换。首先，数字 1 是一个无大小的文本值，默认为 32 位值。算术运算符要求两个操作数具有相同的向量大小。因此，count 被隐式转换为 32 位向量，通过用零进行左扩展（这对其当前值没有影响），然后再与文本值 1 相加。第二个隐式大小转换发生在将操作的 32 位结果赋值回 8 位的 count 变量时。SystemVerilog 从右侧的位向左侧的位进行赋值。因此，只有操作结果的低 8 位被赋值给 count，而高 24 位则被隐式截断。这些隐式大小转换会自动发生，并且不会影响仿真和综合的结果质量。

1. 功能上正确的隐式大小转换

语句 "count<=0" 和 "count<=count+1" 在功能上没有任何问题。这个计数器的 RTL 模型利用了 SystemVerilog 的隐式大小转换。该语句将以正确的功能进行仿真，并综合为正确的门级实现。

5.10.2 节展示了另一个利用隐式大小转换的例子。该例子使用隐式大小转换，将一个向量旋转了多个比特。该向量与自身连接，然后将连接的结果进行移位，例如：

```
logic [7:0] in, out;
logic [2:0] rfactor;
assign out = {in,in} >> rfactor;     // 变量右旋转
```

变量的宽度为 8 位。连接 {in, in} 的结果是一个 16 位值，该值被赋值给 8 位变量 out。连接和移位结果的高 8 位在赋值过程中被隐式截断，因此只有低 8 位被传递给 out，这是将变量向右旋转若干次的预期效果。该代码利用了 SystemVerilog 语言中定义的隐式大小转换。

2. 功能上不正确的隐式大小转换

以下代码片段是一个变量左旋转操作，说明了由于赋值不匹配和发生的隐式大小截断而导致的设计错误。

```
logic [7:0] in,  out;
logic [2:0] rfactor;
assign out = [in,in] << rfactor;         // 变量左旋转
```

在此代码中，旋转的所需位在 16 位操作结果的高 8 位中。然而，赋值会截断这些高 8 位，lint 检查器可能为此隐式截断生成一个示例警告：

```
Warning Rhs width '16' with shift (Expr: '({in,in} <<
    rfactor)') is more than lhs width '8' (Expr:'out'),this may
    cause overflow.
```

向左旋转时，隐式截断是一个设计缺陷，这个 lint 检查器的警告可以帮助设计者识别代码中的问题。一种正确的、可综合的方式来建模这个变量左旋转操作是使用一个中间的 16 位变量来存储连接和移位结果，如示例 5.13 所示。

3. 隐式大小转换警告信息

IEEE 1800 SystemVerilog 标准不要求赋值大小不匹配的警告。大多数 SystemVerilog 仿真器和综合编译器不会生成这些警告，前提是设计工程师故意希望在赋值大小上存在不匹配。

另一方面，lint 检查器（验证代码是否遵循 RTL 建模指南的工具）将在赋值的左侧和右侧表达式大小不匹配时生成警告。这些截断大小不匹配的警告在代码中存在错误时可能是有用的，设计者的意图是希望赋值两侧的向量大小相同。

上面左旋转示例中的大小不匹配是一个设计错误。由 lint 检查器生成的不匹配警告消息（但可能不会被仿真器或综合编译器生成）是一个可取的警告，可以发现并防止设计缺陷。

然而，前面循环和计数器示例中的大小不匹配是错误警告。隐式大小转换在仿真和综合中都是功能上正确的。工程时间可能会因分析错误警告而浪费，因为工程师需要确定在这种情况下截断是可以的。但假如这些错误警告需要被忽略，又会增加忽略错误警告的风险。

4. 使用大小转换来防止错误的大小不匹配警告

转换操作符可以使代码更直观，同时消除错误的警告信息。可以对变量右旋转操作进行编码，以明确显示"连接 / 移位操作"的结果是 8 位宽。

```
assign out = 8'({in,in} >> rfactor);    // 变量右旋转
```

如果一个表达式被转换为比表达式位数更小的大小，则表达式的最左边的位会被截断。如果表达式被转换为更大的向量大小，则表达式会被左扩展。无符号表达式用 0 进行左扩展；有符号表达式使用符号扩展进行左扩展（上面的例子是一个无符号表达式，因为连接的结果总是无符号的）。使用类型转换运算符指定的大小可以是常量，这允许参数化模块在参数值重新定义时适当缩放，例如：

```
parameter N = 8;
logic [N-1:0]        in;              //N 位变量
logic [$clog2(N):0]  rfactor;        // 计算最大旋转尺寸
logic [N-1:0]        out;            //N 位变量

assign out = N'({in,in} >> rfactor);  // 变量右旋转
```

$bits 系统函数也可以用于大小转换，例如：

```
assign out = $bits(out)' ({in,in} >> rfactor);
```

示例 5.20 显示了一个变量右旋转的完整代码，该代码使用大小转换来消除虚假 lint 警告。

示例 5.20   使用大小转换

```
module rotate_right_n
#(parameter N = 8)
(input  logic [N-1:0]        in,       //N 位输入
 input  logic [$clog2(N):0]  rfactor,  // 计算最大旋转尺寸
 output logic [N-1:0]        out       //N 位输出
);
  timeunit 1ns; timeprecision 1ns;

  assign out = N'({in,in} >> rfactor);  // 变量右旋转

endmodule: rotate_right_n
```

图 5.23 是示例 5.20 的综合结果。

示例 5.20 将正确地进行仿真和综合，无论是否进行大小转换。大小转换的目的如下：

- 使代码更具可读性，表明仅使用了连接结果的 N 位。

- 消除 RTL 中 lint 检查器的虚假警告。

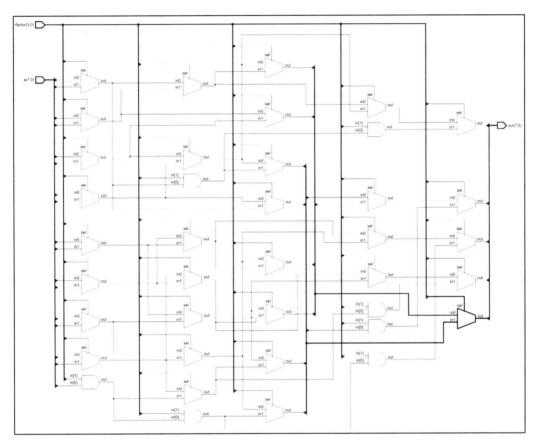

图 5.23　示例 5.20 的综合结果：大小转换

5.15.3　符号位转换

当上下文相关操作中的操作数存在符号和无符号表达式混合时，SystemVerilog 将进行隐式符号位转换（见 5.1.3 节）。这种隐式转换并不明显，有时并不是所需的转换。在 RTL 建模中，符号位转换的主要目的是确保操作中的所有操作数都是有符号或无符号的。

当上下文相关操作中的操作数具有混合符号位特征时，隐式符号位转换规则是将符号表达式转换为无符号值。

以下代码片段展示了带有有符号操作数和无符号操作数的"小于"关系操作。

```
logic         [7:0] u1;      //8 位无符号变量
logic signed [7:0] s1;      //8 位有符号变量

initial begin
  s1 = -5;
  u1 = 1;
  if(s1 < u1)
    $display("%0d is less than %0d", s1, u1);
  else
    $display("%0d is equal or greater than %0d", s1, u1);
end
```

仿真时，上述代码片段将显示如下消息：

```
-5 is equal or greater than 1
```

虽然直观地看，–5 小于 1，但这段代码将 –5 评估为大于 1。发生该事件的原因是 SystemVerilog 的隐式类型转换将 s1 的值转换为无符号，以匹配 u1 的无符号类型。这个转换的结果是，–5 的值变为 251。（–5 的 8 位二进制补码是 1111011，当作为无符号值处理时，它在十进制中是 251）

上下文确定操作的两个操作数必须都是有符号的，以便该操作为有符号操作。有符号类型转换提供了一种方法，以指定在表达式求值的任何时刻都应进行数据类型转换。以下代码片段使用转换显式地将 u1 转换为有符号表达式。该操作现在将正确评估 –5 小于 1。

```
if (s1 < signed'(u1))
  $display("%0d is less than %0d", s1, u1);
else
  $display("%0d is equal or greater than %0d", s1, u1) ;
```

下面的例子可以显式地编码为无符号比较器，将 s1 转换为无符号表达式：

```
if (unsigned'(s1) < u1)
  $display("%0d is less than %0d", s1, u1) ;
else
  $display("%0d is equal or greater than %0d", s1, u1);
```

显式地将 s1 转换为无符号类型，虽然与隐式转换相同，但显式地使用符号转换可以使代码清晰地表明其目的是进行无符号操作，这在隐式转换中并不明显。

SystemVerilog 中的有符号转换运算符执行与 Verilog-2001 中的 $signed

和 $unsig ned 系统函数相同的转换，所有的这些转换都是可综合的，但 SystemVerilog 中的有符号转换运算符与类型和大小转换使用的语法更一致。

示例 5.21 是一个使用小于、大于和相等比较运算符的小型 RTL 模型。

示例 5.21 对混合有符号和无符号的比较器使用符号转换

```
//
// 分别根据 s 是否小于、等于或大于 u 设置 lt、eq 和 gt 标志
//
module signed_comparator
#(parameter N = 8)                          // 数据大小
 (input   logic                  clk,     // 时钟输入
  input   logic                  rstN,    // 低电平有效异步复位
  input   logic signed [N-1:0]   s,       // 可扩展的输入大小
  input   logic         [N-1:0]  u,       // 可扩展的输入大小
  output logic                   lt,      // 如果 s 小于 u, 则设置
  output logic                   eq,      // 设 s 等于 u
  output logic                   gt       // 如果 s 大于 u, 则设置
);
   timeunit 1ns; timeprecision 1ns;

   always_ff @ (posedge clk, negedge rstN)      // 异步复位
     if (!rstN) {lt, eq, gt} <= '0;       // 复位标志
     else begin
       lt <= (s < signed'(u));            // 小于运算符
       eq <= (s == signed'(u));           // 等于运算符
       gt <= (s >  signed'(u));           // 大于运算符
     end
endmodule: signed_comparator
```

图 5.24 是示例 5.21 的综合结果。

图 5.24 所示的原理图基于通用组件，后续综合编译器还会将功能映射到特定的目标 ASIC 或 FPGA 设备。图 5.8 展示了同一比较器的无符号版本，比较图 5.8 和图 5.24，综合将无符号和有符号版本映射到相同的通用组件。

门级实现仅仅是比较两个向量中设置的位大小。实际上，只要两个向量具有相同的符号，无论这些向量被视为有符号还是无符号都没有关系。对于符号性混合的有符号比较器，转换运算符确保在比较过程中将两个操作数视为有符号值。

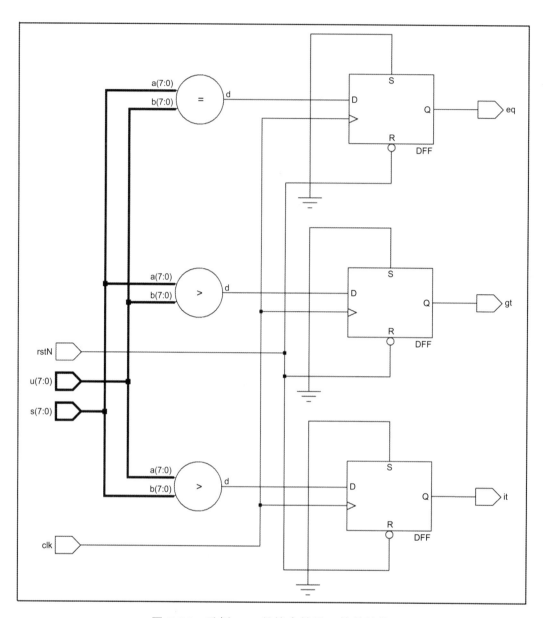

图 5.24 示例 5.21 的综合结果：符号转换

5.16 运算符优先级

在 RTL 语句中，通常会有多个运算符，例如：

```
if ( a < b  &&  b < c )...
```

SystemVerilog 定义了在语句中使用多个运算符时的优先级顺序。当运算符的优先级不同时，优先级较高的运算符会先被计算。在上述示例中，小于运算符（<）的优先级高于逻辑与运算符（&&），因此，首先计算 a<b 和 b<c 的结果，然后进行逻辑与运算。

表 5.24 列出了 SystemVerilog 的运算符优先级。

表 5.24　SystemVerilog 的运算符优先级

运算符	优先级
() [ ] :: .	最　高
+ - ! & ~& | ~| ^ ~^ ^~ ++ --（一元运算符）	
**	
* / %	
+ -（二元运算符）	
<< >> <<< >>>	
< <= > >= inside dist	
== != === !== ==? !=?	
&（二元运算符）	
^ ~^ ^~（二元运算符）	
|（二元运算符）	
&&	
||	
?:（二元运算符）	
-> <->	
= += -= *= /= %= &= ^= |= <<= >>= <<<= >>>= := :/ <=（赋值运算符）	
{} {{}}	最　低

除了三个例外，表 5.24 中同一行上的运算符具有相同的优先级。多个具有相同优先级的运算符按从左到右的顺序进行计算（称为运算符结合性）。

在以下示例中，首先将 a 加到 b，然后从 a+b 的结果中减去 c。

```
assign sum = a + b - c;
```

左到右结合性的三个例外是条件（?:）、蕴含（->）和等价（<->）运算符，这些运算符从右到左进行计算。

运算的计算顺序可以使用括号显式控制。在以下语句中，幂运算符的优先级高于加法运算符，因此正常的计算顺序是先计算 b**2 的幂，然后将该结果加到 a。

```
assign out = a + b**2;
```

这种基于运算符优先级和结合性的隐式计算顺序可以使用括号来改变。下面的代码片段中，(a+b) 将首先被计算，再将加法的结果进行平方。

```
assign out = (a + b)**2;
```

5.17 总 结

SystemVerilog 提供了一套广泛的编程运算符，比大多数其他编程语言都多。本章探讨了丰富的 SystemVerilog 运算符，重点关注可综合的运算符以及在 RTL 建模中可以使用的运算符。同时，讨论了仿真行为，并提供了使用这些运算符建模硬件设计的指导标准和注意事项。许多小型 RTL 代码示例说明了如何以适当的方式使用这些运算符，并展示了综合这些示例可能得到的门级实现。

本章还详细阐述了 SystemVerilog 在操作涉及不同数据类型时的松散类型值转换规则。SystemVerilog 确保在执行操作之前，操作数会被转换为共同的类型和向量大小。这些隐式转换会自动发生。本章讨论的 SystemVerilog RTL 指导原则和隐式转换通常会确保 RTL 代码能够综合成适当的门级实现。

这是因为 SystemVerilog 是一种硬件描述语言，而不是软件编程语言。然而，隐式转换并不总是显而易见的，有时工程师可能希望做一些与隐式转换不同的事情。本章还展示了如何使用强制转换运算符来记录转换，并明确进行特定类型、大小或符号性的转换。

第 6 章　RTL编程语句

编程语句，例如 if-else 决策和 for 循环，用于在抽象层次上建模硬件行为，而不涉及逻辑门、传播延迟、建立时间和连接性的复杂性和细节。本章讨论适用于 RTL 建模的 SystemVerilog 编程语句，强调仿真和综合的最佳代码风格。

本章介绍的主题包括：

· 通用的 always 过程块和敏感列表。

· 专用的 always_ff、always_comb 和 always_latch 过程块。

· 过程 begin...end 语句组。

· 决策语句。

· 循环语句。

· 跳转语句。

· 无操作语句。

· 任务（task）和函数（function）。

6.1　SystemVerilog过程块

过程块（procedural block）是编程语句的容器，其主要目的是控制编程语句何时执行，例如在时钟上升沿发生时或信号 / 总线值变化时。SystemVerilog 主要有以下两种过程块：

（1）initial 过程块：一种用于验证的过程块，不被综合编译器支持。一个例外是，综合编译器支持 initial 块过程用于使用 $readmemb 或 $readmemh 系统任务加载内存块或分配给特定内存地址。FPGA 综合工具可能还允许使用 initial 过程块来模拟设备的上电状态。本书不讨论或使用 initial 过程块，因为它们不用于建模 RTL 功能。

（2）always 过程块：无限循环，执行编程语句，并在完成后自动重新开始。当电源开启时，硬件总是在做某些事情，这种连续行为是通过 always 过程块建模的。

SystemVerilog 有四种类型的 always 过程块：使用关键字 `always` 的通用过程块，以及使用关键字 `always_ff`、`always_comb` 和 `always_latch` 的专用 always 过程块。

1. 通用 always 过程块

always 过程块可用于建模多种类型的功能，包括可综合的 RTL 模型、不会被综合的抽象行为模型（如 RAM）以及验证代码（如时钟振荡器或连续响应检查器）。虽然通用 always 过程块的灵活性使其在各种建模和验证项目中非常有用，但这种灵活性也意味着软件工具无法知道 always 的预期用途是用于可综合的 RTL 模型。综合对通用的 always 过程块施加了一些编码限制，以便准确地将 RTL 模型转换为 ASIC 或 FPGA 设备。

2. 专用 always 过程块

always_ff、always_comb 和 always_latch 这三种专用 always 过程块的行为与通用 always 过程块相同，但施加了综合所需的重要编码限制。

这些额外的限制有助于确保 RTL 仿真的行为与实际 ASIC 或 FPGA 的门级行为相匹配。由这些专用过程块的名称可知：always_ff 对建模时序逻辑设备（如触发器）施加了某些综合限制，always_comb 对建模组合逻辑（如解码器）施加了某些综合限制，而 always_latch 对建模锁存行为施加了某些综合限制。

6.1.1 敏感列表

always 过程块告诉仿真所建模的功能应该"始终"被评估（一个无限循环），但仿真和综合都需要更多信息以准确建模硬件行为。这些工具还需要知道何时执行过程块中的语句。对于 RTL 建模，何时执行要么是在时钟边沿（代表时序逻辑），要么是在该过程使用的任何信号值改变时（代表组合逻辑或锁存逻辑）。

为了控制在可综合的 RTL 模型中编程语句的执行时机，always 过程块以敏感列表开始，该列表是信号的列表，值的变化将触发过程的执行。通用 always 过程块和 always_ff 专用过程块要求敏感列表由 RTL 设计工程师明确指定。always_comb 和 always_latch 专用过程块推导出一个隐式敏感列表。

显式指定的敏感列表通过符号 @ 引入。在可综合的 RTL 建模中，敏感列表包含一个或多个线网或变量名称的列表，这些名称可以用逗号（,）或关键字 or 分隔。

以下两个显式敏感列表在功能上是相同的：

```
always @ (a, b, c)...
always @ (a or b or, c)...
```

在敏感列表的上下文中，or 关键字不是 OR 操作，而仅仅是一个分隔符。使用逗号与关键字 or 是用户偏好的问题，没有功能上的优势。

敏感列表还可以指定一个标量（1 位）信号的特定边沿，该边沿将触发 always 过程块。边沿由关键字 posedge 和 negedge 指定。边沿敏感性对于基于时钟的功能至关重要。

```
always @ (posedge clk or negedge rstN)...
```

posedge 关键字用来检测上升沿，而 negedge 关键字用来检测下降沿。上升沿是指任何可能被芯片晶体管感知为正向过渡的转换。因此，posedge 将在 $0 \to 1$、$0 \to z$、$0 \to X$、$Z \to 1$、$X \to 1$、$Z \to X$ 和 $X \to Z$ 转换时触发，negedge 将在 $1 \to 0$、$1 \to z$、$1 \to X$、$Z \to 0$、$X \to 0$、$Z \to X$ 和 $X \to Z$ 转换时触发。

1. 时序逻辑敏感性

时序逻辑组件，如触发器，通常在时钟边沿触发，最常见的是该时钟的上升沿（一些 ASIC 和 FPGA 设备具有在时钟下降沿触发的组件，很少有在时钟的两个边沿都触发的组件）。为了指示 always 过程块表示时钟触发的时序逻辑行为，always 或 always_ff 关键字后面要跟随 @(posedge< 时钟名 >) 或 @(negedge< 时钟名 >)，例如：

```
always_ff @ (posedge clk)
    q <= d;         // 时序逻辑触发器
```

一些时序组件具有异步输入，如置位或复位控制，这些异步信号也会影响何时进行仿真或综合以评估 always 过程块，因此被包含在敏感列表中。

```
always_ff @ (posedge clk or negedge rstN) // 异步复位
    if (!rstN) q <= '0;                    // 低电平有效复位
    else       q <= d;
```

2. 组合逻辑敏感性

组合逻辑的输出，例如加法器或解码器，反映了该逻辑块当前输入值的组合。因此，组合逻辑中的编程语句需要在任何输入值发生变化时重新评估（这就是敏感列表）。为了建模这种行为，always 关键字后面跟着一个显式的敏感列表，该列表包括所有被该逻辑块读取的信号，形式为 @(< 信号名 >，< 信号名 >，...)。例如：

```
always @ (a, b)
    sum = a + b;
```

always_comb 专用 always 过程块的一个特点是它会自动推断出适当的组合逻辑敏感列表。上面的加法器代码是使用 always_comb 进行建模的：

```
always_comb
sum = a + b;
```

3. 锁存逻辑敏感性

锁存器是一种可以存储其当前状态的组合逻辑块。建模锁存行为遵循与建模组合逻辑行为相同的敏感列表规则。通用 always 关键字后面跟着一个敏感列表，该列表包括该逻辑块读取的所有信号，形式为 @(< 信号名 >，< 信号名 >，...)，例如：

```
always @ (enable, data)
  if (enable) out <= data;
```

always_latch 专用 always 过程块可以自动推断出适当的组合逻辑敏感列表，例如：

```
always_latch
  if (enable) out <= data;
```

4. 不可综合的敏感列表

在语法上，敏感列表可以包含操作，例如 @(a+b)，或一个 iff 保护条件。posedge 和 negedge 限定符也可以与宽度大于 1 位的向量一起使用，但仅使用向量的最低有效位（最右边的位）。向量中其他位的变化不会触发敏感列表。操作、iff 和向量的边缘通常不被 RTL 综合编译器支持。

6.1.2 begin-end语句组

所有形式的过程块可以包含一个单独的语句或一个单独的语句组。语句组包含在关键字 begin 和 end 之间，可以包含任意数量的语句，包括零个。以下代码片段展示了一个包含单个语句的 always 过程块和一个包含 begin-end 组的 always 过程块。

```
always_ff @ (posedge clk or negedge rstN)
  if (!rstN)              //if-else 是唯一的语句
    q <= '0;
  else
    q <= d;


always_comb               //begin-end 是单个组
  begin
    sum = a + bi
    dif = a - b;
end
```

语句可以嵌套在另一个语句中，例如：

```
always @ (posedge clk)
  if (enable)              // 单一外部声明
    for (int i; i <= 15; i++)          // 嵌套语句
      out[i] = a[i] ^ b[(N-1)-i];      // 另一个嵌套声明
```

在前面的代码片段中，外部语句是 always 过程块中的单个语句，因此不需要 begin...end 组。

begin-end 组可以如下命名：

begin:<name>

命名的语句组可以包含局部变量声明。局部变量可以在语句组内使用，但在可综合的 RTL 模型中不能在组外引用。SystemVerilog 的后续版本增加了在无名的 begin-end 组中声明局部变量的能力，但在撰写本书时，大多数综合编译器并不支持这一点。

可选地，组的匹配结束也可以命名。命名语句组的结束可以帮助视觉上匹配嵌套的语句组。SystemVerilog 要求 begin 和 end 使用的名称必须完全匹配。

局部变量的使用有助于确保在某些上下文中获得正确的综合结果。在时序 always 过程块中的临时中间变量被另一个过程使用，虽然可能在仿真中看起来有效，但在综合时可能会变成与 RTL 仿真行为不匹配的门级功能。在过程块内声明一个局部变量将防止这种编码错误，因为局部变量不能从过程块外部访问。

以下示例声明了一个临时变量，该变量局部于一个 always_ff 过程块。临时变量用于计算一个中间结果，然后该结果用于计算最终结果。（本示例中的计算故意保持简单，以便专注于局部变量的声明，而不是可能需要中间计算的复杂算法）

```
always_ff @ (posedge clk) begin : two_steps
  logic [7:0]tmp;    // 局部临时变量
  tmp = a + b;
  out <= c - tmp;
end:two_steps
```

请注意，冒号前后允许有空格，如上面的命名开始所示。然而，空格不是必需的，如上面的命名结束所示。使用空格可以帮助使复杂代码更易于阅读。

6.1.3　在过程块中使用变量和线网

过程赋值的左侧只能是变量类型，包括基于变量的用户定义类型。变量在被运算符或赋值语句更新之前会保留其先前的值。变量的这一特性可能会影响仿真和综合。

在以下代码片段中，sum 必须声明为变量类型，因为它位于过程赋值的左侧（详见 3.4 节）：

```
wire [15:0]  a, b;          // 线网类型
logic [15:0] sum;           // 变量类型

always_comb
  sum = a + b;              //sum 必须是变量类型
```

过程赋值的左侧必须是变量，右侧可以使用变量、线网、参数或文本值。

6.2　决策语句

决策语句允许根据设计中信号的当前值将过程块的执行流程分支到特定语句。SystemVerilog 有两个主要的决策语句：if-else 语句和 case 语句，它们使用关键字 case、case-inside、casex 和 casez。

6.2.1　if-else语句

if-else 语句用来评估一个表达式，并执行两个可能分支之一：真分支或假分支。

```
always_comb
  if(!select)  y = a;       // 真分支
  else         y = b;       // 假分支
```

if-else 表达式可以是任何向量大小的线网或变量，或一个操作的返回值。如果表达式的一个或多个位被设置为 1，则向量表达式评估为真。如果表达式的所有位都是 0，则表达式评估为假。例如：

```
logic [7:0] a, b, y;
always_comb
  if(a & b) y = a & b;      // 真分支
  else      y = a ^ b;      // 假分支
```

a 与 b 的按位与的结果是一个 8 位向量（因为 a 和 b 都是 8 位向量）。如果与操作的结果有任何位被置位，则将执行真分支。如果逻辑与的结果为零，则将执行假分支。

最佳实践指南 6.1

仅使用 1 位值或真 / 假操作的返回值作为 if-else 条件表达式。不要将向量用作 if-else 表达式。

返回真 / 假结果的运算符详见 5.6 ~ 5.9 节。

不要对向量进行真 / 假测试。将向量评估为真或假可能导致设计错误。在上面的例子中，编写代码的工程师是打算测试 "a&b"（这是一个 8 位向量值）？还是 "a&&b"（这是一个真 / 假逻辑操作的 1 位结果）？在某些 a 和 b 的值下，if-else 决策执行的分支可能会不同。设计工程师通过遵循仅使用标量值或返回具有真 / 假结果的操作的指导方针，可以避免这种模糊性和可能的编码错误。

使用 4 态值时，表达式可能既不为真也不为假，例如值 8'b0000000z。既不为真也不为假的表达式被认为是未知的。当 if-else 决策的表达式评估为未知时，将执行假分支。这可能导致 RTL 模型的仿真方式与综合后门级模型的实际行为不匹配。这种情况涉及 SystemVerilog 模型中的 X 态乐观和 X 态悲观，将在附录 C 中讨论。

if-else 决策的每个分支可以是单个语句或用 begin 和 end 包围的一组语句，如以下代码片段所示（此代码的完整代码和综合结果见示例 5.8）：

```
always_ff @ (posedge clk or negedge rstN)    // 异步复位
  if (!rstN) begin                           // 复位分支
    lt <= '0;
    eq <= '0;
    gt <= '0;
  end
  else begin                                 // 时钟驱动的分支
    lt <= (a < b);
    eq <= (a == b);
    gt <= (a > b)i
  end
```

1. 没有 else 分支的 if 语句

if-else 决策的 else(false) 分支是可选的。如果没有 else 分支，并且表达式的值为 false（或未知），则不执行任何语句。在以下代码片段中，如果 enable 为 0，则 out 不会改变。由于 out 是一个变量（见 6.1.3 节），它保留其先前的值，模拟了锁存器的存储行为。

```
always_latch
  if (enable) out <= data;
```

2. 链式 if-else-if 决策

一系列决策可以通过一系列的 if-else 决策形成，如以下代码片段所示：

```
always_comb begin
  if     (opcode ==2'b00)   y = a + b;
  else if(opcode ==2'b01)   y = a - b;
  else if(opcode ==2'b10)   y = a * b;
  else                      y = a / b;
end
```

请注意，SystemVerilog 没有像某些编程语言那样的 elsif 关键字。决策链是通过每个 else 分支包含一个嵌套的 if-else 决策形成的。当上述代码片段用不同的缩进编码时，这种嵌套更加明显，如下所示：

```
always_comb begin
  if (opcode ==2'b00)       y = a + b;
  else
    if(opcode ==2'b01)      y = a - b;
    else
      if(opcode ==2'b10)    y = a * b;
      else                  y = a / b;
end
```

一系列的 if-else if 决策按照语句列出的顺序进行评估，优先考虑的是先列出的决策。以下示例说明了一个可以被置位或复位的触发器。置位和复位同时处于活动状态时，在时间上，复位具有优先权，因为它在决策序列中首先被评估。本示例中的置位和复位控制是低电平有效信号。

```
always_ff @ (posedge clk or negedge rstN or negedge setN)
  if     (!rstN)   q <= '0;          // 复位寄存器
  else if (!setN)  q <= '1;          // 置位寄存器
else               q <= d;           // 时钟寄存器
```

上述置位 – 复位触发器示例存在潜在的仿真毛刺，详见 8.1.5 节。

3. 对 if-else 决策的综合

综合编译器实现 if-else 决策的方式取决于决策语句的上下文以及目标 ASIC 或 FPGA 中可用的组件类型，一般规则如下：

　　·组合逻辑中的 if-else 语句表现得像一个多路选择器，并且在门级实现中通常会被实现为一个多路选择器。

　　·组合逻辑中的 if 语句如果没有 else，也就是说没有其他语句对同一变量进行赋值，将会表现得像一个锁存器，这是因为被赋值的变量保留了其先前的值。综合通常会将这种存储效应实现为一个锁存器。

　　·组合逻辑中的 if-else if 语句系列仿真具有优先编码的行为，其中每个 if 语句优先于系列中的任何后续 if 语句。如果所有决策表达式是互斥的（两个或多个表达式不能同时为真），则综合编译器将移除优先编码。

　　·在时钟边沿上评估的 if-else 语句表现得像触发器，并将在门级实现中被综合为某种类型的寄存器。

4. 将 if-else 用作多路复用器

使用 if-else 来建模多路复用器如示例 6.1 所示，综合结果如图 6.1 所示。

示例 6.1　使用 if-else 来建模多路复用器功能

```
module mux2to1
#(parameter N = 4)                  // 总线大小
(input     logic          sel,      //1 位输入
 input     logic [N-1:0]  a, b,     // 可扩展的输入大小
 output    logic [N-1:0]  y         // 可扩展的输出大小
);

  always_comb begin
    if (sel)  y = a;
    else      y = b;
  end
endmodule: mux2to1
```

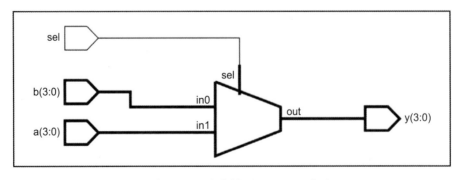

图 6.1　示例 6.1 的综合结果：if-else 作为 MUX

5. 将 if-else 用作锁存器

示例 6.2 是一个表示锁存器的 if 语句。

示例 6.2 使用没有 else 的 if 来建模锁存器功能

```
module latch
#(parameter N = 4)                 // 总线大小
(input   logic          ena,       //1 位输入
 input   logic [N-1:0]  in,        // 可扩展的输入大小
 output  logic [N-1:0]  out        // 可扩展的输出大小
);

  always_latch begin
    if (ena) out <= in;
  end


endmodule: latch
```

示例 6.2 的综合结果如图 6.2 所示

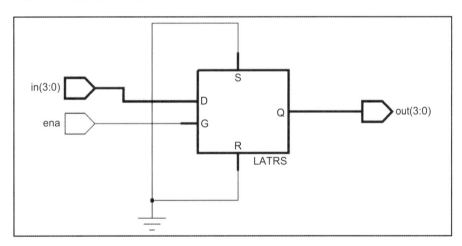

图 6.2 示例 6.2 的综合结果：if-else 作为锁存器

用于生成图 6.2 的综合编译器将 RTL 功能转换为具有未使用的置位和复位输入的通用锁存器设备。最终实现中使用的锁存器的具体类型将取决于目标 ASIC 或 FPGA 中可用的锁存器类型。

6. 将 if-else 用作优先编码器

示例 6.3 在 4-to-2 的优先编码器的上下文中说明了 if-else-if 的用法。（示例 6.6 展示了同一设计的一个变体）

示例 6.3 使用 if-else if结构来建模优先编码器

```
module priority_4to2_encoder (
  input   logic [3:0] d_in,
  output  logic [1:0] d_out,
  output  logic       error
);

  always_comb begin
    error = '0;
    if      (d_in[3]) d_out = 2'h3;    // 位 3 已置位
    else if (d_in[2]) d_out = 2'h2;    // 位 2 已置位
    else if (d_in[1]) d_out = 2'h1;    // 位 1 已置位
    else if (d_in[0]) d_out = 2'h0;    // 位 0 已置位
    else begin                         // 未置位任何位
      d_out = 2'b0;
      error = '1;
    end
  end
endmodule: priority_4to2_encoder
```

示例 6.3 的综合结果如图 6.3 所示。

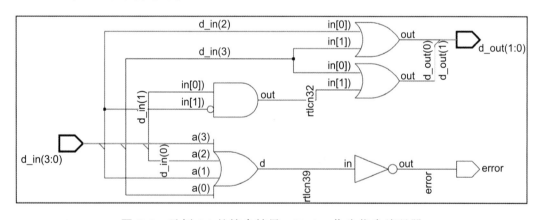

图 6.3 示例 6.3 的综合结果：if-else 作为优先编码器

图 6.3 中的优先编码实现为一系列逻辑门，其中一个阶段的输出成为下一个阶段的输入，而不是并行编码 d_in 的所有位。这种串行数据路径的出现是由于在 if-else if 系列中评估 d_in 的位的优先级。

7. 将 if-else 用作触发器

示例 6.4 展示了在具有复位和芯片使能（也称为加载使能或数据使能）输

入的时序逻辑触发器上下文中使用 if-else-if。因为复位输入首先被评估，所以它优先于使能输入。图 6.4 显示了综合此 if-else-if 决策系列的结果。

示例 6.4 使用 if-else-if 来建模具有复位和芯片使能的触发器

```
module enable_ff
#(parameter N = 1)                      // 总线大小
(input   logic          clk,            // 上升沿触发时钟
 input   logic          rstN,           // 低电平有效异步复位
 input   logic          enable,         // 高电平有效芯片使能
 input   logic [N-1:0] d,               // 可扩展的输入大小
 output logic [N-1:0] q                 // 可扩展的输出大小
);

  always_ff @(posedge clk or negedge rstN)       // 异步复位
    if      (!rstN)  q <= '0;           // 低电平有效复位
    else if (enable) q <= d;            // 存储（如果启用）

endmodule: enable_ff
```

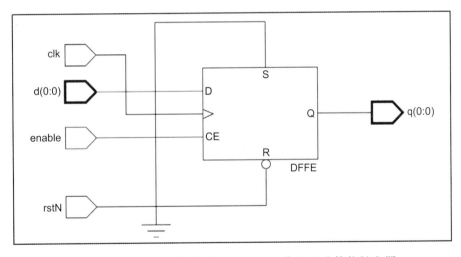

图 6.4 示例 6.4 的综合结果：if-else 作为芯片使能触发器

图 6.4 显示了综合是如何将具有低电平复位的触发器映射到一个通用组件。该过程的下一步是让综合编译器将此通用组件映射到目标 ASIC 或 FPGA 设备中可用的特定类型的触发器。如果目标设备没有使能触发器，则综合将添加多路复用器功能，以在触发器外部模拟芯片使能行为。多路复用器将在触发器启用时将新数据值传递到 D 输入，并在触发器未启用时将触发器 Q 输出反馈到 D 输入。类似地，如果目标设备没有具有异步低电平复位的触发器，则综合编译

器将添加功能以模拟这种行为。8.1.5 节将讨论具有各种类型复位的触发器的建模和综合。

6.2.2 case 语句

case 语句提供了一种简洁的方式来表示一系列决策选择，例如：

```
always_comb begin
  case (opcode)
    2'b00   : result = a & b;
    2'b01   : result = a | b;
    2'b10   : result = a ^ b;
    2'b11   : result = a >> b;
    default : result = 'X;
  endcase
end
```

SystemVerilog 的 case 语句类似于 C 语言的 switch 语句，但有重要的区别。SystemVerilog 不会像 C 语言那样使用 break 语句从 switch 语句的每个分支中退出。在执行一个分支后，case 语句会自动退出，而无需执行 break。使用 SystemVerilog 的 break 语句退出 case 语句是非法的。

SystemVerilog 有 4 种变体的 case 语句，使用的关键字分别为 case、case-inside、casex 和 casez。这些不同的 case 语句的一般语法和用法是相同的，其差异将在本节后面描述。

case、casex 或 casez 关键字后面跟着一个用括号括起来的 case 表达式。case 表达式可以是线网、变量、自定义类型、参数常量、文本值或操作的结果。case 表达式与一个或多个 case 项进行比较，case 项也可以是线网、变量、自定义类型、参数常量或文本值。case 项后面跟着一个冒号，然后是一个单独的语句，或者是一组 begin-end 语句，如果 case 表达式与 case 项匹配，则执行这些语句。

可以使用 default 关键字指定一个可选的默认 case 项。如果 case 表达式没有匹配任何 case 项，则将执行默认情况。在上面的例子中，case 项覆盖了 2 位操作码的所有可能的 2 态值。然而，如果操作码是 4 态类型，则还有额外的 X 和 Z 值未被 case 项解码。如果操作码应包含任何 X 或 Z 位，则将执行默认分支，在前面的例子中，这将把 X 值传播到结果变量上。默认 case 项不需要是最后一个 case 项。

在语法上，默认情况可以是第一个 case 项或位于 case 项的中间。最佳实践编码风格是将默认 case 项放在最后一个 case 项。

case 项可以是以逗号分隔的值列表，如以下代码片段所示：

```
always_comb begin
  case (opcode)
    2'b00, 2'b01:result = a & b;
    2'b10, 2'b11:result = a | b;
  endcase
end
```

如果 opcode 的值为 2'b00 或 2'b011，则将执行 case 语句的第一分支；如果值为 2'b10 或 2'b11，则将执行第二分支。

1. case 与 case-inside

当仅使用 case 关键字时，case 表达式与 case 项的比较使用相等运算符 ===（详见 5.8 节）。=== 运算符比较表达式的每一位，以精确匹配 4 态值。在以下代码片段中，如果 select 的值为 1'bz，则执行第三分支；如果 select 为 1'bx，则执行第四分支。（这个例子是不可综合的，原因是综合不允许比较 X 和 Z 值）

```
always_comb begin
  case (select)
    1'b0 : y = a;
    1'b1 : y = b;
    1'bz : y = 'Z;
    1'bx : y = 'X;
  endcase
end
```

使用 case-inside 语句时，case 表达式与 case 项的比较使用 ==? 运算符。==? 运算符允许在比较中屏蔽位。在 case 项中，任何设置为 X 或 Z 或 ? 的位都会被屏蔽，并且在 case 表达式与 case 项比较时，该位位置将被忽略。

在以下示例中，如果选择器的最高有效位被设置，则将执行第一个分支，选择器的所有剩余位将被忽略。如果选择器的高两位为 "01"，则采取第二个分支，其余位将被忽略，依此类推。

```
always_comb begin
  case(selector) inside
    4'b1???:out = a;                    //MSB已设置
    4'b01??:out = b;
    4'b001?:out = c;
    4'b0001:out = d;
```

```
        default:out = '0;                        // 未设置任何位
    endcase
end
```

2. casex 和 casez 语句

最初的 Verilog 语言使用 casex 和 casez 关键字来掩蔽比较中的位。SystemVerilog 用 case-inside 关键字替换了 casex 和 casez。casex 语句屏蔽任何设置为 X 或 Z 或 ? 的位。casez 语句仅屏蔽设置为 Z 或 ? 的位。

最佳实践指南 6.2

使用 case-inside 决策语句以忽略 case 项中的特定位。不要使用过时的 casex 和 casez 决策语句。

SystemVerilog 替代 casex 和 casez 的原因是因为它们在仿真规则中存在严重缺陷，这可能会导致综合行为和仿真行为不一致。简而言之，casex 和 casez 不仅允许在 case 项中屏蔽位，还允许在 case 表达式中屏蔽位。这种双重掩盖可能导致电路执行一个未预期的分支，而这个分支可能与综合所创建的门级实现所采取的分支不同。本书没有讨论 casex 和 casez 的危害，因为根本不需要使用这些构造。case-inside 语句的出现使工程师不再需要使用 casex 和 casez。

3. case 项优先级和自动综合优化

case 项的评估顺序与其列出的顺序相同。因此，每个 case 项优先于所有后续的项。在评估 case 语句时，仿真将始终遵循这种优先级。

这种推断的优先级编码在 ASIC 或 FPGA 实现中通常并不理想。优先级编码逻辑需要更多的逻辑门和比并行评估更长的传播路径。综合编译器将在把 case 语句转换为逻辑门之前分析 case 项的值。如果没有可能同时有两个 case 项为真，综合编译器将自动优化门级实现，以并行评估 case 项，而不是作为优先级编码功能。

然而，如果有可能同时有两个或多个 case 项为真，则综合将实现优先级编码逻辑，这在 case 语句的仿真中是固有的。通过实现优先级编码，综合确保 ASIC 或 FPGA 的门级行为与 RTL 仿真行为相匹配。

示例 6.5 是一个 4-1 MUX。在这个例子中，四个 case 表达式具有唯一的、非重叠的值。综合将识别出两个 case 表达式同时为真的可能性，并自动移除 case 项的优先编码评估。这是没有必要的。

示例 6.5 使用 case 语句建模一个 4-1 MUX

```
module mux4to1
#(parameter N=8)
(
  input  logic [N-1:0] a, b, c, d,
  input  logic [1:0]   select,
  output logic [N-1:0] y
);

  always_comb begin
    case (select)
      2'b00: y = a;
      2'b01: y = b;
      2'b10: y = c;
      2'b11: y = d;
    endcase
  end
endmodule: mux4to1
```

图 6.5 显示了综合如何在门电路中实现 case 语句。

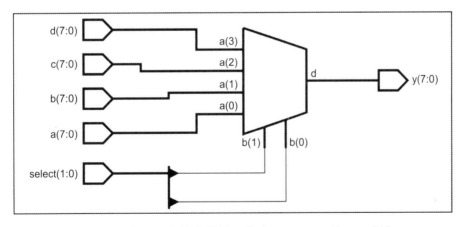

图 6.5 示例 6.5 的综合结果：作为 4-1 MUX 的 case 语句

示例 6.5 中的 case 项是互斥的，这意味着这两个 case 项不可能同时为真。因此，综合编译器移除了 case 语句的优先编码行为，并以多路复用器的形式实现了更具效率的并行评估。

只要综合编译器能够确定所有 case 项是互斥的（不会有两个或多个 case 项同时评估为真），就可以自动移除优先逻辑。但是，如果综合编译器无法确定 case 项相互排斥，就必须保留 case 项的优先级评估。

示例 6.6 类似于示例 6.3 的 4-2 优先编码器，但这次使用了 case-inside 允许仅检查 4 位 d_in 的特定位。因为其他位被忽略，所以有可能同时有多个 case 项为真。仿真将执行第一个匹配的分支，而综合编译器将通过保留在 case 语句中固有的优先编码来匹配该行为。

示例 6.6 使用 case-inside 建模优先编码器

```
module priority_4to2_encoder (
  input  logic [3:0] d_in,
  output logic [1:0] d_out,
  output logic       error
);


  always_comb begin
    error = '0;
    case (d_in) inside
      4'b1???: d_out = 2'h3;      // 位 3 已置位
      4'b01??: d_out = 2'h2;      // 位 2 已置位
      4'b001?: d_out = 2'h1;      // 位 1 已置位
      4'b0001: d_out = 2'h0;      // 位 0 已置位
      4'b0000: begin              // 未置位任何位
                 d_out = 2'b0;
                 error = '1;
               end
    endcase
  end
endmodule: priority_4to2_encoder
```

图 6.6 是示例 6.6 的综合结果。

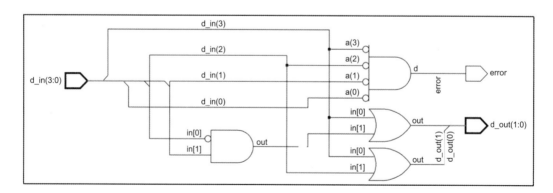

图 6.6 示例 6.6 的综合结果 :case-inside 优先编码器

优先级逻辑的效果可以在一系列门中看到，d_in 的不同位通过这些门传播。综合编译器为该设计生成的电路，与使用了一系列的 if-else-if 决策非常相似，如示例 6.3 和图 6.3 所示。

6.2.3 唯一性和优先决策修饰符

SystemVerilog 为 case 和 if-else 决策语句提供了三个修饰符：unique、unique0 和 priority，这些修饰符在 RTL 模型中的应用请参考 7.4.2 节和 9.3.5 节。

简而言之，unique、unique0 和 priority 修饰符有两个作用：

· 它们影响综合编译器在门级实现中如何映射 case 语句。

· 它们在仿真中开启警告信息，帮助验证综合的效果是否按预期工作。

这些决策修饰符的一个示例用法如下：

```
always_comb begin              // 三态 FSM 输出解码器
  unique case(state)
    2'b00 : {ok,busy,done} = 3'b100;
    2'b01 : {ok,busy,done} = 3'b010;
    2'b10 : {ok,busy,done} = 3'b101;
  endcase
end
```

在综合中，此示例中的 unique 修饰符通知综合编译器，即使只有四个可能值中的三个被解码，case 语句也可以被视为完整。它还通知综合编译器，case 项的并行评估是可以的。

在仿真中，unique 关键字启用两个 run-time 检查。如果 case 语句被评估且状态的值与任何 case 项不匹配，则生成违规报告。此检查帮助确保综合工具将 case 语句视为完整的这件事情是安全的。

如果 state 的值同时匹配多个 case 项，也将生成违规报告。此检查有助于验证并行评估 case 项是安全的，而不是按照列出 case 项的顺序进行评估。

6.3 循环语句

循环语句允许编程语句或 begin-end 语句组被多次执行。SystemVerilog 中的循环语句有：for、repeat、while、do...while、foreach 和 forever。在这些语句中，只有 for 和 repeat 循环被所有综合编译器支持。其他类型的循环可能会被某些综合编译器以限制的方式支持，这些限制降低了其实用性。本书重点介绍 for 和 repeat 循环，因为所有综合编译器都支持这两者。

6.3.1 for循环

for 循环的一般语法如下所示：

for(initial_assignment; end_expression; step_assignment)
  statement_or_statement_group

·initial_assignment 仅在循环开始时执行一次。

·end_expression 在循环的第一次执行之前进行评估。如果表达式为真，则执行 statement_or_statement_group。如果表达式为假，则退出循环。

·step_assignment 在每次循环的末尾执行。end_expression 会再次被评估。如果为真，循环将重复，否则退出循环。

以下代码片段是使用 for 循环的简单示例，该示例用 b_bus 的反向位位置对 a_bus 的每一位进行异或运算。对于一个 4 位总线，a_bus[0] 与 b_bus[3] 进行异或，a_bus[1] 与 b_bus[2] 进行异或，依此类推。

```
parameter N = 4;
logic[N-1:0]a, b, y;

always_comb begin
  for (int i = 0; i <= N-1; i++)
    y[i]= a[i] ^ b[(N-1)-i];        //a 和 b 的逆序进行异或运算
end
```

综合编译器通过首先"展开"循环来实现循环，这意味着循环中的语句或 begin-end 语句组被复制了循环迭代的次数。在上面的代码片段中，赋值语句被复制了四次，因为 i 将从 0 迭代到 3。综合在展开循环后看到的代码是：

```
always_comb begin
  y[0] = a[0] ^ b[3-0];
  y[1] = a[1] ^ b[3-1];
  y[2] = a[2] ^ b[3-2];
  y[3] = a[3] ^ b[3-3];
end
```

循环执行的迭代次数必须是固定的次数，以便综合能够展开循环。具有固定迭代次数的循环被称为静态循环，详见 6.3.1 节。

当迭代次数较大时，循环的优势变得明显。如果在上述 for 循环片段中，a 和 b 是 64 位总线，那么手动对这两个 64 位总线进行异或运算将需要 64 行代码。使用 for 循环，无论总线的向量大小如何，只需两行代码。

示例 6.7 展示了上述代码片段的完整参数化模型。

示例 6.7 使用 for 循环对向量的位进行操作

```
module bus_xor
#(parameter N = 4)                    // 总线大小
(input    logic [N-1:0]  a, b,        // 可扩展的输入大小
 output   logic [N-1:0]  y            // 可扩展的输出大小
);

   always_comb begin
     for (int i=0; i<N; i++) begin
       y[i] = a[i] ^ b[(N-1)-i];     //a 和 b 的逆序进行异或运算
     end
   end

endmodule: bus_xor
```

图 6.7 是该模型综合的结果。

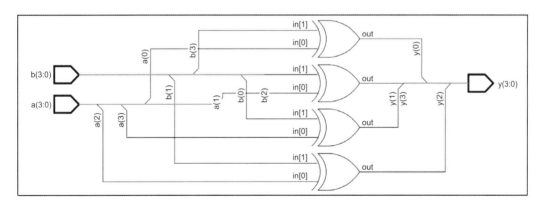

图 6.7 示例 6.7 的综合结果：对向量位进行操作的 for 循环

由图 6.7 可知，for 循环的四次迭代被展开为四个异或运算的实例。

1. 静态循环与数据依赖循环

静态循环，也称为数据独立循环，其迭代次数可以在不需要知道任何线网或变量的值的情况下确定。"for(int i=0;i<=3;i++)"是一个静态循环，该循环将迭代 4 次（i=0 到 i<=3），循环的迭代次数不依赖于其他信号。

数据依赖循环是一个非静态循环，需要评估线网或变量的值以确定循环将执行多少次。"for(int i=0;i<=count;i++)"的循环是数据依赖的，因为在不知道 count 值的情况下，无法确定循环将迭代多少次。

2. 零延迟和定时循环

零延迟循环不包含任何形式的时序信息。零延迟循环表示组合逻辑。在仿真中，零延迟循环瞬时执行。

在综合生成的门级实现中，零延迟循环在一个时钟周期内执行。示例 6.7 中显示的 for 循环是一个零延迟静态循环。

定时循环在执行每次循环时消耗时间。定时循环不代表组合逻辑的行为，因为循环的执行可能需要超过一个时钟周期才能完成。

最佳实践指南 6.3

将循环代码编写为静态、零延迟循环，并具有固定的迭代次数。

为了展开循环，综合编译器需要能够静态确定循环迭代的次数。编写一个可以模拟但不可综合的 for 循环是可能的，而且非常简单，如下例所示：

```
always_comb begin        // 查找 32 位向量中设置的最低位
  low_bit = '0;
  end_count = 32;
  for (int i = 0; i < end_count; i++) begin
    if (data[i])begin
      low_bit = i;
      end_count = i;  // 导致循环提前终止
    end
  end
end
```

上述代码片段的意图是遍历数据向量以查找最低有效位。循环从数据的最低有效位，即位 0 开始，向上迭代，直到数据中的某个位被设置为 1。循环在找到第一个设置为 1 的位时终止，修改循环结束条件的值 end_count。尽管 end_count 在循环开始之前被初始化为 32，但其值在循环执行过程中可以改变。

综合编译器在处理这段代码片段时遇到的问题是，无法静态确定循环迭代的次数，因为循环的结束条件可以根据数据的仿真值而变化。为了展开循环，综合要求循环执行固定次数。

示例 6.8 展示了上述代码片段的一种可综合的编码风格。示例 6.8 使用一个静态循环来确定循环结束，而不是依赖数据的值来决定循环的结束。在找到最低位后，循环不会在发现最低位时提前终止，而是简单地对剩余的迭代不做任何操作。

示例 6.8　使用 for 循环查找向量中设置的最低位

```systemverilog
module find_lowest_bit
#(parameter N = 4)                 // 总线大小
(input  logic [N-1:0]        data,
 output logic [$clog2(N):0]  low_bit
);

  logic done;                      // 本地标志位

  always_comb begin
  // 查找向量中设置为 1 的最低位
    low_bit = '0;
    done = '0;
    for (int i = 0; i <= N-1; i++) begin
      if (!done) begin
        if (data[i]) begin
          low_bit = i;
          done = '1;
        end
      end
    end
  end

endmodule: find_lowest_bit
```

图 6.8 显示了此示例的综合结果。在此示例中，数据的总线大小被参数化，并设置为仅 4 位宽，从而减少原理图的大小以适应本书的页面大小。

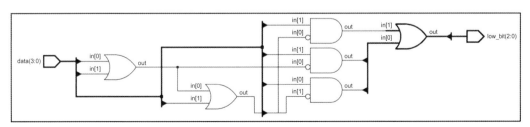

图 6.8　示例 6.8 的综合结果：使用 for 循环查找最低位设置

最佳实践指南 6.4

所有循环都应使用固定的迭代大小进行编码。这种编码风格确保循环可以展开，并且将被所有综合编译器支持。

---

3. for 循环迭代变量的生命周期和可见性

用于控制 for 循环的变量称为循环迭代变量。通常，循环迭代变量在初始赋值中声明，如下所示：

```
for (int i = 0; ……
```

当作为初始赋值的一部分声明时，迭代变量是局部变量，只存在于 for 循环，不能在循环外部引用。局部迭代变量是自动的，这意味着变量在循环开始时创建，并在循环退出时消失。

迭代变量也可以在 for 循环外部声明，例如在模块级别或在命名的 begin-end 组中（详见 6.1.2 节）。外部声明的迭代器变量在循环退出后仍然存在，并且可以在声明该变量的同一作用域内的其他地方使用。循环退出时，外部变量的值将是结束条件评估为假之前由步进赋值分配的最后一个值。

6.3.2 repeat 循环

repeat 循环执行固定次数的循环，其一般语法如下所示：

```
repeat(iteration_number)
  statement_or_statement_group
```

以下示例使用 repeat 循环将数据信号提升到 3 次方（数据的立方）：

```
always_comb begin
  result = data;
  repeat(2) begin
    result = result * data;
  end
end
```

SystemVerilog 有一个指数幂运算符（详见 5.12 节），但某些综合编译器不支持该运算符。上面的代码片段展示了如何使用 repeat 循环以算法方式执行指数运算：不断地将一个值与自身相乘。

与 for 循环一样，如果循环的边界是静态的，即循环迭代的次数是固定的，而不是依赖于在仿真过程中可能变化的值，则 repeat 循环是可综合的。

示例 6.9 展示了上述指数运算片段的一个更完整的示例。在这个示例中，数据输入的宽度和指数或幂运算都是参数化的，以使示例更加灵活。参数是在运行时固定的常量，在编译时确定。因此，使用参数作为迭代次数的 repeat 循环是一个静态循环，是可综合的。模型的输出 q 是时序逻辑，因此 q 是通过非阻塞赋值进行赋值的。循环内的迭代是组合逻辑，其最终结果被寄存在 q 中。阻塞赋值用于临时变量，以便其新值始终可用于循环的下一次迭代或存储在 q 中。

示例 6.9 使用 repeat 循环将值提升到指数的幂

```
module exponential
#(parameter E = 3,                  // 幂指数
  parameter N = 4,                  // 输入总线大小
  parameter M = N*2                 // 输出总线大小
)
(input  logic        clk,
 input  logic [N-1:0] d,
 output logic [M-1:0] q
);


  always_ff @(posedge clk) begin: power_loop
    logic [M-1:0] q_temp;           // 循环内部的临时变量
    if (E == 0)
      q <= 1;                       //0 的幂次方是十进制 1
    else begin
      q_temp = d;
      repeat (E-1) begin
        q_temp = q_temp * d;
      end
      q <= q_temp;
    end
  end: power_loop


endmodule: exponential
```

图 6.9 是示例 6.9 的综合结果。当 E 的值为 3 时，repeat 循环执行 2 次，导致综合创建 2 个乘法器实例。输出向量 q 的每一位由一个通用触发器寄存。此图中仅显示了输出寄存器触发器的第一个。

静态的、零延迟的 for 循环或 repeat 循环将综合为组合逻辑。如果这个组合逻辑的输出被寄存器中的触发器寄存，那么由循环推导出的组合逻辑的总传播延迟必须小于一个时钟周期。

注意：不同的 ASIC 或 FPGA 设备的能力和限制可能差异很大。在编写时，使用乘法、除法、取模和幂运算符的 RTL 模型应匹配目标设备的能力。

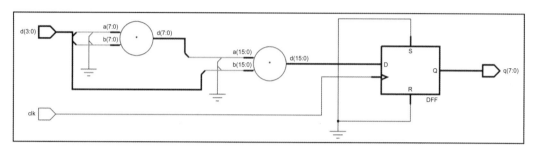

图 6.9 示例 6.9 的综合结果：repeat 循环以提高指数

请注意，在图 6.9 中，示例 6.9 中由 repeat 循环推导出的乘法器是级联的。乘法器链的总传播延迟需要在一个时钟周期内，以便有效且稳定的结果能够在输出触发器中寄存。一些综合编译器可以进行寄存器重定时，插入或移动寄存器以在组合逻辑中创建流水线。寄存器重定时是综合编译器的一个特性，超出了本书的范围。有关此主题的更多信息，请参考特定综合编译器的文档。

如果寄存器重定时不可用，则需要将不符合设计时钟周期的循环重新编码为流水线或状态机，以手动将循环分解为多个时钟周期。

6.3.3 while和do-while循环

尽管许多综合编译器支持 while 和 do-while 循环，但它们有一些限制，限制了它们在 RTL 模型中的使用，并可能使代码难以维护和重用，这是因为它们的循环次数可能不是静态的。

最佳实践指南 6.5

在 RTL 建模中使用 for 循环和 repeat 循环，不要使用 while 和 do-while 循环。

---

while 循环执行一个编程语句或 begin-end 语句组，直到 end_expression 变为假。end_expression 在循环的顶部进行测试。如果在第一次进入循环时 end_expression 为假，则语句或语句组根本不会执行。如果 end_expression 为真，则执行语句或语句组，然后循环返回到顶部再次测试 end_expression。

do-while 循环也会执行一个编程语句或 begin-end 语句组，直到 end_expression 变为假。在 do-while 循环中，结束表达式在循环的底部进行测试。因此，当循环第一次进入时，循环中的语句将始终执行一次。如果循环到达底部时结束表达式为假，循环将退出。如果结束表达式为真，循环将返回顶部并再次执行语句或语句组。

以下代码展示了一个不可综合的 while 循环示例：

```
always_comb begin:count_ones
  logic [15:0] temp;           // 局部临时变量
  num_ones = 0;
  temp = data;
  while (temp)begin            // 只要在 temp 中设置了一个位，就可以循环
    if(temp[0]) num_ones++;
    temp >>= 1:                // 将临时变量右移 1 次
  end
end:count_ones
```

上述代码计算 16 位数据信号中有多少位被设置为 1。数据的值被复制到一个名为 temp 的临时变量中。如果 temp 的第 0 位被设置，则 num_ones 计数器递增。然后 temp 变量右移 1 次，这将移出第 0 位并将 0 移入第 15 位。只要 temp 的值为真，即 temp 中至少有一位被设置，循环就会继续。当 temp 的值为假时，循环退出。temp 中如果有 X 或 Z 的位且没有位设置为 1，也会导致 while 循环退出。

这个例子是不可综合的，因为循环执行的次数依赖于数据，而不是静态的。综合无法静态确定循环将执行多少次，因此无法展开循环。

6.3.4 foreach循环和遍历数组

foreach 循环遍历非合并数组的所有维度。非合并数组是一个线网或变量的集合，可以使用数组名称整体操作集合，也可以使用数组的索引操作数组的单个元素。数组的元素可以是任何数据类型和向量大小，但数组的所有元素必须具有相同的类型和大小。

数组可以具有任意数量的维度，数组声明的示例如下所示：

```
//4096 个 8 位变量的一维非合并数组
logic [7:0] mem [0:4095];

//32 位变量的二维非合并数组
logic [31:0] look_up_table [8][256];
```

数组每个维度中元素的数量可以通过使用 [起始地址：结束地址] 来指定，如上面的 mem 数组，或者通过使用一个 [维度大小]，如 look_up_table 数组来指定。

foreach 循环用于遍历数组元素。foreach 循环将自动声明其循环控制变量，自动确定数组的起始和结束索引，并自动确定索引的方向（递增或递减循环控制变量）。

以下示例遍历一个表示查找表的二维数组，其中包含一些数据。对于数组中的每个元素，都会调用一个函数对该值进行某种操作（该函数未显示）。

```
bit [7:0] LUT [0:7][0:255];          // 查找表（2 态）


always @ (posedge clk)
  if (update) begin
    foreach (UT[i,j]) begin
      update_function(LUT[i][j]);
    end
  end
```

需要注意的是，i 和 j 变量并未声明，foreach 循环会自动在内部声明这些变量。也不需要知道数组每个维度的边界，foreach 循环会自动从每个维度的最低索引值迭代到最高索引值。

注意： 在撰写本书时，一些综合编译器不支持 foreach 循环。工程师应确保项目中使用的所有工具支持此循环类型，然后再在 RTL 模型中使用它。

一种遍历数组所有维度的替代编码风格是使用 for 循环，上面的例子可以重写为使用所有综合编译器支持的静态 for 循环：

```
always @ (posedge clk)
  if(update)begin
    for (int i = 0; i <= 7; i++)begin
      for(int j = 0;j <= 255;j++)begin
        update_function(LUT[i][j]);
      end
    end
  end
```

请注意，在这个嵌套的 for 循环示例中，每个数组维度的大小及其起始和结束索引值必须硬编码以匹配数组声明。SystemVerilog 还提供了数组查询系统函数，可以用来使 for 循环更通用，并适应不同大小或参数化大小的数组。

上面的示例可以写成：

```
always @ (posedge clk)
  if (update)begin
    for (int i = $left(LUT,1);
              i <= $right(LUT,1);
              i = i-$increment(LUT,1))begin
      for (int j = sleft(LUT,2);
                j <= $right(LUT,2);
                j = j-$increment(LUT,2))begin
        update_function(LUT[i][j]);
      end
    end
  end
```

注意：在撰写本书时，一些综合编译器不支持数组查询系统函数。工程师应确保项目中使用的所有工具支持这些函数，然后再在 RTL 模型中使用它们。

以下是数组查询系统函数的简要描述（有关这些数组查询函数的更多信息，请参阅 IEEE1800SystemVerilog 语言参考手册）：

·$right(array_name, dimension)：返回指定维度的最右索引号。维度从 1 开始，从最左的未合并维度开始。在最右的非合并维度之后，维度编号继续从最左的合并维度开始，并以最右的合并维度结束。

·$left(array_name, dimension)：返回指定维度的最左索引号。维度的编号与 $right 相同。

·$increment(array_name, dimension)：如果 $left 大于或等于 $right，则返回 1；如果 $left 小于 $right，则返回 −1。

·$low(array_name, dimension)：返回指定维度的最低索引号，该维度可以是左索引或右索引。

·$high(array_name, dimension)：返回指定维度的最高索引号，该维度可以是左索引或右索引。

·$size(array_name, dimension)：返回指定维度中的元素总数（与 $high-$low+1 相同）。

·$dimensions(array_name)：返回数组中的维度数量，包括打包和未打包的维度。

6.4 跳转语句

跳转语句允许代码跳过一个或多个编程语句。SystemVerilog 的跳转语句包括 continue、break 和 disable。

6.4.1 continue和break跳转语句

continue 和 break 跳转语句用于循环中控制循环内语句的执行。这些跳转语句只能在 for 循环、while 循环和 foreach 循环中使用，不能在循环外使用。

continue 语句跳转到循环的末尾，并评估循环的结束表达式，以确定循环是否应续进行下一次迭代。以下代码片段使用 for 循环遍历建模为 1 维数组的 16 位字的小查找表的地址。表中的位置值为 0 的位置通过使用 continue 语句被跳过。对于非零位置，调用一个函数对该值进行某种操作（该函数未显示）。

```
bit [15:0] LUT[0:255];                  // 查找表（2 态存储）
always_ff @ (posedge clk)
  if(update)begin
    for(int i = 0; i <= 255; i++)begin
      if(LUT[i]==0)continue;            // 跳过空元素
      update_function(LUT[i], new_data);
    end
  end
```

break 语句立即终止循环的执行。循环退出，任何循环控制语句，例如 for 循环的步进赋值都不会被执行。

示例 6.10 演示了如何使用 continue 和 break 来找到范围内第一个被置高的位。

示例 6.10 使用 continue 和 break 控制 for 循环执行

```
module find_bit_in_range
#(parameter N = 4)                       // 总线大小
(input  logic [N-1:0]            data,
 input  logic [$clog2(N)-1:0]    start_range, end_range,
 output logic [$clog2(N)-1:0]    low_bit
);

  always_comb begin
```

```
      low_bit = '0;
      for (int i=0; i<N; i++) begin
        if (i < start_range) continue;     // 跳过循环的其余部分
        if (i > end_range)   break;        // 退出循环
        if ( data[i] ) begin
          low_bit = i;
          break;                           // 退出循环
        end
      end                                  // 循环结束
      //...                                // 基于最低位设置的数据处理
    end

endmodule: find_bit_in_range
```

图 6.10 是示例 6.10 的综合结果。

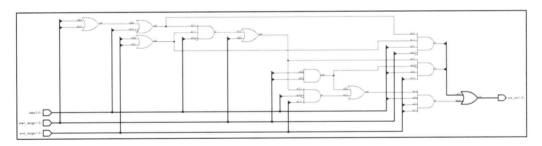

图 6.10 示例 6.10 的综合结果

6.4.2 disable跳转语句

SystemVerilog 的 disable 语句类似于其他编程语言中的 go-to 语句。disable 跳转到命名语句组的末尾或任务的末尾。disable 跳转语句的一般用法如下所示:

```
begin : block_name
  repeat(64)begin
    if(parity_error)disable block_name; // 提前退出循环
  end
end:block_name
```

在上述代码片段中, begin-end 语句组被命名为 search_loop。disable 语句指示仿真立即跳转到这个命名的 begin-end 组的末尾。

最初的 Verilog 语言没有 continue 和 break 跳转语句, 但有 disable 语句, 该语句的一般用途是在继续执行下一次循环的基础上, 跳转到循环的末尾。

disable 语句如果要在循环内跳过语句，但继续执行循环，则命名的 begin-end 组必须包含在循环内。如果要跳出循环，命名的 begin-end 组必须包围整个循环。

以下示例展示了与示例 6.10 相同的功能，但使用了 disable 跳转语句，而不是 continue 和 break 语句。

```
always_comb begin
  low_bit = '0;
  begin:loop_block
    for(int i=0; i < N; i++)begin:loop
      if(i < start_range)  disable loop;       // 跳过循环的其余部分
      if(i > end_range)  disable loop_block; // 退出循环
      if(data[i])begin
        low_bit = i;
        disable loop_block;                    // 退出循环
      end
    end:loop
  end:loop_block
  //...// 基于最低位设置的数据处理
end
```

最佳实践指南 6.6

使用 continue 和 break 跳转语句来控制循环迭代。不要使用 disable 跳转语句。

如上所示，disable 跳转语句可以提供与 break 和 continue 跳转语句相同的功能，但 disable 跳转语句使代码更难以阅读和维护。使用 continue 和 break 跳转语句是一种更简单、更直观的编码风格。

disable 是一种通用的跳转语句，可用于验证测试平台中，而使用 disable 的其他方式通常不被综合编译器支持。

6.5 空操作语句

SystemVerilog 编程语句以分号（；）结束。单独的分号也被视为一个完整的编程语句。由于没有功能需要执行，孤立的分号执行一个空操作，通常称为空操作语句。

以下代码片段表示一个使用触发器的寄存器，用于存储数据变量。由 case 语句表示的多路输入决定要存储在数据寄存器中的值。

```
always_ff @ (posedge clk)
  case (mode)
    2'b00:data <= data_in;        // 加载数据
    2'b01:data <= data << 1;      // 向左移动
    2'b10:data <= data >> 1;      // 向右移动
  endcase
```

此代码片段中的 case 语句未解码值 2'b11。尽管在这个例子中功能上是正确的，但不完整的 case 语句可能在代码审查时引发问题，或者在其他工程师需要维护或重用代码时出现疑问：未解码值 2'b11 是故意的，还是模型中的一个疏漏（错误）？在这个例子中没有任何东西表明这一点。关于未使用的 2'b11 值添加注释会很有帮助，但常常会遇到注释不充分的代码。

使用空操作语句可以使 RTL 模型可读性更强。以下代码片段在功能上与上面的示例相同，即使没有注释，意图也很明显，即值 2'b11 不打算改变数据寄存器。

```
always_ff @ (posedge clk)
  case (mode)
    2'b00:data <= new_data;       // 将新数据加载到寄存器中
    2'b01:data <= data << 1;      // 向左移动数据
    2'b10:data <= data >> 1;      // 向右移动数据
    2'b11:;                       // 空操作
  endcase
```

在时序逻辑中，空操作语句会被综合编译器忽略，没有要实现的功能，因此寄存器将保留其存储的值。然而，在组合逻辑中，空操作语句不能被综合编译器忽略，当对变量没有赋值时，它将保留其先前的值。综合可能会添加一个锁存器，以便逻辑可以保持先前的值。

最佳实践指南 6.7

在 RTL 建模中不要使用空操作语句。

尽管空操作语句被综合编译器支持，但它在 RTL 功能中没有任何目的，并且可能导致组合逻辑中意外出现锁存器，因此不建议在 RTL 代码中使用它。

6.6 RTL建模中的函数和任务

SystemVerilog 有函数和任务语句，使得将复杂功能划分为更小的、可重用的代码块成为可能。函数在 RTL 建模中非常有用，本节将对此进行探讨。任务虽然可以综合，但有一定限制，在 RTL 模型中价值不大。使用无返回值的函数（将在本节后面讨论）是一种比使用任务更好的 RTL 编码风格。因此，本书中仅简要讨论任务。

函数和任务可以在模块或接口中定义（见第 10 章），并在使用它们的地方调用。定义可以出现在调用函数或任务的语句之前或之后。函数和任务也可以在包（package）中定义，然后导入到模块或接口中。导入语句必须出现在调用函数或任务之前。

6.6.1 函 数

当被调用时，函数执行其编程语句并返回值。函数的调用可以在任何可以使用表达（如线网或变量）的地方使用。下面的示例展示了函数定义和对该函数的调用：

```
function automatic logic[N-1:0]factorial_f([N-1:0]in);
  logic [N-1:0]f;
  if(in <= 1) f = 1;
  else        f = in * factorial_f(in-1);
  return f;
endfunction:factorial_f


always_ff @ (posedge clk)
  out <= factorial_f(a) + factorial_f(b);
```

SystemVerilog 语法要求函数在零仿真时间内执行。可综合的函数不能包含时钟周期或传播延迟。

1. 静态函数和动态函数

函数（和任务）可以声明为静态或动态。如果未指定，则在模块、接口或包中定义的函数的默认值为静态。

静态函数保留从一次调用到下一次调用的任何内部变量或存储的状态。函数名称和函数输入是隐式内部变量，并将在函数退出时保留其值。这种静态存储的效果是对函数的新调用可以记住前一次调用的值。这种记忆在验证代码中可能很有用，但其行为并不总是准确地模拟综合编译器从函数实现的门级行为，这可能导致 RTL 模型仿真与 ASIC 或 FPGA 的实际功能之间的不匹配。

动态函数在每次调用时分配新的存储空间。递归函数调用，例如上面示例中的 `factorial_f` 函数，需要自动存储。（重入任务调用，其中两个不同的过程同时调用同一个任务，也需要自动存储）

最佳实践指南 6.8

在 RTL 模型中使用的函数应声明为动态的。

静态存储的默认设置不适合硬件行为的 RTL 建模。此外，综合编译器要求在包或接口中声明的函数必须声明为动态的。

函数默认使用静态存储是有历史原因的。在 Verilog 仿真的早期，当计算机内存有限且处理器性能较慢时，静态存储有助于提高仿真运行时间性能。在现代仿真器和计算服务器中，静态存储与动态存储之间没有真正的性能优势。SystemVerilog 标准保持了最初 Verilog 语言的静态函数默认设置，以便与遗留代码保持向后兼容。

2. 函数返回值

函数的返回数据类型在函数名称之前立即定义。在上面的 `factorial_f` 示例中，函数返回一个 N 位宽的向量，类型为 logic（4 态）。如果未指定返回类型，则函数默认返回 1 位逻辑（4 态）类型。

SystemVerilog 提供两种方式来指定函数的返回值：

· 使用 return 关键字，如上面的 `factorial_f` 示例所示。return 关键字后面跟着要由函数返回的值。可选地，这个返回值可以用括号括起来。

· 将值赋给函数的名称。函数名称是与返回值相同数据类型的隐式变量。这个隐式变量可以在函数计算返回值时用于临时存储。赋给函数名称的最后一个值成为函数的返回值。本节开头所示的 `factorial_f` 函数可以重新编码，以使用函数名称作为隐式内部变量来计算和返回一个值。

```
function automatic logic [N-1:0] factorial_f([N-1:0]in);
  if(in <= 1) factorial_f = 1;
  else        factorial_f = in * factorial_f(in-1);
endfunction:factorial_f
```

3. 无返回值的函数

可选地，函数返回类型可以声明为 void。无返回值的函数不返回值，不能像其他函数那样用作表达式。无返回值的函数作为语句调用，而不是作为表达式。

```
typedef struct{
  logic[31:0] data;
  logic[3:0]  check;
  logic       valid;
}packet_t;

function void set_packet_f([31:0] in, output packet_t out);
  out.data = in;
  for (int i = 0; i <= 7; i++)
    out.check[i] = ^in[(8*i)+:8];
  out.valid = 1;
endfunction
```

最佳实践指南 6.9

在 RTL 建模中使用 void 函数替代任务。仅在验证代码中使用任务。

---

void 函数和任务之间的唯一区别是函数必须在零时间内执行。大多数综合编译器不支持任务中的任何形式的时钟延迟。使用 void 函数替代任务使得这一综合限制成为语法要求，并可以防止编写能够仿真但无法综合的 RTL 模型。

4. 函数参数

函数定义中的参数称为形式参数，函数调用中的参数称为实际参数。

形式参数可以是 input、output 或 inout，并且使用与模块端口相同的语法进行声明。如果未定义，则默认方向为输入，上述 fill_packet 示例中的 in 形式参数是一个 32 位 4 态输入，而 out 输出是用户定义的 packet_t 类型的形式参数。

形式参数也可以声明为 ref，而不是方向。ref 参数是指向函数调用的实际参数的指针的一种形式。要使用 ref 参数，函数必须声明为动态的。

最佳实践指南 6.10

在 RTL 模型中使用的函数中仅使用输入和输出形式参数，不要使用 inout 或 ref 形式参数。

所有 RTL 综合编译器都支持输入和输出函数参数。某些 RTL 综合编译器不支持 inout 和 ref 参数。

5. 调用函数

在调用函数时，有两种将实际参数传递给形式参数的编码风格：按顺序传递和按名称传递。使用按顺序传递，第一个实际参数传递给第一个形式参数，第二个实际参数传递给第二个形式参数，依此类推。按名称传递使用与按名称连接模块相同的语法。形式参数的名称前面有一个句点（.），后面跟着用括号括起来的实际参数。

给定函数定义：

```
function automatic int inc_f(int count, step);
  return (count + step);
endfunction
```

传递实际参数的两种风格是：

```
always_ff @ (posedge master_clk)
  m_data <= inc_f(data_bus, 1);         // 按顺序传递

always_ff @ (posedge slave_clk)         // 按名称传递
  s_data <= inc_f(.count(data_bus), .step (8) );
```

6. 函数输入默认值

正式输入参数可以被赋予默认值，如下所示：

```
function automatic int inc_f(int count, step=1);
  return (count + step);
endfunction
```

带有默认值的参数不需要传递实际值。如果没有传递实际值，则使用默认值，例如：

```
always_ff @ (posedge master_clk)
  m_data <= inc_f( .count(data_bus) );
```

如果传递了实际值，则使用实际值，如下所示：

```
always_ff @ (posedge slave_clk)
  s_data <= inc_f( .count(data_bus), .step(8) );
```

注意：在撰写本书时，某些综合编译器不支持默认输入值。工程师应确保

项目中设计流程所使用的所有工具都支持默认输入值，然后再在 RTL 模型中使用它们。

7. 使用返回语句可以提前退出函数

返回语句也可以用于在函数中的所有语句执行之前退出函数。以下示例可以在三个不同的点退出函数：如果最大输入为 0，则函数在执行 for 循环之前退出，如果 for 循环迭代器达到最大值，则函数在到达循环末尾之前退出，如果 for 循环完成，则函数在到达 endfunction 时退出。

```
parameter N = 32;

function automatic void sum_to_endpoint_f
(output [N-1:0]result,
 input  [$clog2(N)-1:0]endpoint,
 input  [N-1:0]data_array[64]        // 查找表数组
);
    result = data_array[0];
    if(endpoint == 0)return;          // 提前退出该功能
    for(int i=1;i<=63;i++)begin
      result = result +data_array[i];
      if(i == endpoint)return;        // 提前退出该功能
    end
endfunction                           // 功能结束时退出
```

8. 参数化函数

参数化模块是 SystemVerilog 中一种强大且广泛使用的功能。参数可以为模块的每个实例重新定义，使模块易于配置和重用。模块级参数可以在函数定义中使用，如前面的 sum_to_endpoint_f 函数示例所示。使用模块级参数意味着对函数的所有调用将具有相同的向量大小。该函数无法配置，以便在调用函数的每个地方使用不同的向量大小。

函数不能像模块那样进行参数化。SystemVerilog 不允许函数定义具有可以在每次调用函数时重新定义的内部参数，这限制了编写可重用、可配置函数的能力。然而，对于这个限制有一个解决方法，即在参数化虚拟类中声明静态函数。类定义中的静态函数可以直接使用作用域解析运算符（::）调用，而无需创建对象。

每次调用该函数时，可以重新定义类参数，如下例所示：

```
virtual class Functions #(parameter SIZE = 8);
```

```
   static function[SIZE-1:0] adder_f(input[SIZE-1:0] a, b);
      return a + b;// 默认为 8 位加法器
   endfunction
endclass


always_comb begin
  y16 = Functions #(.SIZE(16))::adder_f(al6,b16);
                   // 重新配置为 16 位加法器
  y32 = Functions#(.SIZE(32))::adder_f(a32,b32);
                   // 重新配置为 32 位加法器
end
```

参数化函数使得只需创建和维护一个版本的函数，而不必定义多个具有不同数据类型、向量宽度或其他特征的版本。

请注意，在类定义中，static 关键字位于函数关键字之前；而在模块中，static 或 automatic 关键字位于函数关键字之后。这有一个重要的语义差异：在类中，static 函数声明了函数在类中的生命周期，并限制了函数在类中可以访问的内容；在模块中，function static 或 function automatic 指的是函数内部参数和变量的生命周期。

注意：在撰写本书时，并非所有综合编译器都支持参数化虚类中的 static 函数。工程师在项目中使用 RTL 模型之前，应确保所有使用的工具支持参数化虚类中的 static 函数。

6.6.2 任 务

任务是一个子例程，它封装了一条或多条编程语句，以便可以从不同地方调用或在其他项目中重用。与函数不同，任务没有返回值。一个示例任务是：

```
task automatic ReverseBits(input  [N-1:0] in,
                           output [N-1:0] out);
  for (int i = 0; i < N; i++)
    out[(N-1)-i] = in[i];
endtask
```

任务被称为编程语句，并使用输出形式参数将值传递出任务。

```
always_ff @ (posedge clk)begin
  ReverseBits(a,a_reversed);
  ReverseBits(b,b_reversed);
end
```

在语法上，任务与函数非常相似，除了任务没有返回类型。任务和函数之间一个重要的区别是，任务可以包含时钟周期和传播延迟。然而，大多数综合编译器要求任务内的编程语句在零仿真时间内运行。这一综合限制使得任务几乎与无返回值的函数相同。由于无返回值函数在语法上强制执行零时间，因此在 RTL 模型中需要子程序时，最佳编码实践是使用无返回值函数而不是任务。ReverseBits 的任务可以重写为如下的无返回值函数：

```
function automatic void ReverseBits(input  [N-1:0] in,
                                    output [N-1:0] out);

   for(int i = 0; i < N; i++)
      out[(N-1) - i] = in[i];

endfunction

always_ff @ (posedge clk)begin
   ReverseBits(a,a_reversed);
   ReverseBits(b,b_reversed);
end
```

6.7 小 结

SystemVerilog 拥有一套强大的编程语句，包括决策、循环、跳转和 goto。本章重点介绍大多数综合编译器支持的编程语句，以确保 RTL 模型能够正确进行仿真和综合。

RTL 仿真器和综合编译器需要知道何时执行编程语句。带有敏感列表（显式或隐式）的 always 过程块用于控制何时执行语句。SystemVerilog 有四种类型的 always 过程块，分别是使用关键字 always 的通用过程块，以及使用关键字 always_ff、always_comb 和 always_latch 的专用 always 过程块。本章介绍了这些构造，并在多个代码示例中使用了它们。接下来的章节将更详细地探讨这些 always 过程块的正确用法，重点研究组合逻辑、时序逻辑和锁存逻辑组件的 RTL 建模。

编程语句也可以包含在函数和任务中，这些函数和任务可以从 always 过程块中调用。本章同时也讲解了函数和任务的规则及最佳编码实践。

第 7 章　组合逻辑建模

本章基于前几章讨论的编程语句和运算符，增加了有关组合逻辑 RTL 模型最佳实践编码风格的更多细节。本章所强调的是：如何编写 RTL 模型，以确保仿真行为与后综合门级行为相匹配。

数字门级电路可以分为两大类：本章讨论的组合逻辑电路，以及下章讨论的时序逻辑电路。锁存器是组合逻辑电路和时序逻辑电路之间的交叉，作为一个独立主题将在第 9 章讨论。

组合逻辑（combinational logic）描述的是门级电路，其中逻辑块的输出直接反映该块输入值的组合。例如，二输入与门的输出是两个输入的逻辑与。如果输入值发生变化，输出值将反映该变化。组合逻辑的 RTL 模型需要反映这种门级行为，这意味着逻辑块的输出必须始终跟随该逻辑块当前输入值的变化而变化。

SystemVerilog 在可综合 RTL 级别表示组合逻辑有三种方式：连续赋值、always 过程块和函数。本章将探讨这些编码风格，并推荐最佳的编码风格。

本章介绍的主题包括：

- 连续赋值语句。
- 遵循严格编码指南的 always 过程块。
- always_comb 过程块和仿真规则。
- 已废弃的 always@* 过程块。
- 使用函数建模组合逻辑。

7.1 连续赋值（布尔表达式）

连续赋值将表达式或操作的结果驱动到线网或变量上。显式连续赋值是以 assign 关键字开头的语句。连续赋值的一个简单示例如下：

```
assign sum = a + b;
```

赋值的左侧，即上面的 sum，会在右侧发生任何值的变化时（例如 a 或 b 发生变化时）进行更新。每当右侧发生变化时，左侧的这种持续更新的行为就是组合逻辑行为的模型。

连续赋值语法允许在右侧发生变化与左侧更新之间指定传播延迟。然而，综合编译器期望零延迟的 RTL 模型，并将忽略连续赋值中的延迟。这可能导致经过延迟验证的设计与忽略延迟的综合实现之间的不匹配。本书仅展示零延迟的示例。

1. 左侧类型

连续赋值的左侧可以是标量（1 位）、向量线网、变量类型或用户定义类型。左侧不能是非合并结构体或非合并数组。

在连续赋值的左侧使用线网和变量之间有一个重要区别：

·线网类型（如 wire 或 tri）可以由多个源驱动，包括多个连续赋值、多个连接到模块或原语实例的输出或 inout 端口，或驱动源的任意组合。

·变量类型（如 var 或 int）只能从单一源赋值，单一源可以是单个输入端口、单个连续赋值或任意数量的过程赋值（多个过程赋值被视为单一源，综合要求多个过程赋值必须在同一过程内）。

请注意，logic 关键字会推断出一种数据类型，但 logic 本身不是线网或变量类型。单独使用 logic 时，将推断其是一个变量，并只能单源赋值。使用关键字组合 output logic 来声明模块端口时，也会推断出其是一个变量。使用关键字组合 input logic 或 inout logic 来声明模块端口时，将推断出其是一个 wire 线网类型，具有接收多个驱动源的能力。

最佳实践指南 7.1

在连续赋值的左侧使用变量，以防止意外的多个驱动源。只有打算让一个信号有多个驱动源时，才在左侧使用 wire 或 tri。

仅当需要多个驱动源时（例如共享总线、三态总线或双向模块端口）使用线网类型（如 wire 或 tri）。

对于 RTL 建模，语义规则的一个重要优点是变量只能有一个来源。大多数 ASIC 和 FPGA 设备中的信号为单源逻辑，但三态总线和双向端口除外。变量的单源限制有助于防止不慎的编码错误，例如对同一信号进行多个连续赋值或连接。使用变量类型时，多个源这种类型的错误编码将在仿真和综合中报告为编译或展开错误。

2. 向量宽度不匹配

连续赋值的左侧可以与右侧的信号或表达式结果具有不同的位宽大小。当这种情况发生时，SystemVerilog 会自动调整右侧的向量宽度以匹配左侧的大小。如果右侧的向量宽度大于左侧，则右侧的最高有效位将被截断到左侧的大小。如果右侧的向量宽度较小，则右侧的值将向左扩展到左侧的大小。如果表达式或操作结果是无符号的，则左侧用 0 进行扩展。如果右侧表达式或操作结果是有符号的，则使用符号位进行扩展。

最佳实践指南 7.2

确保连续赋值和过程赋值的两侧具有相同的向量宽度。避免左侧和右侧表达式的向量大小不匹配。

在某些情况下，工程师也会故意使左右两侧的向量大小不同，例如变量的旋转操作（详见 5.10.2 节）。当工程师故意设计大小不匹配时，"大小转换"在 RTL 代码中表明该不匹配是有意为之的。大小转换还可以消除来自 lint 检查工具对大小不匹配警告信息，这有助于确保任何无意的匹配警告不会被忽视（详见 5.15.2 节）。

7.1.1　显式连续赋值和隐式连续赋值

连续赋值有两种形式：显式连续赋值和隐式连续赋值。显式连续赋值使用 assign 关键字声明，如前面的代码片段和示例所示，这种形式的连续赋值可以赋值给线网类型和变量类型。隐式连续赋值将线网类型的声明与连续赋值结合在一起，这种形式的连续特性是推断出来的，即使没有使用 assign 关键字。

推断线网声明赋值的示例如下所示：

wire [7:0] sum = a + b;

请注意，推断线网声明赋值与变量初始化不同，例如：

int i = 5;

变量初始化仅执行一次，而推断线网声明赋值是一个过程，该过程在右侧表达式的值发生变化时更新左侧线网，这种赋值是可综合的。可综合的 RTL 模型的变量初始化请参考 3.4.4 节。

7.1.2　多个连续赋值

一个模块可以包含任意数量的连续赋值。每个连续赋值都是一个独立的过程，与其他连续赋值并行运行。所有连续赋值在仿真时间零开始评估右侧，并运行到仿真结束。

模块中的多个过程赋值可以用来表示数据流行为，其中功能通过使用 SystemVerilog 运算符的布尔方程建模以产生输出，而不是使用过程编程语句。在 RTL 模型中，数据流赋值表示数据在寄存器之间流动的组合逻辑。

以下示例使用连续赋值来建模数据在加法器、乘法器和减法器之间的流动。该数据流的结果在每个时钟的上升沿存储在一个寄存器中。

由于模块中的多个连续赋值并行运行，因此 RTL 源代码中赋值的顺序没有区别，这可以通过比较示例 7.1 中的连续赋值语句的顺序和图 7.1 中显示的综合结果的数据流顺序看出来。RTL 代码按加法、减法、乘法的顺序列出赋值语句，但操作的数据流是加法、乘法、减法。

示例 7.1　具有寄存器输出的数据流处理的加法、乘法、减法

```systemverilog
module dataflow
#(parameter N = 4)                    // 总线大小
(input  logic        clk,             // 标量输入
 input  logic [N-1:0] a, b, c,        // 可扩展的输入大小
 input  logic [ 1:0]  factor,         // 固定的输入大小
 output logic [N-1:0] out             // 可扩展的输出大小
);

  logic [N-1:0] sum, diff, prod;

  assign sum  = a + b;
  assign diff = prod - c;
  assign prod = sum * factor;

  always_ff @(posedge clk)
    out <= diff;

endmodule: dataflow
```

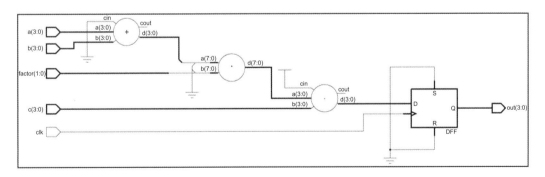

图 7.1　示例 7.1 的综合结果：连续赋值作为组合逻辑

7.1.3　同时使用连续赋值和always过程块

一个模块可以混合着包含连续赋值和 always 过程块。下面的简单示例说明了一个具有双向数据总线的简单静态 RAM。在从 RAM 读取时，数据总线作

为输出驱动。当数据总线未被读取时，数据总线被赋值为高阻抗，以便其他设备可以驱动总线。连续赋值用于建模输出功能，always 过程块用于建模输入功能，以便在时钟的上升沿触发。

```
module SRAM(inout wire[7:0]  data,
            input logic[7:0]  addr,
            input logic       rw,        //0=read, 1=write
            input logic       clk,
            );
  logic[7:0] mem[0:255];                 //RAM 存储阵列
  // 如果 rw=0, 则为 RAM 数据; 如果 rw=1, 则为高阻态
  assign data = (!rw)? mem[addr]:'Z;
  // 如果 rw=1, 则同步写入 RAM
  always @ (posedge clk)
    if(rw) mem[addr] <= data;

endmodule:SRAM
```

数据总线是一个双向的 inout 端口，必须是线网类型，例如 wire 或 tri，以便能够有多个驱动器。当数据总线是 RAM 的输出时，可以由 RAM 驱动；当数据总线是写入 RAM 的输入时，可以由其他模块驱动。只有连续赋值可以赋值给线网数据类型。

每个连续赋值和每个 always 过程块都是一个独立的过程，它们并行运行，从仿真时间零开始，并持续运行整个仿真。模块内的连续赋值和 always 过程块的顺序无关紧要，因为这些过程是并行运行的。

7.2 always和always_comb过程块

组合逻辑主要使用 always 过程块进行 RTL 的建模，具体来说是指通用的 always 关键字或特定的 always_comb 关键字。这些 always 过程块可以利用第 5 章和第 6 章中讨论的强大操作符编程语句，而连续赋值仅限于使用 SystemVerilog 操作符。

一个简单的组合逻辑加法器被建模为 always 过程块和 always_comb 过程块的例子如下所示：

```
always @ (a,b)begin
  sum = a + b;
```

```
end

always_comb begin
   sum = a + b;
end
```

7.2.1 组合逻辑always的综合

综合编译器同时支持 always 和 always_comb 过程块。

在使用通用 always 过程块时，综合编译器对 RTL 设计工程师施加了若干编码限制，工程师必须了解并遵守这些限制。这些限制包括：

·过程块的敏感列表应包括每个可能影响组合逻辑 output(s) 的信号。敏感列表在 7.2.2 节中有更详细的讨论。

·过程块的敏感列表必须对每个信号的所有可能值变化敏感。它不能包含 posedge 或 negedge 关键字。

·该过程块应在零仿真时间内执行，并且不应包含任何形式的传播延迟，例如 #、@ 或 wait 时间控制。

·在组合逻辑过程中的变量被赋值后，不应由其他过程块或连续赋值再赋值。（同一过程块内允许多次赋值）

最佳实践指南 7.3

用零延迟建模所有 RTL 组合逻辑。

综合不允许使用 @ 或 wait 时间控制延迟，并将忽略 # 延迟。忽略 # 延迟可能导致"仿真中验证的 RTL 模型"与"综合后的门级电路实现"之间的不匹配。

7.2.2 使用通用always过程块建模

RTL 中的 always_comb 自动强制执行上述编码限制。敏感性是推断的，不允许使用 @ 或 wait 时间控制，并且在 always_comb 过程块中赋值的变量不能被其他过程块或连续赋值赋值。

最佳实践指南 7.4

使用 RTL 特定的 always_comb 过程块来建模组合逻辑，而不是使用通用 always 过程块。

尽管不推荐用于 RTL 建模，但本书讨论了如何正确使用通用 always 过程块来建模组合逻辑，因为在遗留的 Verilog 模型中常见到这种通用 always 过程块。

1. 组合逻辑的敏感列表

通用 always 过程块需要一个敏感列表，以告知仿真器何时处理过程块中的编程语句。敏感列表使用以下形式指定：

```
always @ (a, b, mode) begin
  if(!mode) result = a + b;    // 当 mode=0 时，执行加法
  else      result = a - b;
end
```

敏感列表中的每个信号可以用逗号分隔，如上面的示例所示，或者用关键字 or 分隔，如 @(a or b or mode)。使用逗号与 or 关键字没有优劣之分。一些工程师更喜欢用逗号分隔的列表，因为 or 关键字可能被误认为是逻辑或操作，而不仅仅是列表中信号之间的分隔符。

2. 完整的敏感列表

在组合逻辑中，组合块的输出直接反映了该块的当前输入值。为了模拟这种行为，always 过程块要在任何输入变化时，执行其编程语句。组合 always 过程块的输入是过程块中的语句读取的任何信号的值。在上面的加法器示例中，过程块的输入即在过程内读取的信号是：a，b 和 mode。

3. 过程块输入与模块输入

组合逻辑过程块的输入可能与包含该过程块的模块的输入端口不对应。一个模块可能包含多个过程块和连续赋值，因此，每个过程块都具有输入端口。一个模块还可能包含内部信号，这些信号的作用是在过程块和连续赋值之间传递值，这些内部信号不会被包含在模块端口列表中。

4. 不完整的敏感列表——一个建模陷阱

陷阱是一个编程术语，指的是语法上合法但实际表现不如预期的代码。通用 always 过程块允许出现这种类型的编码错误。如果组合逻辑过程块的一个或多个输入不小心被遗漏在敏感列表中，RTL 模型也可以编译，并且可能看起来能够正确仿真。然而，充分的验证将表明，在某些时间段内，组合逻辑块的输出 output(s) 并未反映当前输入值的组合。考虑以下代码片段：

```
always @ (a, b) begin
  if(!mode) result = a + b;         //mode=0 时，执行加法
  else      result = a - b;
end
```

由上述代码可知，改变 mode，result 的输出不会更新为新的操作结果，直到 a 或 b 的值发生变化。在 mode 改变与 a 或 b 改变之间的时间内，result 的值是错误的。

这种编码错误在只读取少数信号值的小型组合逻辑块中是很明显的，但在更大、更复杂的逻辑块中，读取 10、20 甚至数十个信号并不罕见。在涉及如此多信号时，容易不小心遗漏敏感列表中的一个信号。在设计开发过程中，修改 always 过程块，从而添加另一个信号到逻辑中是很常见的，但同样的，也很可能忘记将其添加到敏感列表中。这个编码陷阱的一个严重问题是，许多综合编译器仍然会将这个不正确的 RTL 模型实现为门级组合逻辑。尽管综合的实现可能是设计者所期望的，但它并不是在 RTL 仿真中验证的设计功能。因此，设计功能未得到充分验证，这可能会导致实际的 ASIC 或 FPGA 中出现错误。

5. 过时的 always@* 过程块

IEEE1364-2001 标准（通常称为 Verilog-2001）试图通过添加特殊标记来解决不完整敏感列表的问题，这些标记会自动推断出完整的敏感列表 @*，例如：

```
always @ * begin
  if(!mode) result = a + b;          //mode=0 时，执行加法
  else      result = a - b;
end
```

可选地，星号可以用括号括起来，如 @(*)。@* 标记提供了一种比"在组合逻辑敏感列表中显式列出信号"更好的编码风格。然而，这个标记有两个问题：

·综合编译器对组合逻辑建模施加了一些限制。使用 @* 推断出一个敏感列表，但并不强制执行其他组合逻辑建模的综合规则。

·没有推断出完整的敏感列表。如果一个组合逻辑过程调用一个函数，但没有将函数中使用的所有信号作为函数参数传递，则会推断出一个不完整的敏感列表。

最佳实践指南 7.5

　　使用 SystemVerilog 的 `always_comb` 来自动推断正确的组合逻辑敏感列表。不要使用过时的 @* 推断敏感列表。

`always_comb` 过程块将推断出准确的敏感列表，而不会遇到显式列表的风险或 @* 的问题。`always_comb` 过程块还通过限制编码行为，强制使综合工具准确建模组合逻辑。

最初的 Verilog 语言仅具有通用 always 过程块。尽管非常有用，但该过程块的通用性在用于 RTL 建模时存在严重的局限性。作为一种通用过程块，always 可以用于建模组合逻辑、时序逻辑、锁存逻辑和各种验证过程。当综合编译器遇到一个 always 过程块时，编译器无法知道设计工程师打算对哪种类型的功能进行建模。相反，综合编译器必须分析过程块的内容，并试图推断设计者的意图。综合很可能推断出不同于工程师预期的功能类型。

通用 always 过程块的另一个局限性是，它不强制执行综合编译器为表示组合逻辑行为所需的 RTL 编码规则。使用通用 always 过程块的模型可能看起来能够正确仿真，但可能无法综合到预期的功能，导致工程师浪费时间重写 RTL 模型，并在模型可以综合之前重新验证仿真中的功能。

7.2.3 使用RTL专用always_comb过程块建模

SystemVerilog 引入了 RTL 专用 always 过程块，例如 always_comb，以解决通用always过程的局限性。以下示例对前面的算术逻辑单元功能进行建模，但使用 always_comb 而不是 always。

```
always_comb begin
  if(!mode) result = a + b;        //mode=0 时，执行加法
  else      result = a - b;
end
```

在编写 RTL 模型时，always_comb 过程块具有许多优点：

·完整的敏感列表会自动推断。该列表是完全完整的，避免了 @* 推断不完整敏感列表的极端情况。

·在 always_comb 过程中使用 #、@ 或 wait 来延迟语句的执行是不允许的，这是使用零延迟过程块的综合指导原则。在 always_comb 中使用这些时间控制是错误的，在 RTL 模型的编译和展开过程中会发现这一错误。

·在 always_comb 过程块中赋值的变量不能在另一个过程块或连续赋值中进行再次赋值，这是综合编译器所要求的限制。违反此综合规则的编码错误将在 RTL 模型的编译和展开过程中被发现。

always_comb 的语义规则与综合编译器对组合逻辑 RTL 模型的编码限制相匹配，这些规则有助于确保工程时间不会浪费在验证无法综合的设计上。

always_comb 过程块还有一个特定于仿真的语义规则。组合逻辑的行为是输出的值代表该逻辑块输入值的组合。在通用 always 过程块里，必须有一个信号在敏感列表中发生值变化，才能触发该过程块内赋值语句的执行。如果在仿

真开始时敏感列表中的信号没有值变化，则组合逻辑过程块的输出不会更新，以匹配该过程块的输入值。组合逻辑的 always 过程块将在敏感列表中的信号值改变之前，持续产生不正确的输出值。这个问题是一个 RTL 仿真毛刺。门级实现将不会有这个问题。

RTL 专用 always_comb 过程块可以解决这个仿真毛刺。always_comb 过程块在仿真开始时自动触发，以确保该过程块中的所有变量赋值准确反映仿真时间零时输入的值。

7.2.4 使用阻塞（组合逻辑）赋值

SystemVerilog 有两种赋值运算符形式：阻塞赋值（=）和非阻塞赋值（<=）。这两种赋值类型影响更新赋值语句左侧值的顺序。阻塞赋值（=）会立即更新左侧的变量，使得新值可以在随后的 begin-end 语句序列中被使用。这种即时更新有效地模拟了组合逻辑数据流中值传播的行为。

最佳实践指南 7.6

仅在建模组合逻辑行为时使用阻塞赋值（=）。

以下代码片段通过组合逻辑过程块中的多个赋值语句展示了组合逻辑数据流：

```
always_comb begin
  sum = a + b;
  prod = sum * factor;
  result = prod - c;
end
```

在这个过程中，变量 sum 会立即更新为 a+b 的运算结果。sum 的新值随后流向下一个语句，在那里新值被用来计算 prod 的新值。prod 的新值随后流向代码的下一行，并用于计算 result 的值。

赋值语句的阻塞行为对于在零延迟 RTL 模型中正确模拟此数据流至关重要。每行代码中的阻塞赋值会阻止下一行的评估，直到当前行用新值更新其左侧变量。每行代码的评估被阻塞从而确保每行使用的是由前一行赋值的新变量值。

如果在上述代码片段中不当使用了非阻塞赋值，则每个赋值使用其右侧变量的先前值，而不是在这些变量被更新为新值之后的值，显然这不是组合逻辑行为！然而，综合编译器在使用非阻塞赋值时可能仍会创建组合逻辑，导致在 RTL 仿真中验证的行为与综合后实际的门级行为不匹配。

7.2.5 避免组合逻辑过程中产生的锁存器

在 RTL 建模中，一个常见的问题是代码会推断出锁存器行为，而这些代码本意是表示组合逻辑行为。SystemVerilog 语言规则要求过程赋值的左侧必须是某种类型的变量。在过程赋值的左侧不允许使用线网类型数据。使用变量的原本意图是纯组合逻辑，但这一要求可能会在无意间产生锁存器。当触发非时钟 always 过程块（组合逻辑过程块）且不对该过程块使用的变量进行赋值时，就会发生锁存器行为。最常见的两种方式如下所示：

（1）决策语句在每个分支中为不同的变量赋值，如以下代码片段所示：

```
always_comb begin
  if(!mode) add_result = a + b;
  else   subtract_result = a - b;
end
```

（2）决策语句的可能值不全，导致执行分支进入保持不变的状态，以下代码片段说明了这个问题：

```
always_comb begin
  case (opcode)
    2'b00:result = a + b;
    2'b01:result = a - b;
    2'b10:result = a * b;
  endcase
end
```

在仿真中，这个简单的例子似乎正确地建模了一个组合逻辑加法器、减法器和乘法器。然而，如果操作码输入的值是 2'b11，则这个例子不会对 result 变量进行任何赋值。因为 result 是一个变量，它保留了之前的值。值的保持行为类似于锁存器，尽管其意图是使 always_comb 过程块表现为组合逻辑。

即使使用 always_comb 过程块，也会推断出一个锁存器。综合编译器和 lint 检查器会报告一个警告或非致命错误，指出在 always_comb 过程块中推断出了一个锁存器。这个警告是 always_comb 过程块优于常规 always 过程块的几个优点之一。always_comb 过程块记录了设计工程师的意图，当过程块中的代码与该意图不匹配时，软件工具可以进行报告。第 9 章讨论了在 RTL 模型中表示锁存器的正确编码风格，以及如何在意图为组合逻辑时避免无意间产生锁存器。

7.3 使用函数表示组合逻辑

正确编码时，函数的行为和综合表现为组合逻辑。

最佳实践指南 7.7

在 RTL 模型中使用的函数应始终声明为自动的。

为了表示组合逻辑行为，每次调用函数时必须计算新的函数返回值。如果调用静态函数且未分配返回值，则静态函数将隐式返回其上一次调用的值。这是锁存器行为，而不是组合逻辑行为。将 RTL 模型中使用的所有函数声明为自动函数，可以避免此编码错误，详见 6.6.1 节。

示例 7.2 定义了一个使用 Russian Peasant Multiplication 算法（即一系列加法和移位操作）计算乘法操作的函数。该函数在一个 package 中定义，使得乘法器可以在任何模块中使用。

SystemVerilog 推断出一个与函数同名且数据类型相同的变量。示例 7.2 中的代码利用了这一点。函数的名称 multiply_f 被用作临时变量，以保存 for 循环中的中间计算。当函数退出时，存储在函数名称中的最终值成为函数的返回值。

示例 7.2 使用 Russian Peasant Multiplication 算法计算乘法操作的函数

```
package definitions_pkg;
  //Russian Peasant Multiplication算法
  function automatic [7:0] multiply_f([7:0] a, b);
    multiply_f = 0;
    for (int i=0; i<=3; i++) begin
      if (b == 0) continue;            // 全部完成，完成循环
      else begin
        if (b & 1) multiply_f += a;    // 函数名是变量
        a <<= 1;                       // 向左移动 1 次乘以 2
        b >>= 1;                       // 向左移动 1 次除以 2
      end
    end
  endfunction
endpackage: definitions_pkg


module algorithmic_multiplier
import definitions_pkg::*;
```

```
(input  logic [3:0] a, b,
 output logic [7:0] result
);
  assign result = multiply_f(a, b);
endmodule: algorithmic_multiplier
```

图 7.2 显示了对该函数的综合结果，以及从连续赋值语句调用该函数的方法。

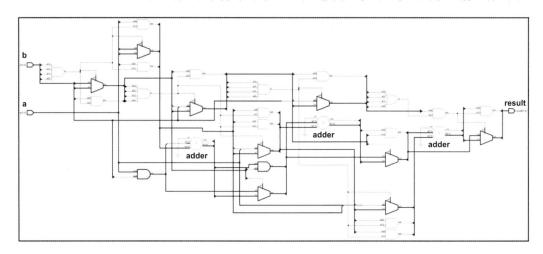

图 7.2 示例 7.2 的综合结果：作为组合逻辑的 function 块

最佳实践指南 7.8

尽可能使用 SystemVerilog 运算符进行复杂操作，例如 *，不要用循环和其他编程语句。

示例 7.2 中的算法乘法器也说明了为什么使用 SystemVerilog 运算符进行复杂操作（如乘法和除法）是更可取的。在示例 7.2 中使用乘法运算符（*），综合编译器可以将该运算符映射到特定目标 ASIC 或 FPGA 的最有效乘法器。

设计工程师在使用算术运算符或算法表示复杂操作时需要谨慎。RTL 模型不是在具有大量内存资源的通用计算机上运行的软件程序，它是门级实现的抽象，所表示的功能需要在目标 ASIC 或 FPGA 中物理适配，并在有限的时钟周期内进行时间适配。

7.4 组合逻辑决策优先级

SystemVerilog 中 if-else-if 决策和 case 语句的语义是按照顺序进行选择分

支的。只有第一个匹配的分支会被执行。这种行为使得表示优先编码逻辑成为可能，即其中一个选择优先于另一个选择。以下代码片段展示了一个使用 if-else-if 决策建模的 4-2 优先编码器，其中高位优先于低位：

```systemverilog
logic [3:0] d_in;
logic [1:0] d_out;

always_comb begin
  if      (d_in[3]) d_out = 2'h3;    // 位 3 已设置
  else if(d_in[2]) d_out = 2'h2;     // 位 2 已设置
  else if(d_in[1]) d_out = 2'h1;     // 位 1 已设置
  else if(d_in[0]) d_out = 2'h0;     // 位 0 已设置
  else             d_out = 2'hX;     // 未设置位
end
```

上述编码器也可以使用 case 语句来建模，下面的示例使用了一种称为 reverse case 语句的编码风格，8.2.5 节将详细讨论该编码技术。

```systemverilog
always_comb begin
    case(d_in) inside
      4'b1???: d_out = 2'h3;         // 位 3 已设置
      4'b01??: d_out = 2'h2;         // 位 2 已设置
      4'b001?: d_out = 2'h1;         // 位 1 已设置
      4'b0001: d_out = 2'h0;         // 位 0 已设置
      4'b0000: d_out = 2'hX;         // 未设置位
    endcase
end
```

if-else-if 示例和 case 语句示例在功能上是相同的，并将综合为等效的门级电路（综合结果参见图 6.3 和图 6.6）。

7.4.1 从case语句中移除不必要的优先编码

上述优先编码器示例依赖于 if-else-if 决策和 case 语句的优先评估流程。然而，大多数决策系列并不依赖于按列出顺序评估的这种仿真语义。有限状态机（FSM）独热码状态解码器说明了这一点，每个独热码值与所有其他值都是唯一的。因此，case 项是互斥的——没有两个 case 项可以同时为真。对于互斥的 case 项，case 项的评估顺序无关紧要，case 语句的优先性质也不重要。

以下示例展示了一个简单的独热码状态解码器。独热编码在枚举类型标签的文本值中。

```
typedef enum logic [2:0]{READY = 3'b001,
                         SET   = 3'b010
                         GO    = 3'b100} states_t;


    always_comb begin
      case (current_state)
        READY  :next_state = SET;
        SET    :next_state = GO;
        GO     :next_state = READY;
        default:next_state = READY;
      endcase
    end
```

在将 RTL case 语句转换为门级实现时，综合编译器将在需要时保留优先级编码评估，例如之前展示的 BCD 示例。然而，当 case 项是互斥时，综合编译器将自动移除优先级编码，并创建并行逻辑来评估 case 项。并行电路比优先级编码电路更快，也需要更少的门。

7.4.2 unique和unique0决策修饰符

在某些罕见情况下，case 语句不需要进行优先级评估，但综合编译器无法静态确定 case 项在所有条件下是否互斥。当这种情况发生时，综合编译器认为它们将在门级实现中保留优先级编码。这种情况通常发生在以下情况之一：

· case 项表达式可以使用通配符，代表该位可能为任何值。case inside 决策也允许通配符位。由于这些位可以是任何值，因此 case 表达式可能匹配多个 case 项。

· case 项表达式不能使用变量，这是因为综合是一个静态编译过程，因此无法确定变量的值是否永远不会重叠。

示例 7.3 是一个 reverse case 语句，其中 case 项是具有一个变量的独热码。

示例 7.3 状态解码器与优先编码逻辑（部分代码）

```
typedef enum logic [2:0] {READY = 3'b001,
                          SET   = 3'b010,
                          GO    = 3'b100} states_t;


    always_comb begin
      {get_ready, get_set, get_going} = 3'b000;
      case (1'b1)
```

```
        current_state[0]: get_ready = '1;
        current_state[1]: get_set   = '1;
        current_state[2]: get_going = '1;
    endcase
  end
```

设计工程师可能知道 current_state 使用的是独热码，因此 case 项是互斥的。然而，综合编译器无法静态确定 current_state 变量在所有情况下只会有一个位被设置。因此，综合将使用优先编码逻辑实现这个解码器。case 语句不会自动优化为并行评估。图 7.3 显示了此 case 语句的综合结果。

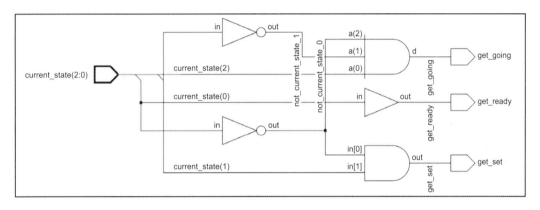

图 7.3 示例 7.3 的综合结果：具有优先级的 case 语句

通过观察可知道，综合编译器使用了一系列缓冲器和逻辑门，用来解码这个非常简单的独热码值集合。这是因为综合编译器无法识别 current_state 变量仅具有独热码值，因此 case 项是互斥的。

1. unique 决策修饰符

当综合无法自动检测到 case 项是互斥时，设计工程师需要告知综合编译器这些 case 项彼此互斥。这可以通过在 case 关键字之前添加一个唯一的 unique 修饰符来完成，如示例 7.4 所示。

示例 7.4 状态解码器与独热码并行编码逻辑（部分代码）

```
typedef enum logic [2:0] {READY = 3'b001,
                          SET   = 3'b010,
                          GO    = 3'b100}  states_t;


  always_comb begin
    {get_ready, get_set, get_going} = 3'b000;
    unique case (1'b1)
```

```
        current_state[0]: get_ready  = '1;
        current_state[1]: get_set    = '1;
        current_state[2]: get_going  = '1;
      endcase
    end
```

图 7.4 是示例 7.4 的综合结果。

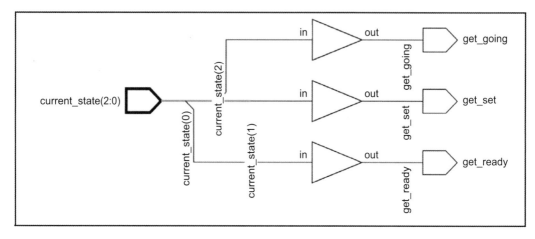

图 7.4 示例 7.4 的综合结果：使用 unique 的 case 语句

使用 unique 指示综合编译器可以并行评估 case 项，与图 7.3 中所示的优先级实现相比，这显著减少了该独热解码器的门数和传播路径。

对于综合，unique 决策修饰符表示每个 case 项表达式都将具有互斥的"唯一"值，因此门级实现可以并行评估 case 项。unique 修饰符进一步告知综合，任何在 case 状态中未使用的 case 表达式值，都是可以忽略的内容。这可以触发综合优化，从而减少门电路数量和传播路径，但在某些设计中，这些优化可能并不理想。关于使用 unique 的综合效果和最佳实践指南将在 9.3.5 节讨论。

对于仿真，unique 支持运行时错误检查。如果出现以下情况，将报告违例信息：

· 在任何时候都不会有多个 case 项表达式同时为真。

· 每个 case 表达式值都有一个分支。

最佳实践指南 7.9

只有在确定综合逻辑可简化的情况下，才能使用 unique 决策修饰符。

大多数情况下,不需要也不应该在case语句中使用unique决策修饰符——uniqeu修饰符可能会导致综合门级优化,这在许多设计中可能并不可取。

示例7.3和示例7.4中展示的case语句编码风格是少数几个例外之一,在这些例外中,综合编译器需要决策修饰符以实现最佳的结果质量。

2. Unique0 决策修饰符

SystemVerilog-2009 添加了一个独特的决策修饰符——unique0。与unique 类似,unique0 决策修饰符告知综合编译器每个 case 项表达式将具有相互排斥的"独特"值,因此门级实现可以并行评估 case 项。然而,与unique 不同,unique0 修饰符不会告知综合忽略在 case 语句中未使用的任何case 表达式值。unique 和 unique0 的综合效果及最佳实践指南将在9.3.5 节中讨论。

对于仿真,unique0 决策修饰符仅启用运行时错误检查,以确保在同一时间内没有多个 case 项表达式为真。如果 case 语句被评估且没有匹配的 case 项,则不会出现运行时违规消息。

最佳实践指南 7.10

在 RTL 模型中使用 unique 决策修饰符,不要使用 unique0 决策修饰符。unique0 修饰符在未来可能会被推荐,但在撰写本书时,仿真工具和大多数综合编译器并不支持 unique0。

7.4.3 废弃的parallel_case综合指令

SystemVerilog 在最初的 Verilog 语言中添加了 unique 和 unique0 决策修饰符。在传统 Verilog 中,设计工程师告诉综合编译器所有 case 项可以被视为互斥的唯一方法是通过 parallel_case 综合指令。综合指令是以单词 synthesis开头的特殊注释。仿真工具会忽略这些注释,但综合编译器会对这些特殊指令采取行动。

```
case(<case_expression) //synthesis parallel_case
```

注意: 在撰写本书时,很多商业综合编译器并未识别 //synthesis 作为综合指令。与之相反,这些编译器要求指令以 //pragma 或 //synopsys 开头。

使用注释来给综合编译器提供指令存在风险。诸如 parallel_case 的指令可以对 case 语句的门级实现产生显著影响。这些影响在仿真中并未得到验证! 对于仿真器而言,综合指令不过是一个注释。RTL 级别的验证并不是验证与门级实现相同的功能。

unique 和 unique0 决策修饰符替代了 parallel_case 综合指令——这些决策修饰符是语言的一个活跃部分，而不是一个注释。

·unique0 case 在综合中的效果与 parallel_case 指令相同，此外 unique0 还启用运行时仿真检查，每次评估 case 语句时，case 表达式最多只能匹配一个 case 项（如果 case 表达式不匹配任何 case 项，也不算错误）。

·unique case 在综合中的效果相当于一对综合指令——parallel_case 和 full_case（详见 9.3.7 节）。unique 修饰符允许在运行时进行仿真检查，每次评估 case 语句时，case 表达式必须精确匹配一个 case 项。

最佳实践指南 7.11

不要使用过时的 parallel_case 综合指令！

综合编译器在自动检测 case 语句是否可以实现为并行解码器而不影响设计功能方面非常出色。在极少数情况下，如果综合编译器需要被告知使用并行实现，请使用 unique 决策修饰符。unique 决策修饰符告知综合编译器 case 项可以像 parallel_case 指令一样被视为互斥，但决策修饰符增加了仿真运行时检查，以帮助检测在 RTL 仿真过程中 case 项并行解码的潜在问题。

unique0 决策修饰符更准确地描述了 parallel_case 综合指令，但本书不推荐使用 unique0，因为在撰写本书时大多数综合编译器不支持该功能。

7.5 小 结

本章讲解了在 RTL 模型中表示组合逻辑的最佳编码实践，同时考虑了仿真行为和综合结果。组合逻辑的定义是输出值始终跟随输入值的变化而变化。本章介绍了 SystemVerilog 在可综合 RTL 级别表示组合逻辑的三种方式：assign 赋值、always 过程块和函数。

assign 赋值语句是一种简单的组合逻辑建模方法。每当赋值右侧的线网或变量的值发生变化时，连续赋值会自动重新计算。RTL 连续赋值可以使用任何可综合的 SystemVerilog 运算符，但不能使用编程语句。连续赋值的右侧可以进行函数调用，并且该函数可以使用编程语句。

always 过程块是一个无限循环，包含一个单一的编程语句或一组 begin-end 编程语句。为了对组合逻辑行为进行建模，always 过程块必须从一个敏感列表开始，该列表在每个可能影响组合逻辑输出的线网或变量发生变化时触发。

always 过程块在 SystemVerilog 中是通用过程块，可对组合逻辑、时序逻辑、锁存逻辑、验证循环和其他行为进行建模。通用 always 过程块要求设计工程师明确地定义一个准确的敏感列表，并遵循严格的编码指南，以便将 always 过程块综合为组合逻辑。工程师在使用通用 always 过程块时容易犯错误，这些错误在仿真时似乎正常，但在综合时并不能按预期工作。SystemVerilog 在最初的 Verilog 语言中增加了 always_comb 过程块，以解决这些问题。always_comb 过程块会自动推断出正确的敏感列表，并在语法或语义上要求遵循若干综合限制。

　　函数允许将编程语句分组，以便可以在多个地方直接调用函数，而无需重复编写代码。返回值基于函数输入的函数可以表示组合逻辑。本章还讨论了在模拟 case 语句时的隐含优先级。当不需要这种优先级评估时，例如在有互斥 case 项的情况下，综合编译器将从 case 语句的门级实现中删除不必要的优先级编码逻辑。综合编译器几乎总是会自动执行此操作，但在某些罕见情况下，设计工程师需要指导综合编译器。使用 unique 和 unique0 决策修饰符可以应对这种罕见情况。过时的 parallel_case 综合指令不应使用。

第 8 章　时序逻辑建模

数字门级电路可以分为两大类：组合逻辑电路和时序逻辑电路。本章将讨论时钟触发的时序逻辑电路（即触发器电路），电平敏感的时序逻辑电路（即锁存器电路）将在下一章讨论。

时序逻辑描述了门级电路，其输出反映了门级电路内部状态存储的值。只有特定的输入变化（例如时钟边沿），才会导致存储值发生变化。对于 D 型触发器，时钟输入的特定边沿将改变触发器的存储，但 D 输入值的变化不会直接改变存储。相反，特定的时钟边沿会导致触发器的内部存储在时钟边沿时更新为 D 输入的值。

时序逻辑的 RTL 模型需要反映这种门级行为，这意味着逻辑块的输出必须在一个或多个时钟周期内存储一个值，并且仅在特定输入变化时更新存储的值，而不是在所有输入变化时更新存储的值。

在 RTL 级别，使用 always 或 always_ff 过程块来建模这种时序行为。本章将讨论：

- RTL 时序逻辑的综合要求。
- always_ff 时序逻辑建模。
- 时序逻辑 clk 到 Q 的传播和建立时间 / 保持时间。
- 使用非阻塞赋值来建模 clk 到 Q 的传播效应。
- 同步复位和异步复位。
- 多个时钟和时钟域交叉（CDC）。
- 在时序逻辑 RTL 模型中使用单位延迟。
- 对有限状态机（FSM）进行建模。
- 对 Mealy 和 Moore FSM 架构进行建模。
- 状态解码器，以及使用 unique case 的独热解码器。
- 对内存设备（如 RAM）进行建模。

8.1 触发器和寄存器的RTL模型

触发器和寄存器用于在一段时间内存储信息。触发器和寄存器这两个术语通常表达相同的含义，尽管它们在加载和复位方式上可能存在差异。触发器是一种存储元件，在时钟边沿改变存储状态。各种各样的硬件应用都可以由触发器构建，例如计数器、数据寄存器、控制寄存器、移位寄存器和状态寄存器。

寄存器可以由任何类型的数据存储设备构建，包括触发器、锁存器和 RAM。大多数硬件寄存器是由触发器构建的。

时钟驱动的时序逻辑触发器和寄存器的 RTL 模型使用 always 或 always_ff 过程块建模，敏感列表使用时钟边沿来触发过程块的评估。RTL 触发器的一个例子如下所示：

```
always_ff@(posedge clk)
  q <= d;
```

一般来说，RTL 模型会编写为在时钟输入的上升沿触发的触发器。所有 ASIC 和 FPGA 设备都支持在时钟的上升沿（上升沿）触发的触发器。一些 ASIC 或 FPGA 设备还支持在时钟的下降沿触发的触发器。触发器和由触发器构成的寄存器可以是不可复位的或可复位的。复位可以与时钟同步的或异步。一些触发器还具有异步置位输入。

在门级设计中，有 SR、D、JK 和 T 等几种类型的触发器。RTL 模型可以抽象出这一实现细节，写成通用触发器。在 RTL 建模中，重点是设计功能，而不是设计实现。综合编译器的作用是将抽象的 RTL 功能描述映射到特定的门级实现。大多数 ASIC 和 FPGA 设备使用 D 型触发器，因此本书假设综合编译器将从 RTL 触发器推断出这种类型的触发器。

8.1.1 RTL时序逻辑的综合要求

当 always 过程块的敏感列表包含关键字 posedge 或 negedge 时，综合编译器将尝试使用触发器。然而，综合编译器还要求满足以下额外的代码限制：

· 程序的敏感列表必须指定时钟的哪个边沿触发触发器状态的更新。

· 敏感列表必须指定异步置位或复位信号。

· 除了时钟、异步置位或异步复位外，敏感列表不能包含其他信号，例如 D 输入或使能输入。

· 该过程块应在零仿真时间内执行。综合编译器忽略 # 延迟，并且不允许使用 @ 或 wait 时间控制。此规则的例外是使用"赋值内单位延迟"（详见 8.1.7 节）。

· 时序逻辑过程块中的变量被赋值后，不能通过其他过程块或连续赋值再次赋值（同一过程内允许多次赋值）。

· 在时序逻辑过程块中的变量不能同时使用阻塞赋值和非阻塞赋值。例如，复位分支使用非阻塞赋值的同时，时钟分支也应该使用非阻塞赋值。

8.1.2 always过程块和always_ff过程块

通用 always 过程块可以用于建模任何类型的逻辑，包括组合逻辑、时钟触发的时序逻辑（触发器）和电平敏感的时序逻辑（锁存器）。为了使通用 always 过程块能够建模触发器行为，always 关键字后面必须紧跟一个敏感列表，该列表指定时钟信号的上升沿或下降沿，如下所示：

```
always@(posedge clk)
  q <= d;
```

尽管这个例子在功能上是准确的，但通用 always 过程块并不要求代码可综合，具体的综合要求见 8.1.1 节。下面的例子在语法上是合法的，但无法综合：

```
always@(posedge clk or enable)    //无法综合
  if (enable)  q <= d;
```

这个例子在仿真中可以编译并运行，没有警告或错误信息，但综合编译器在尝试编译该例子时会报告错误。因为它不符合要求，即在敏感列表中只能包含时钟和异步置位或复位的上升沿，不能包含其他信号。仔细验证 RTL 仿真可以发现，虽然时钟边沿没有到达，但触发器的状态在 enable 值每次变化时都会更新。门级触发器不会存在上述的行为。

always_ff 过程块也要求一个敏感列表，指定时钟的上升沿或下降沿，但 always_ff 还强制执行 8.1.1 节中列出的许多综合要求。SystemVerilog 标准要求所有软件工具在以下情况下报告错误：

·程序体包含一个 #、wait 或 @ 时间控制延迟，这会阻塞程序执行，直到目标延迟时间到达。允许使用内部赋值延迟，因为它不会阻塞程序（详见 8.1.7 节）。

·程序中有对任务的调用（因为任务可以包含延迟）。

·任何其他过程块、连续赋值或输入端口对与 always_ff 过程块相同的变量进行赋值。

IEEE 标准还建议软件工具检查其他综合限制，例如不正确的敏感列表。设计工具，如综合编译器和 lint 检查器，执行这些可选检查，但大多数仿真器不对 always_ff 过程块进行额外检查。这些错误和可选的额外检查有助于确保具有时序逻辑的 RTL 模型能够正确仿真和综合。

always_ff 过程块后必须跟随一个满足综合要求的敏感列表。敏感列表不能像 always_comb 那样从过程块中推断出来。原因很简单。时钟信号在 always_ff 过程块内没有被命名。时钟名称以及触发过程块的时钟边沿必须由设计工程师在敏感列表中明确指定。

最佳实践指南 8.1

使用 SystemVerilog 中的 always_ff 专用过程块来建模 RTL 时序逻辑。不要使用通用 always 过程块。

always_ff 专用过程块强制要求采用综合编译器所需的编码风格，以便正确建模时序逻辑行为。

8.1.3　时序逻辑clk到Q的传播和建立时间/保持时间

在 ASIC 和 FPGA 的实现层面上，时钟触发的时序逻辑与组合逻辑的不同之处如下所示：

· 从时钟输入触发到触发器输出变化的传播延迟，这通常被称为 clk 到 Q 延迟。

· 建立时间和保持时间。建立时间是数据输入在时钟边沿到达之前必须保持稳定的时间段。保持时间是数据在时钟边沿到达后必须保持稳定的时间段。如果数据在建立时间和保持时间内发生变化，则存储的新触发器状态的值将是不确定的。在这些条件下，触发器的状态可能会在一段时间内在不同值之间振荡，然后才稳定到一个确定值，这个不稳定的时间段被称为亚稳态。

抽象的 RTL 模型应该是零延迟模型，这是最佳综合结果质量的要求——这意味着 RTL 模型没有传播延迟。触发器的输出在时钟触发发生的同一时刻改变，而没有门级 clk 到 Q 的传播延迟。作为零延迟模型，抽象 RTL 触发器同样没有建立时间和保持时间，并且不能进入亚稳态。然而，clk 到 Q 的传播行为必须在抽象 RTL 模型中表示，并且 RTL 模型需要反映适当的设计技术，以避免在 ASIC 或 FPGA 中实现时出现亚稳态条件。

在 ASIC 和 FPGA 的实现级别，时钟驱动的时序设备具有 clk 到 Q 的传播延迟。触发器的状态或内部存储在时钟的边沿上更新。过渡到新状态并不是瞬间发生的，内部状态改变值需要一小段时间。在那个过渡期间，触发器的先前状态可在触发器输出上获得。当多个触发器串联在一起时，每个触发器的 clk 到 Q 传播延迟在串联的触发器中产生级联效应。移位寄存器和计数器利用的就是这种级联效应。

图 8.1 是一个 4 位约翰逊计数器，它是一个移位寄存器，最后一个触发器的输出被反转并反馈到第一个触发器的输入。

这个 4 位约翰逊计数器在复位后的示例输出如下所示：

```
cnt[0:3]=0000
```

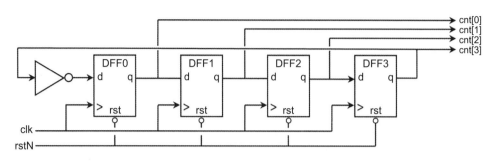

图 8.1 4 位约翰逊计数器示意图

```
cnt[0:3]=1000
cnt[0:3]=1100
cnt[0:3]=1110
cnt[0:3]=1111
cnt[0:3]=0111
cnt[0:3]=0011
cnt[0:3]=0001
cnt[0:3]=0000
```

从一个触发器到下一个触发器的级联效应在此输出中显而易见。

最后一个触发器 DFF4 的输出为 0，被反转后在第一个触发器 DFF1 的 D 输入上变为 1。在第一个时钟周期，这个 1 被存储到 DFF1 中，而 DFF1 的旧状态 0 被级联到 DFF2 中。在第二个时钟周期，DFF1 的输出 1 被级联到 DFF2 中。在第三个时钟周期，DFF2 中的 1 级联到 DFF3 中，而在第四个时钟周期，DFF3 中的 1 级联到 DFF4 中。在第四个时钟周期之后，DFF4 的输出变为 1，DFF1 的 D 输入变为 0。在下一个时钟周期中，0 加载到 DFF1 中，并且这个 0 在每个后续时钟周期中级联通过四个触发器。

约翰逊计数器的设计依赖于每个触发器的 clk 到 Q 的传播延迟，这使得系列中每个触发器的前一个状态可以作为每个后续阶段的稳定 D 输入。至关重要的是，RTL 模型必须保持这种 clk 到 Q 的传播延迟行为，即使 RTL 代码是以零延迟建模的。这种触发器行为的重要特征通过非阻塞赋值符号（<=）表示。

8.1.4 使用非阻塞（时序逻辑）赋值

SystemVerilog 有两种类型的赋值运算符：阻塞赋值和非阻塞赋值。阻塞赋值用等号（=）表示，用于建模组合逻辑行为，例如布尔运算和多路复用器；非阻塞赋值用小于等于号（<=）表示，用于建模时序逻辑，例如触发器和锁存器。

1.5.3 节讨论了 SystemVerilog 仿真器如何调度变化，称为事件。简而言之，阻塞赋值在活动事件区域中调度，并作为单个事件执行，赋值的右侧被评估，左侧的变量立即更新。

非阻塞赋值被调度为一个两步过程，赋值的右侧在活动事件区域中被评估，但对左侧的变化被推迟，直到 NBA 更新区域（NBA 代表非阻塞赋值）时才发生变化。这两步过程模拟了时序逻辑设备的 clk 到 Q 行为。尽管触发器的建模没有传播延迟，但它的行为就像在时钟触发发生和触发器的输出（赋值的左侧）改变值之间存在延迟。在活动区域与 NBA 更新区域之间的 delta 期间，表示触发器输出的变量仍然保持其先前状态。这允许先前的触发器输出级联到另一个触发器的输入。

图 8.2 展示了 SystemVerilog 事件区域的简化流程。

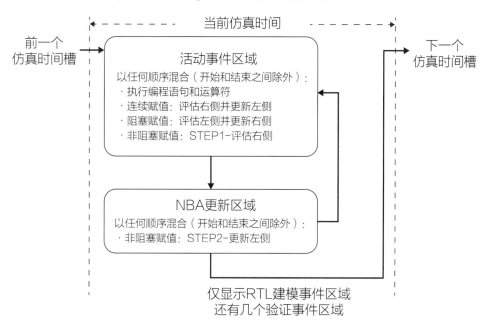

图 8.2 简化的 SystemVerilog 事件调度流程

最佳实践指南 8.2

仅使用非阻塞赋值（<=）来分配时序逻辑块的输出变量。

正确使用阻塞赋值和非阻塞赋值对于准确仿真零延迟 RTL 模型至关重要。示例 8.1 是图 8.1 所示的约翰逊计数器的 RTL 模型。

示例 8.1 4 位约翰逊计数器的 RTL 模型

```
module jcounter
(output logic [0:3] cnt,
```

```
    input logic clk, rstN
);


  always_ff @(posedge clk)
    if (!rstN) cnt <= '0;                // 低电平有效同步复位
    else begin                           // 改变计数
      cnt[0] <= ~cnt[3];
      cnt[1] <=  cnt[0];
      cnt[2] <=  cnt[1];
      cnt[3] <=  cnt[2];
    end
endmodule: jcounter
```

非阻塞赋值提供了实际触发器 clk 到 Q 传播延迟的抽象行为。每个非阻塞赋值语句的右侧，即触发器的输入端 D 在仿真器的活动事件区域中被评估，评估的仿真时间是时钟触发过程的时间。这些发生在赋值的左侧，即触发器输出值改变之前。每个非阻塞赋值的左侧在所有活动事件处理完毕后更新，仿真进入该时刻的 NBA 更新区域。活动区域中时钟触发与 NBA 更新区域中变化之间的差值表示 clk 到 Q 的传播延迟。图 8.3 是综合示例 8.1 的结果。

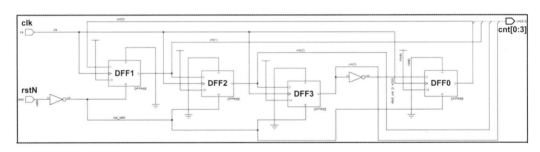

图 8.3 示例 8.1 的综合结果：非阻塞赋值，约翰逊计数器

1. 事件区域内事件的执行顺序

（1）begin-end 块内的赋值。在 begin-end 之间的语句按照它们在 begin-end 中列出的顺序被调度到一个事件区域。在上面显示的约翰逊计数器的 RTL 代码中，四个赋值语句的处理顺序是明确的。然而，这个顺序并不代表门级实现。构成该计数器的四个触发器是并行时钟驱动的，而不是顺序的。在 ASIC 或 FPGA 中，触发器的物理布局可以是任意顺序，这并不重要，因为触发器是并行时钟驱动的。计数器的级联效应是触发器之间的互连和 clk 到 Q 的传播延迟引起的，而不依赖于物理布局或 RTL 语句的顺序。

在建模时序逻辑触发器时，begin-end 组内语句的顺序应当建模为不依赖于特定顺序，非阻塞赋值提供了这种能力。请注意，以下约翰逊计数器 RTL 模型中的赋值语句并不按照计数器中的级联效应的顺序排列。

```
always_ff @ (posedge clk)
  if(!rstN) cnt <= '0;              // 低电平有效同步复位
  else begin                       // 改变计数
    cnt[1] <= cnt[0];
    cnt[3] <= cnt[2];
    cnt[0] <= ~cnt[3];
    cnt[2] <= cnt[1];
end
```

非阻塞赋值的两步执行过程按它们在 begin-end 中列出的顺序调度所有四个赋值语句右侧的评估。然而，顺序并不重要，因为所有调度的活动事件在处理任何 NBA 更新事件之前都会被处理。因此，每个右侧表达式的评估都是使用每个变量的先前值（当前状态），在任何新值传播到这些变量之前，经过对 NBA 更新区域的增量转换。

（2）并发过程中的赋值。来自并发过程的语句，例如多个 always 过程块或多个模块，在活动和 NBA 更新事件区域以任意顺序调度。RTL 设计工程师无法控制这个顺序，但可以控制事件调度的事件区域。这种控制是通过阻塞赋值或非阻塞赋值实现的。以下示例将约翰逊计数器模型拆分为四个独立的 always 过程块，这些过程块可以在单个模块中定义，或在连接在一起的网络列表中的不同模块中定义。

```
always_ff @ (posedge clk)
  if (!rstN) cnt   <= '0;        //reset
  else        cnt[0] <= ~cnt[3];  //store


always_ff @ (posedge clk)
  if (!rstN) cnt   <= '0;        //reset
  else        cnt[2] <= cnt[1];   //store


always_ff @ (posedge clk)
  if (!rstN) cnt   <= '0;        //reset
  else        cnt[1] <= cnt[0];   //store


always_ff @ (posedge clk)
  if (!rstN) cnt   <= '0;        //reset
  else        cnt[3] <= cnt[2];   //store
```

仿真器可以在活动和 NBA 更新区域内以任何顺序调度来自四个并发过程块的赋值。依赖于非阻塞赋值的两步执行过程，其顺序无关紧要。

2. 在时序触发器行为中不当使用阻塞赋值

如果在前面三个约翰逊计数器示例中的任何一个中使用了阻塞赋值，则每个触发器输出将立即更新为新值。在 begin-end 过程块中，这个新值将成为下一个触发器赋值的输入（赋值的右侧）。这样，第一个触发器的输入也会立即成为后续触发器的输入值，而不是产生波动效应。

示例 8.2 错误地使用了阻塞赋值来建模或尝试时序逻辑行为。

示例 8.2　4 位约翰逊计数器错误地使用阻塞赋值建模

```
module jcounter_bad
(output logic  [0:3] cnt,
 input   logic  clk, rstN
);

  always_ff @(posedge clk)
    if (!rstN) cnt = '0;            // 计数器复位
    else begin                      // 改变计数
      cnt[0] = ~cnt[3];
      cnt[1] =  cnt[0];
      cnt[2] =  cnt[1];
      cnt[3] =  cnt[2];
    end
endmodule: jcounter_bad
```

在计数器复位后，该示例的仿真结果如下所示：

```
cnt[0:3] = 0000
cnt[0:3] = 1111
cnt[0:3] = 0000
cnt[0:3] = 1111
cnt[0:3] = 0000
```

阻塞赋值表现为组合逻辑，并且没有 clk 到 Q 传播延迟，这在建模串联连接的触发器时是必需的。综合通过将四个赋值合并为一个单一的触发器来实现此示例，单一输出连接到 cnt 信号的所有四个位。

图 8.4 是示例 8.2 的综合结果。

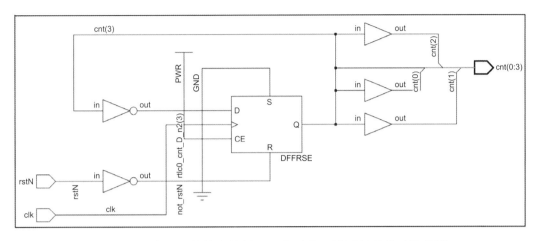

图 8.4 示例 8.2 的综合结果：阻塞赋值，错误的约翰逊计数器

针对错误使用阻塞赋值来表示时序逻辑触发器的这件事，综合编译器可能不会给出任何警告或错误消息。综合编译器仅创建与 RTL 模型模拟方式匹配的实现。设计工程师需要理解阻塞赋值和非阻塞赋值的行为，并正确使用它们。在 RTL 模型上运行 lint 检查程序（这些程序检查代码的建模风格是否恰当）时，如果在时钟边沿触发的过程块中使用阻塞赋值，lint 检查程序会报告警告。

3. 使用阻塞赋值作为临时变量

接下来的示例违反了这一指导方针，目的是说明阻塞赋值和非阻塞赋值在行为上的差异。

使用阻塞赋值表示时序逻辑几乎总会导致仿真竞争条件，并且综合生成的硬件实现有可能产生非预期的设计功能。对于 SystemVerilog 语言来说，在 always_ff 或 always_latch 过程块中强制要求使用非阻塞赋值似乎是合理的。如果在这些过程块中禁止使用阻塞赋值，则能够防止工程师犯下编码错误，这些错误可能在仿真中看起来功能正确，但在综合时却无法按预期或期望的方式实现。然而，允许阻塞赋值是有原因的。虽然这不是推荐的最佳实践编码风格，但在同一个过程块中混合使用非阻塞赋值和阻塞赋值是可能的。只要使用得当，这种风格就能正确仿真并综合为正确的实现。

最佳实践指南 8.3

使用单独的组合逻辑过程块来计算时序逻辑过程所需的中间值，不要在时序逻辑过程块中嵌入中间计算。

有时，时序过程块需要计算一个中间值。在图 8.5 中，加法器的结果成为减法器的输入，只有减法器的输出才会被寄存在触发器中。

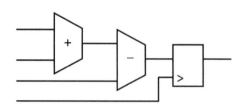

图8.5 对中间临时变量的阻塞赋值

为了将这种行为编码为单个 always 过程块，需要混合使用阻塞赋值和非阻塞赋值。

```
always_ff @ (posedge clk)begin:two_steps
  logic [7:0]tmp;                    // 局部临时变量
  tmp = a + b;                       // 立即计算 tmp
  out <= c - tmp;                    // 将最终结果存储在寄存器中
end:two_steps
```

对 tmp 的赋值是一个阻塞赋值，因此 tmp 会立即更新为新值，因此，下一行代码使用的是新值。这个中间的阻塞赋值的效果是，即使过程块是由时钟触发的，但加法器是组合逻辑，其输出会作为下一行的减法器的输入，减法器的输出则存储在另一个寄存器中。

另一方面，如果中间变量 tmp 是通过非阻塞赋值来赋值的，则：

```
always_ff @ (posedge clk)begin:two_stages
  logic [7:0]tmp;                    // 局部临时变量
  tmp = a + b;                       // 将 tmp 结果存储在寄存器中
  out <= c - tmp;                    // 将最终结果存储在寄存器中
end:two_stages
```

tmp 临时变量不会在 NBA 更新区域之前被更新。下一行代码中的减法操作将始终使用 tmp 临时变量的先前状态。这种情况在仿真和综合中表现为流水线结构，如图 8.6 所示。

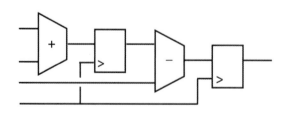

图8.6 对中间临时变量的非阻塞赋值

在时序逻辑块中使用临时变量和阻塞赋值的另一个示例是计算循环中的

值。以下示例使用重复循环来计算指数结果，其中指数 E 是一个参数，可以配置为不同模块实例化时的不同值。

```
always_ff @ (posedge clk)begin:power_loop
  logic[7:0] q_temp;              // 内部循环的临时变量
  if(E == 0)
    q <= 1;                       // 非阻塞时序赋值
  else begin
    q_temp = d;                   // 阻塞组合赋值
    repeat(E-1)begin
      q_temp = q_temp * d;        // 阻塞组合赋值
    end
    q <= q_temp;                  // 非阻塞时序赋值
  end
end:power_loop
```

示例 6.9 展示了上述示例的完整代码，请参考 6.3.1 节。

注意：在时序逻辑 always 过程块内使用阻塞赋值的临时变量不能在过程块外使用。

如果在时序逻辑块中通过阻塞赋值赋值的临时变量的值在时序块外被读取，则可能会发生仿真竞争条件。当一个变量在时钟边沿通过阻塞赋值赋值，而一个并发的时序 always 过程块在同一时钟边沿读取该值时，就会发生竞争条件。变量值的变化和变量的读取都是活动事件，仿真器可以以任何顺序调度它们。因此，读取变量值的过程块可能在变量值被改变之前或之后看到该值。

最佳实践指南 8.4

时序逻辑块中使用的临时变量应声明为块内的局部变量。

在过程块内声明的局部变量无法在过程块外部读取，这将防止潜在的仿真竞争条件。前面的示例遵循了这一准则。

8.1.5 同步复位和异步复位

在实现层面，实际的触发器可以是无复位的，也可以是有复位的。复位控制端口可以是与时钟同步的，也可以是与时钟异步的，并且可以是高电平有效或低电平有效。一些触发器设备还具有置位（有时称为预置）输入。每种类型的触发器都有其优缺点，这些工程权衡超出了本书的范围，本书专注于反映这些实现特征的 RTL 建模风格。

　　注意： 特定目标 ASIC 或 FPGA 设备可能仅支持一种类型的复位。

　　ASIC 和 FPGA 在使用的复位类型上可能有所不同，这可能会影响 RTL 建模风格。特别是 FPGA 设备，通常只有一种类型的复位（可能是同步的、高电平有效的）。相比之下，许多 ASIC 设备以及一些 FPGA 设备都提供同步和异步触发器。同样，一些设备仅具有带复位输入的触发器，而其他设备则同时具有带置位和复位输入的触发器。

最佳实践指南 8.5

　　编写 RTL 模型时，使用首选类型的复位，并让综合编译器将复位功能映射到目标 ASIC 或 FPGA 所支持的复位类型上。只有为了在特定设备上实现最佳速度和面积时，才应编写与特定目标 ASIC 或 FPGA 使用相同复位类型的 RTL 模型。

　　许多 RTL 设计工程师，包括本书的作者，在建模时倾向于使用一种首选的复位风格，而不考虑目标设备所支持的内容。综合编译器可以将 RTL 模型中的任何类型的复位映射到目标 ASIC 和 FPGA 设备中可用的任何类型的复位。例如，如果 RTL 模型使用的是低电平有效复位，而目标设备仅具有高电平有效复位的触发器，则综合编译器将添加额外的门级逻辑来反转 RTL 模型中使用的复位。如果 RTL 模型使用的是同步复位，而目标设备仅具有异步复位的触发器，则综合编译器将添加额外的门级逻辑，以使异步触发器的复位与时钟同步。现代 ASIC 和 FPGA 具有充足的速度和容量。一个完整的设计可以在不必担心综合过程是否需要添加一些额外逻辑，以将 RTL 的复位映射到目标设备的触发器类型上。

　　本书中的大多数示例都是使用低电平有效异步复位建模的，尽管一些较小的代码片段使用低电平有效同步复位。

1. 不可复位 RTL 触发器模型

　　没有复位控制信号的触发器只能通过数据输入和时钟进行控制。RTL 模型在每次触发时将数据的输入传输到触发器的输出。不可复位 RTL 触发器模型的示例如下所示：

```
always_ff @ (posedge clk)
  q <= d;
```

　　当综合在特定的 ASIC 或 FPGA 目标中实现此 RTL 功能时，将从该设备库中选择一种可用的触发器类型。这可能是一个"没有复位或置位输入的触发器"，也可能是一个"只有复位输入的触发器，但输入被固定无效状态"，或者是一个"同时具有置位和复位输入的触发器，但这些输入被固定为无效状态"。

2. 同步复位的 RTL 触发器模型

具有同步复位的触发器有一个复位控制输入，但该输入仅在时钟输入触发时被采样。RTL 模型包含一个 if 条件，复位激活时进行赋值，复位未被激活时跳转到 else 语句。复位信号并未包含在 always 过程块的敏感列表中。敏感列表仅包含触发触发器的时钟边沿。因此，always 过程块中的编程语句仅在发生时钟触发时被评估。

以下示例是一个低电平有效同步复位触发器：

```
always_ff @ (posedge clk)
  if (!rstN) q <= '0;            // 低电平有效同步复位
  else       q <= d;
```

当综合将此 RTL 功能映射到特定的 ASIC 或 FPGA 目标时，如果存在具有同步复位功能的触发器，则会选择该类型触发器。如果目标设备只有高电平有效复位触发器，综合将为 rstN 信号添加一个反相器。如果目标设备中没有可用的同步复位触发器，则同步复位信号将与触发器的数据输入进行 AND 运算。每当复位被激活时，0 就会被时钟输入到触发器中，从而实现与时钟同步的复位功能。如果目标设备的触发器还具有异步复位或置位输入，它们将被固定为无效状态。

图 8.7 是将通用触发器综合到具有同步复位触发器的设备（Xilinx Virtex®-6 FPGA）中的结果。触发器的复位是高电平有效的，因此 rstN 输入被反转。

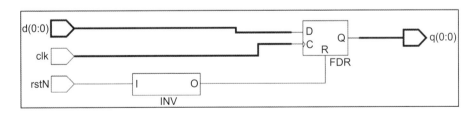

图 8.7 综合结果：异步复位 DFF 映射到 Xilinx Virtex®-6 FPGA

图 8.8 是将相同的通用触发器综合到没有同步复位触发器的设备（Xilinx CoolRunner™-Ⅱ CPLD）中的结果。触发器的异步高电平有效的 CLR 和 PRE 输入未被使用（连接到地）。

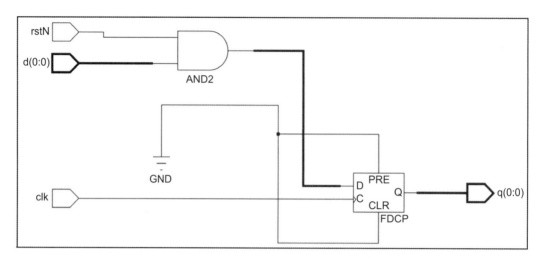

图 8.8　综合结果: 异步复位映射到 XilinxCoolRunner™-Ⅱ CPLD

3. 异步复位的 RTL 触发器模型

具有异步复位的触发器拥有一个复位控制输入，该输入在复位激活时立即改变触发器状态，而不考虑时钟信号。RTL 模型的敏感列表包含触发触发器的时钟边沿和复位信号的上升沿。由于复位的上升沿在敏感列表中，always 过程块将在复位激活时立即触发，而无需等待时钟输入的变化。RTL 模型包含一个 if 条件，复位激活时进行赋值，复位未被激活时跳转到 else 语句。

以下示例是一个低电平有效异步复位的触发器:

```
always_ff @ (posedge clk or negedge rstN)
    if(!rstN) q <= '0;            // 低电平有效异步复位
    else      q <= d;
```

always 过程块的综合要求是，如果在敏感列表中对一个信号使用 posedge 或 negedge，则必须为该列表中的所有信号指定一个边沿。以下代码片段不可综合，因为 rstN 没有与 posedge 或 negedge 进行限定:

```
always @ (posedge clk or rstN)        // 不正确的敏感列表
    if(!rstN) q <= '0;                // 低电平有效异步复位
    else      q <= d;
```

正确的仿真行为还需要考虑有关复位信号触发和时钟信号触发的先后顺序。敏感列表控制 always 过程块中的编程语句何时执行。对于异步复位，敏感列表需要在复位激活时触发，以便立即复位触发器。然而，如果 always 过程块在复位失效前触发了时钟采样，则复位的 if 分支将评估为假，else 分支将被执行。这看起来似乎是发生了时钟事件，但实际上并没有时钟边沿。图 8.9 显示了一个波形，说明了上述代码片段的错误仿真行为。

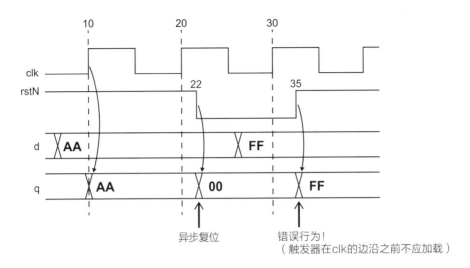

图 8.9 显示错误建模异步复位结果的波形

仿真和综合都要求仅将异步复位的边沿包含在敏感列表中——仿真要求这样以确保正确的异步复位行为，而综合在语法上也要求这样。SystemVerilog 语法并不强制执行这一限制，这是设计工程师必须遵循的 RTL 编码风格。lint 检查器可以检查是否遵循了这一编码风格。

最佳实践指南 8.6

电路应对高电平有效复位或低电平有效复位整体保持一致。对高电平有效和低电平有效控制信号使用一致的命名约定。

尽管高电平有效复位和低电平有效复位都被允许，但项目中的所有 RTL 模型应保持一致。复位极性的混合可能会导致代码难以理解、维护和重用。本书采用低电平有效的信号名称末尾添加大写"N"的约定。另一种常见的约定是在低电平有效的信号名称后附加"_n"。

4. 芯片使能触发器

芯片使能触发器（也称为加载使能或数据使能触发器）具有一个额外的输入，用于使能触发器。当时钟触发发生时，仅当使能输入激活时，新值才会被存储到触发器中。如果使能未激活，则触发器将保持其先前的状态。

芯片使能触发器的 RTL 代码与常规触发器类似，但增加了一个额外的 if 条件。使能信号未添加到敏感列表中，它的值仅在时钟边沿同步采样。以下示例展示了一个芯片使能触发器的代码，图 8.10 展示了综合结果。

```
always_ff @ (posedge clk or negedge rstN)
```

```
if (!rstN)      q <= '0; // 低电平有效异步复位
else if(enable) q < d;   // 如果使能，则存储 d 输入
```

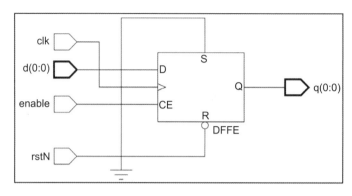

图 8.10 芯片使能触发器的综合结果

一些 ASIC 和 FPGA 设备具有预定义和优化的芯片使能触发器。综合编译器可以将芯片使能触发器的 RTL 模型转换为这些预定义组件。如果目标 ASIC 或 FPGA 没有芯片使能触发器，则综合可以在触发器外部添加功能来实现芯片使能行为。这可以通过在数据输入上添加一个多路复用器来完成，该多路复用器选择新的数据值或触发器的输出，如图 8.11 所示。

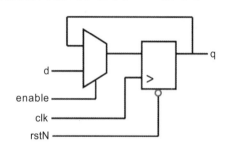

图 8.11 外部逻辑以创建芯片的功能——使能触发器

请注意，触发器的时钟始终存在。芯片使能触发器将数据输入门控到触发器，而不是时钟输入。

5. 异步置位／复位触发器

一些时序设备具有复位控制输入和置位控制输入。工程师使用 if-else-if 决策语句来建模此行为，如以下示例所示：

```
always_ff @ (posedge clk or negedge rstN or negedge setN)
  if     (!rstN) q <= '0; // 复位（低电平有效）
  else if (!setN) q <= '1; // 置位
  else           q <= d;  // 时钟
```

if-else-if 语句优先考虑第一个测试的输入。在上述示例中，假设两者同时有效，复位优先于置位输入。

注意： 在 RTL 模型中给予置位或复位输入的优先级应与特定目标 ASIC 或 FPGA 设备相匹配。一些设备优先考虑复位输入，而一些设备优先考虑置位输入。

最佳实践指南 8.7

为了获得最佳的综合结果质量，应仅使用复位输入或置位输入来建模 RTL 触发器。仅在设计功能需要的情况下才建模置位/复位触发器。

如果需要置位/复位触发器的行为，请编写 RTL 模型的置位优先级与复位优先级，以匹配设计将要实现的特定目标设备的优先级。

并非所有目标设备都具有相同的置位/复位优先级，因此很难编写能够在所有目标设备上进行最佳综合的置位/复位触发器 RTL 模型。如果目标设备没有与 RTL 模型相同优先级的置位/复位触发器，综合编译器可能会在触发器外部添加额外逻辑，以使其与 RTL 模型匹配。然而，这些额外的逻辑可能会影响设备的时序，并在从复位状态恢复时产生与其他设计部分的竞争条件。

置位/复位触发器对这些输入的建立时间和保持时间要求更为严格，而仅具有置位或复位输入的触发器则没有这种要求。即使在 RTL 模型中置位和复位的优先级与目标设备的优先级匹配，设计者仍需小心确保设计能够满足这些建立时间和保持时间要求。

上述的置位/复位触发器 RTL 模型在功能上是正确的，并且能够正确综合。然而，这段代码存在潜在的仿真毛刺。当 setN 和 rstN 控制输入同时激活，随后 rstN 变为无效状态时，会发生毛刺。在这个例子中，rstN 具有优先权，触发器会正确复位。当 rstN 输入变为无效时，setN 输入应接管，触发器应切换到其设置状态。仿真中的毛刺是 RTL 模型仅对 rstN 的上升沿敏感（这是综合编译器的要求），而对 rstN 的下降沿不敏感。当 rstN 变为无效时，敏感列表不会触发，因此即使 setN 仍然处于激活状态，也会错过设置触发器的时机。这个毛刺只会持续到下一个时钟的上升沿，这将触发 always 过程块，并导致该过程块被重新评估。

防止此仿真毛刺的解决方案是将复位的下降沿添加到敏感列表中。然而，仅仅添加复位的下降沿将导致与之前描述的相同问题，即复位的下降沿可能充当时钟（详见 8.1.5 节）。因此，复位输入的非激活电平需要与设定输入的激活电平进行 AND 运算，当该结果变为真时，敏感列表将触发。

为防止仿真毛刺，修订后的敏感列表如下：

```
always_ff @(    posedge clk
          or negedge setN
          or negedge rstN
          or posedge (rstN & ~setN)    // 不可综合
          )
  if      (!rstN) q <= '0;              // 复位（有源低电平有效）
  else if (!setN) q <= '1;              // 置位（有源低电平有效）
  else            q <= d;               //clock
```

在 SystemVerilog 语言中，根据表达式的结果触发是合法的，但综合编译器不允许这样做。为了避免仿真毛刺，额外的触发需要隐藏在综合中。这可以通过综合指令 translate_off/translate_on 来实现。综合指令是以单词synthesis 开头的特殊注释。仿真器忽略这些注释，但综合编译器会对此进行处理。以下代码片段添加了 translate_off/translate_on 指令。

```
always_ff @ (    posedge clk
          or negedge rstN
          or negedge setN
//综合 translate_off
          or posedge(rstN & ~setN)     // 不可综合
//综合 translate_on
          )
  if      (!rstN)  q <= '0;             // 复位（有源低电平有效）
  else if (!setN) q <= '1;              // 置位（有源低电平有效）
  else            q <= d;               //clock
```

图 8.12 是综合此置位 / 复位触发器代码的结果。

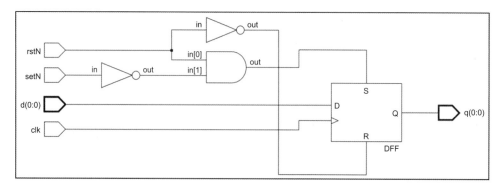

图 8.12　异步置位 / 复位触发器的综合结果

请注意，综合编译器在通用触发器的置位输入之前添加了额外的逻辑，以确保 rstN 优先于 setN。如果目标 ASIC 或 FPGA 设备具有置位 / 复位触发器（其中复位优先于设置），则在将通用触发器映射到该目标 ASIC 或 FPGA 时，将删除此额外逻辑。否则，额外的逻辑将被保留，以便 ASIC 或 FPGA 实现与 RTL 模型匹配。综合编译器在针对特定 ASIC 或 FPGA 之前使用的通用触发器具有高电平有效的置位和复位输入，因此，综合编译器在 RTL 模型中对低电平有效信号添加了反相器。如果目标设备具有低电平有效控制输入，则这些反相器将被移除。

使用 `translate_off` 和 `translate_on` 综合指令的替代方法是使用条件编译。大多数综合编译器都有一个预定义的 SYNTHESIS 宏，可以用来有条件地包含或排除综合工具编译的代码。排除上个示例中的不可综合行的代码如下所示：

```
'ifndef SYNTHESIS                // 如果不是综合编译器，则编译
  or posedge (rstN & ~setN)      // 不可综合
'endif                           // 结束排除综合编译的条件判断
```

注意：在撰写本书时，很多商业综合编译器并未识别 //synthesis 作为综合指令，这些编译器要求指令以 //pragma 或 //synopsys 开头。

6. 异步复位的亚稳态同步器

在 ASIC 和 FPGA 的实现层面，异步复位触发器在下一个时钟触发之前有一个复位恢复时间。如果复位恢复沿与时钟触发沿太接近，则触发器可能会进入亚稳态。当异步复位作为模块的输入时，设计工程师无法控制复位恢复相对于模块时钟的时序，此时应使用复位同步器。

作为零延迟模型，RTL 触发器在复位恢复太接近时钟边沿时不会出现问题。然而，RTL 模型应在最终的 ASIC 或 FPGA 实现中包含复位同步器，以避免亚稳态的出现。复位同步器的一个示例如下所示：

```
always_ff @ (posedge clk or negedge rstN)
  if (!rstN)begin                // 低电平有效异步复位
    rstN_tmp    <= '0;
    rstN_synced <= '0;
  end
  else begin
    rstN_tmp    <= '1;           // 开始和结束复位
    rstN_synced <= rstN_tmp;     // 稳定复位
  end
```

关于如何正确设计和使用复位同步器是一个工程主题，超出了本书的范围。本书专注于在做出工程选择后，正确建模同步器功能。附录 D 列出了一些关于复位、亚稳态和同步主题的额外资源。

7. 触发器的上电值（特定于 FPGA）

某些 FPGA 设备可以被编程，使得触发器在通电时会上电到复位值或设定值。指定上电值可以消除某些类型的数字电路对复位的需求。这允许使用没有复位输入的触发器，从而简化 FPGA 的内部布线和拥塞。

FPGA 综合编译器通过为触发器的输出变量指定初始值，来支持建模上电翻转触发器，例如：

```
logic[3:0] q ='1;      //上电时置位所有位


always_ff @ (posedge clk)
  q <= d;
```

注意：使用初始变量值来模拟触发器的上电状态只对 FPGA 设备有效。ASIC 设备不支持此功能。综合编译器可能需要特殊选项来启用变量声明中的初始值，具体请参考特定编译器的文档。

8.1.6 多时钟和时钟域交叉

设计中通常使用多个时钟，其中某些部分以较快的时钟速度运行，某些部分则以较慢的时钟速度运行。当数据或控制信号由 A 时钟触发的寄存器输出并存储在 B 时钟触发的寄存器中时，就会发生时钟域交叉（CDC）。

最佳实践指南 8.8

多时钟设计应被划分为多个模块，以便每个模块仅使用一个时钟。

综合编译器、时序分析器和 CDC 分析工具在模块中使用相同的时钟时更为有效。当数据从一个时钟域移动到另一个时钟域时，必须小心以避免亚稳态问题。当输入到触发器的数据在时钟触发前变化得过于接近时钟边沿时，可能会发生亚稳态条件。触发器的建立时间是指在时钟到来之前，输入必须保持稳定的时间。保持时间是指在时钟边沿之后，输入必须保持稳定的时间。

建立时间违例和保持时间违例最有可能发生在跨时钟域的信号上。在多时钟设计中，这些模块可能（并且经常）以不同的频率运行。存在一种风险，即源自不同时钟域的模块输入可能会在当前模块时钟域的时钟边沿附近变化，从而导致亚稳态。为了避免亚稳态的风险，需要在任何输入端口添加同步电路，这些输入源自不同的时钟域。

将数据向量从一个时钟域传递到另一个时钟域的一种常见方法是使用请求和确认握手的控制信号。发送数据的模块向接收模块发出请求，请求接收模块读取数据总线。请求信号源自发送模块的时钟域，可能会在接收模块的时钟域的时钟边沿附近到达。为了避免亚稳态的风险，接收模块将通过时钟同步器传递，然后再寄存传入的数据。在接收模块寄存了数据后，它向发送模块发送确认信号，发送模块将其同步到自己的时钟域。发送模块在确认握手被接收并同步之前保持数据稳定。

单比特 CDC 同步器通常使用两级移位寄存器实现，图 8.13 是一个典型的同步电路。

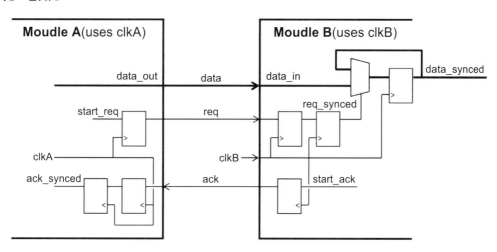

图 8.13 用于 1 位控制信号的双触发器时钟同步器

RTL 触发器模型具有零延迟，并且没有建立时间和保持时间。即使没有 CDC 同步，跨时钟域的信号在 RTL 模型中似乎总是有效。尽管如此，RTL 模型应包括在所需的同步电路。1 位控制信号的同步器的示例如下所示：

```
always_ff@ (posedge clk or negedge rstN)
  if(!rstN)begin      // 低电平有效异步复位
    req_tmp    <= '0;
    req_synced <= '0;
  end
  else begin
    req_tmp    <= req;
    req_synced <= req_tmp;
  end
```

ASIC 和 FPGA 设备可能在其目标库中包含优化过后的时钟同步器。综合编译器将识别 RTL 时钟同步器的行为，并将该行为映射到适当可用的目标组件。

时钟域交叉同步器的正确设计是一个工程主题，超出了本书的范围。附录 D 列出了一些关于时钟域交叉、亚稳态和同步主题的额外资源。

8.1.7 额外的RTL时序逻辑建模考量

1. 向时序逻辑 RTL 模型添加单位延迟

RTL 模型是零延迟模型，这意味着在功能块中值传播或被寄存到触发器中时，没有任何传播延迟。RTL 模型是对构成 ASIC 或 FPGA 的门电路的抽象。抽象的 RTL 模型并不表示实际门级实现的许多细节，包括物理逻辑门和触发器固有的传播延迟。SystemVerilog 的非阻塞赋值（<=）具有零延迟 delta，表示物理触发器的 clk 到 Q 传播延迟。然而，与真实的传播延迟不同，非阻塞 delta 在波形显示中是不可见的。在波形中，触发器的状态似乎在时钟触发触发器时瞬间改变。任何通过触发器输出传播的组合逻辑也是零延迟的，该组合逻辑的输出似乎立即到达逻辑流中下一个寄存器的输入。非阻塞赋值的隐形 delta 延迟可能使调试复杂设计变得更加困难。在流水线数据路径中，输出寄存器经过组合逻辑瞬时成为下一个流水线阶段的输入，因此在波形显示中很难看到每个时钟的因果关系。

SystemVerilog 有一种特殊形式的延迟，称为内部赋值延迟，可以与非阻塞赋值一起使用。内部赋值延迟在赋值的右侧指定，而阻塞延迟在赋值的左侧指定。每种类型延迟的示例如下所示：

```
#1ns q1 <= d1;              //1ns 阻塞延迟
q2 <= #1ns d2;             //1ns 内部赋值延迟
```

内部赋值延迟不会阻塞 always 过程块中语句的评估。非阻塞赋值的右侧在赋值时被立即评估，而 always 过程块仍然在零时间内执行，这是综合编译器的一个要求。与阻塞 always 过程块不同，内部赋值延迟在赋值的右侧评估与赋值的左侧更新之间增加了一个可测量的 delta。非阻塞赋值的 clk 到 Q 的传播效应现在可以在波形显示中看到，这有助于调试复杂的 RTL 模型。

always_ff 过程块允许内部赋值延迟，具有内部赋值延迟的可综合 RTL 寄存器示例如下所示：

```
timeunit 1ns; timeprecision 1ns;
```

```
always_ff @ (posedge clk or negedge rstN)
  if (!rstN) q <= #1 '0;      //1ns 内部赋值延迟
  else       q <= #1 d;       //1ns 内部赋值延迟
```

除了在波形显示中具有实际触发器的 clk 到 Q 传播延迟的外观外，内部赋值延迟还可以帮助确保在 RTL 时序逻辑变量连接到门级模型的输入时满足保持时间。

注意：综合编译器忽略内部赋值延迟，这可能导致 RTL 仿真行为与实际门级实现不匹配，特别是当内部赋值延迟或一系列内部赋值延迟长于一个时钟周期时。

最佳实践指南 8.9

如果使用内部赋值延迟，最好只使用单位延迟。

单位延迟是一个时间单位的延迟（#1），使用模块的时间单位定义（如果模块中没有本地时间单位定义，则使用 'timescale 编译指令；如果没有 'timescale 生效，则使用仿真时间单位）。

2. 在时序逻辑过程中的组合逻辑推导

使用 always_ff 并在敏感列表中指定时钟边沿并不意味着该过程中的所有逻辑都是时序逻辑。综合编译器将为每个使用非阻塞赋值赋值的变量推导触发器。阻塞赋值也可能推导出触发器，这取决于赋值语句相对于其他赋值和操作的顺序和上下文。

然而，在某些情况下，组合逻辑的数据流行为将从时序过程内部推导出来：

• 时序赋值右侧的运算符将综合为组合逻辑，其输出成为触发器的 D 输入。

• 如果时序赋值的右侧调用了一个函数，则该函数将综合为组合逻辑，其输出成为触发器的 D 输入。

• 围绕赋值语句的决策语句可能被综合为组合多路复用器逻辑，以选择哪个表达式作为触发器的 D 输入。

正如前面讨论的那样，临时变量将作为组合逻辑进行仿真，其中临时变量成为 begin-end 组中后续非阻塞赋值推断出的触发器的输入。

8.2 建模有限状态机（FSM）

本书不讨论有限状态机（FSM）设计理论，并假设读者已经熟悉状态机设计。本书的重点是针对有限状态机的 RTL 模型，阐述最佳的实践编码风格。

有限状态机将一系列操作分布在多个时钟周期上，通常伴随着决策分支，以确定要执行哪些操作。状态机的一个常见用途是在数据处理时为不同条件设置各种控制信号。

最佳实践指南 8.10

在单独的模块中建模有限状态机。(FSM 的支持逻辑，例如仅由 FSM 使用的计数器，可以包含在同一模块中）

将 FSM 代码与其他设计逻辑分开，有助于使 FSM 更易于维护，并在多个项目中重用。当 FSM 代码位于单独模块中且不与其他功能混合时，综合编译器和辅助设计的 EDA 工具才能更好地工作。

本节中的示例表示简化的 8 位串行到并行接口（SPI）的流程。为了专注于状态机逻辑，这个简化的 SPI 设计没有任何控制寄存器，并且不像更复杂的 SPI 那样可配置。这个简单的 SPI 有一个 1 位的 serial_in 输入，该输入在 8 个时钟周期内加载到一个 8 位寄存器中。在第一个时钟周期，serial_in 值被加载到寄存器的最高有效位（MSB）中。在下一个周期，寄存器的 MSB 向下移动一位，接下来的 serial_in 值被加载到寄存器的 MSB 中。这个移位和加载操作在 8 个时钟周期内进行 8 次，以将串行输入流加载到 8 位并行寄存器中。

serial_in 串行输入流包括一个起始位，以指示何时开始加载 8 位寄存器。当没有传输发生时，serial_in 保持在 1。第一次 serial_in 为 0 表示将跟随一个 8 位数据流。因此，串行输入模式为 9 位，一个起始位后跟随 8 位数据。图 8.14 展示了 8 位数据值的模式。

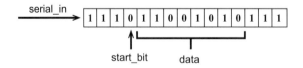

图 8.14　一个 8 位的十六进制 CA 串行值，加上一个起始位

简单的 SPI 使用三个状态来加载 8 位串行输入流：WAITE、LOAD 和 READY（状态名称 WAITE 故意以"E"结尾，以区别于 SystemVerilog 的 wait 关键字，这在语法上并不是必要的，因为 SystemVerilog 是区分大小写的

语言。然而，一些工程工具可以在不区分大小写的模式下调用，并且不会看到 wait 和 WAIT 之间的区别。综合编译器也可以生成设计网表，使用不区分大小写的语言，如 VHDL 或 EDIF）。这个简单 SPI 状态机的状态流如图 8.15 所示。

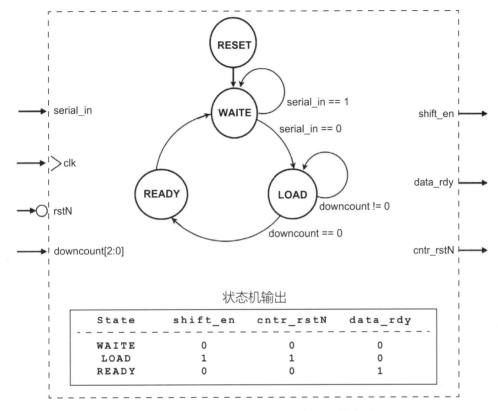

状态机输出

State	shift_en	cntr_rstN	data_rdy
WAITE	0	0	0
LOAD	1	1	0
READY	0	0	1

图 8.15 8 位串并转换有限状态机的状态流

在复位信号去除后的下一个时钟周期，状态机过渡到等待状态，然后保持在等待状态，直到串行输入变为零，这表示开始位。状态机随后过渡到加载状态，并在该状态保持 8 个时钟周期。

使用 3 位递减计数器来控制有限状态机在加载状态中停留的时间。当计数器达到 0 时，状态机将过渡到 READY 状态。在下一个时钟周期，FSM 过渡回 WAITE 状态，周而复始，直到检测到下一个起始位。

这个简单 SPI 中的 FSM 设置了三个控制信号作为 FSM 的输出：

· cntr_rstN 用于将 3 位递减计数器保持在复位状态（满计数为 7）。

· shift_en 用于使能一个 8 位移位寄存器。当 shift_en 为 1 时，寄存器中的值向下移动 1 位，并且一个新值被加载到寄存器的最高有效位。

· 当 8 位并行寄存器被加载时，data_rdy 被设置为 1。

图 8.15 的表格展示了 FSM 每个状态下控制信号的值。

8.2.1 Mealy和Moore状态机结构

大多数 ASIC 和 FPGA 状态机设计有两种主要架构：Mealy（米勒）和 Moore（摩尔）。这两种架构的主要区别在于状态机的输出相对于状态机状态变化的时机。在 Moore 架构中，输出值仅与状态机的当前状态有关，因此输出值只能在状态变化时改变。在 Mealy 架构中，输出值基于当前状态和状态机的输入的组合，因此输出可以在状态变化时异步改变。

在抽象的 RTL 建模层面，Mealy 和 Moore 架构通过设置状态机输出来表示。如果仅使用状态变量来确定输出值，则该行为表现为 Moore 架构，此输出解码的一个示例如下：

```
always_comb begin
  case (state)
    RESET:begin
          cntr_rstN = '0; shift_en = '0; data_rdy = '0;
      end
    WAITE:begin...end
    LOAD :begin...end
    READY:begin
          cntr_rstN = '0; shift_en = '0; data_rdy = '1;
      end
  endcase
end
```

如果状态变量和其他信号用于确定输出，则状态机表现为 Mealy 架构。以下示例表示 Mealy 结构的状态机代码，因为它的输出不仅依赖于 state 状态的值，还依赖于 data_valid 的值：

```
always_comb begin
  case (state)
    RESET:begin
          cntr_rstN = '0; shift_en = '0; data_rdy = '0;
      end
    WAITE:begin...end
    LOAD :begin...end
    READY:begin
          cntr_rstN = '0; shift_en = '0;
          if (data_valid) data_rdy = '1;
          else            data_rdy = '0;
      end
```

```
        endcase
    end
```

8.2.2　状态编码

　　有限状态机中的状态由编码值表示。可以使用许多不同的编码，例如：二进制计数、独热编码、含零独热编码、格雷码（以弗兰克·格雷命名）和约翰逊计数等。如何针对不同的设计选择不同的编码，超出了本书的范围。然而，一旦做出选择，它可以反映在状态机的 RTL 模型中。可以定义带有特定值的枚举类型标签，以表示编码值。以下是几个示例：

```
// 默认二进制编码（RESET=0,WAITE=1,LOAD=2,…）
typedef enum logic [1:0]{RESET,WAITE,LOAD,READY} states_t;

// 直接的二进制编码
typedef enum logic[1:0]{RESET = 0,
                        WAITE = 1,
                        LOAD  = 2,
                        READY = 3
                        }states_binary_t;
// 独热编码
typedef enum logic[3:0]{RESET = 4'b0001,
                        WAITE = 4'b0010,
                        LOAD  = 4'b0100,
                        READY = 4'b1000
                        }states_onehot_t;
// 含零独热编码
typedef enum logic[2:0]{RESET = 3'b000,
                        WAITE = 3'b001,
                        LOAD  = 3'b010,
                        READY = 3'b100
                        }states_onehot0_t;
// 格雷码编码
typedef enum logic[1:0]{RESET = 2'b00,
                        WAITE = 2'b01,
                        LOAD  = 2'b10,
                        READY = 2'b11
                        }states_gray_code_t;
// 约翰逊计数编码
```

```
typedef enum logic[1:0]{RESET = 2'b00,
                        WAITE = 2'b10,
                        LOAD  = 2'b11,
                        READY = 2'b01
                       }states_johnson_countt;
```

所有这些编码示例使用 typedef 创建用户定义类型，例如 states_onehot_t。状态变量可以声明为用户定义类型，这样就限制了变量只能使用编码标签所表示的值。如果用户定义类型在一个包中定义，则该定义可以被状态机模块和验证测试平台导入。

最佳实践指南 8.11

为枚举变量定义一个 logic（4 态）类型和对应的向量大小。

SystemVerilog 枚举类型的默认基本数据类型为 int。这是一个 32 位 2 态数据类型，它可能会在仿真中隐藏设计缺陷，而这些缺陷在 4 态逻辑类型中会显示为 X 值。尽管综合编译器会优化掉 32 位默认向量大小中任何未使用的位，但为编码值所需的向量大小明确编码是一种更好的编码风格。

1. 枚举类型对比参数常量

传统的 Verilog 语言没有枚举类型。相反，状态值是使用参数（无论是 parameter 还是 localparam 关键字）进行编码的，例如：

```
// 独热编码
localparam[3:0] RESET = 4'b0001,
                WAITE = 4'b0010,
                LOAD  = 4'b0100,
                READY = 4'b1000;
```

最佳实践指南 8.12

使用枚举类型变量作为有限状态机（FSM）的状态变量。不要使用参数和松散类型的变量作为状态变量。

枚举变量具有强类型的赋值规则，可以防止常见的编码错误。

虽然参数与枚举类型的外观和功能相似，但这两种构造具有非常不同的语言规则。当使用参数时，状态变量将是简单的变量类型，例如：

```
logic [3:0] state, next;
```

SystemVerilog 变量是松散类型的，这意味着可以将不同类型或大小的值赋给变量，并且会发生隐式类型转换（详见 5.15 节）。这种隐式转换在建模状态机时可能会导致一些编程陷阱。这些陷阱可以编译和仿真，但可能会存在功能性错误。这些功能性错误可能是微妙的。在最好的情况下，它们会影响设计进度，因为需要检测、调试、修正这些错误，并重新验证设计。然而，可能会有一个微妙的错误未被检测到，并影响设计的门级实现。

定义枚举类型时，状态变量可以声明为该用户定义的类型，例如：

```
states_t state,next;
```

枚举类型变量具有更强的类型约束，枚举类型的定义不能出现大小不匹配或重复值的情况。对枚举类型变量的赋值必须是该枚举类型中定义的标签之一，或者是来自同一枚举定义的其他枚举变量。4.4.3 节详细地讨论了枚举类型赋值规则。

2. 状态编码的综合

综合编译器将识别在 RTL 模型中定义的编码，并默认在门级实现中使用该编码。独热编码可能需要额外的信息，以实现最佳的综合结果质量。大多数综合编译器是可配置的，可以指示在门级实现中使用 RTL 编码或选择替代编码。这种灵活性允许在综合过程中尝试不同的编码方案，以找到最适合目标 ASIC 或 FPGA 的实现，并最好地满足设计面积、速度和功耗目标。

最佳实践指南 8.13

在设计的 RTL 建模阶段做出关于使用哪种编码方案的决策，而不是在综合过程中让综合工具决定。

大多数验证是在 RTL 级别进行的，在设计过程中应尽早选择编码方案：

· 确保设计使用在门级实现中使用的编码方案进行验证。

· 允许使用逻辑等价检查器——一种静态比较设计的两个版本的布尔功能的设计工具，以比较 RTL 模型和门级实现的状态解码逻辑。

8.2.3 一段、二段和三段式状态机编码风格

状态机需要混合组合逻辑和时序逻辑。大多数有限状态机具有三种主要功能块的混合：

· 状态序列发生器：一个时序逻辑块（触发器），在时钟边沿从当前状态过渡到下一个状态。

·下一状态解码器：一个组合逻辑块，用于解码各种信号，以确定有限状态机的下一个状态。

·输出解码器：一个组合逻辑块，用于解码当前状态（Moore 型状态机）和可能的其他信号（Mealy 型状态机），并设置状态机的输出值。

图 8.16 是典型有限状态机的主要功能块。

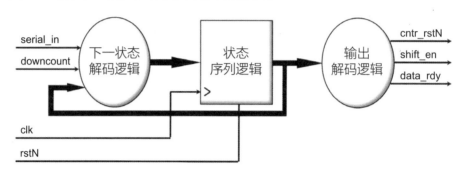

图 8.16　有限状态机中的主要功能块

1. 三段式状态机模型

三段式状态机模型简单，易于建模和维护，通常会产生良好的综合结果质量。虽然可以仅用一段或两段来建模有限状态机，但这样做会使 RTL 代码更难理解、调试和重用。在这个指导原则中可能会有例外情况，其中两段式状态机模型可能是有利的。

最佳实践指南 8.14

对于大多数的有限状态机，应使用三段式编码风格——使用独立的过程块对状态机的三个主要块进行建模。

以下是一个由三个独立过程块建模的有限状态机的不完整伪代码示例：

```
// 当前状态逻辑——时序逻辑
always_ff @ (posedge clk or negedge rstN)
  if (!rstN)
    state <= RESET;
  else
    state <= next_state;

// 下一状态逻辑——组合逻辑
always_comb begin
  unique case(state)
```

```
    RESET:next_state = ...
    WAITE:next_state = ...
    LOAD :next_state = ...
    READY :next_state = ...
  endcase
end


//FSM 输出——Moore 架构
always_comb begin
  unique case(state)
    RESET:fsm_outputs = ...
    WAITE:fsm_outputs = ...
    LOAD :fsm_outputs = ...
    READY:fsm_outputs = ...
  endcase
end
```

　　状态机的组合逻辑块也可以使用 assign 连续赋值语句进行建模。如果组合解码逻辑相对简单，连续赋值可能是合适的。使用单独的进程对状态机的三个主要功能块进行建模有以下几个优点：

　　·每个块的功能在视觉上是显而易见的，这使得代码不太可能出现编码错误，并且在出现错误时更容易调试。

　　·组合功能会随着输入的变化而被评估，这与门级实现的行为相同。如果下一个状态是通过状态序列逻辑计算的，那么影响下一个状态的输入将不会在转换到下一个状态的同一时钟边沿之前被评估。

　　·单独的过程块更具可复用性。每个过程块的代码可以复制到不同的状态机设计中，并且每个块都更容易修改以用于新设计。

　　·状态序列器代码在每个状态机模型中几乎是完全相同的。

　　·下一个状态和输出组合块可以对不同的输入敏感。建模一个 Moore 型状态机架构几乎总是需要使用单独的过程块。

　　对于大多数设计而言，不使用三个单独的过程块来建模状态机的三个主要功能块并没有什么不妥。然而，如果下一状态解码和输出解码具有复杂的组合逻辑，则可能会出现例外。在这种情况下，结合这两个组合逻辑过程块可能更有利。

　　另一个三段式状态机的优势可能发生在状态机输出需要在进入状态的同一

时钟周期内被寄存，而不是在新状态存储在状态触发器之后。在这种情况下，某些下一状态解码可能会被移动到状态序列逻辑。

注意： 来自组合逻辑的状态机输出可能会出现毛刺。在设计有限状态机时，需要记住并应用一个重要的硬件设计原则——非寄存器信号在时钟周期之间可能会出现毛刺。状态机输出可以存储在时钟寄存器中，以使输出更加稳定。

2. 二段式状态机模型

由于下一状态解码器和输出解码器都是组合逻辑，因此可以将这两个代码块合并到同一个 always_comb 过程块（状态序列逻辑是第二个过程块）。二段式状态机编码风格的一个优点是，下一状态组合逻辑和 FSM 输出组合逻辑共享一个通用的复杂算法。在三段式编码风格中，这个算法需要在单独的过程块里重复。这种冗余可以通过将下一状态和输出解码合并为一个单一的组合逻辑过程块来消除。然而，将下一状态和输出功能合并到同一过程块中至少有三个缺点：

（1）敏感列表必须包括所有可能影响下一个状态或输出的信号，因此如果下一状态解码器的输入发生变化，输出解码器也必须被评估。将下一状态和输出解码器合并为一个单一过程块最有可能需要使用 Mealy 架构。

（2）代码维护困难和调试成本高。单一的组合逻辑过程块包含计算下一状态和输出值的交错代码行，对一个算法的更改可能会无意中影响另一个功能块。

（3）合并的功能可能在其他项目中更难以重用，因为更多特定项目的信号和算法被集中到单一过程块。

一种替代的二段式状态机建模风格是完全消除输出解码块。与使用传统状态编码（如二进制计数、格雷码或独热编码）不同，每个状态的输出值可以用作状态编码。这种风格有时被称为高度编码状态机。简单的 SPI 状态机可以使用下述风格进行编码：

```
// 高度编码状态机——低3位等于输出值
typedef enum logic[3:0]{RESET = 4'b0_000,
                        WAITE = 4'b1_000,
                        LOAD  = 4'b1_110,
                        READY = 4'b1_001
                        }states_t;
states_t state, next;

assign {cntr_rstN, shift_en, data_rdy} = state[2:0];
```

这个例子中的连续赋值语句并不表示任何输出解码逻辑，它只是一个缓冲区，用于将状态位的名称更改为输出信号名称。

高度编码状态机是 Moore 结构，因为输出值仅依赖于当前状态，而不依赖于其他输入。

3. 一段式状态机模型

可以在单个时序逻辑过程块内建模状态机的所有功能，这种建模风格的不完整伪代码如下所示：

```systemverilog
/// 具有下一状态和输出解码的状态序列器 ///
always_ff @ (posedge clk or negedge rstN)
  if (!rstN)
    state <= RESET;
  else begin
    case (state)
      RESET:begin
        state <= ...
        fsm_outputs <= ...
      end
      WAITE:begin
        if(serial_in == '0)begin
          state <= ...
          fsm_outputs <= ...
        end
        else begin
          state <= ...
          fsm_outputs <=...
        end
      end
      LOAD:begin
        if(downcount != '0)begin
          state <= ...
          fsm_outputs <= ...
        end
        else begin
          state <= ...
          fsm_outputs <= ...
        end
```

```
      end
    READY:begin
      state <= ...
      fsm_outputs <= ...
    end
  endcase
end
```

有些工程师，特别是那些来自 VHDL 建模背景的人，坚信单过程编码风格是首选的编码风格。然而，在 SystemVerilog 中，一段式状态机有许多缺点。这些缺点中最主要的是 RTL 仿真无法准确模拟门级实现。在门级，组合逻辑输出在输入值变化时更新。然而，在一段式状态机的 RTL 仿真中，混合在时序逻辑块中的组合逻辑仅在时钟边沿进行评估。另一个缺点是，由于单过程将所有状态机功能混合在一起，如果在 RTL 仿真中发现功能性错误，这种建模风格可能难以调试。出于同样的原因，一段式状态机的编码风格在其他项目中也难以重用。

8.2.4 完整的有限状态机示例

简单 SPI 状态机的更完整功能块图如图 8.17 所示。

简单 SPI 的完整代码如示例 8.3 所示，综合后的通用门级实现如图 8.18 所示。倒计时递减计数器和用于存储 serial_in 数据流的寄存器是状态机功能的核心，已包含在状态机模块中。

示例 8.3 8 位串并转换有限状态机的 RTL 模型

```
module simple_spi
(output logic   [7:0] data,
 output logic         data_rdy,
 input  logic         serial_in, clk, rstN);

  logic    [2:0] downcount;
  logic          cntr_rstN, shift_en;

  // 含零独热编码
  typedef enum logic [2:0] {
    RESET = 3'b000,
    WAITE = 3'b001,
    LOAD  = 3'b010,
```

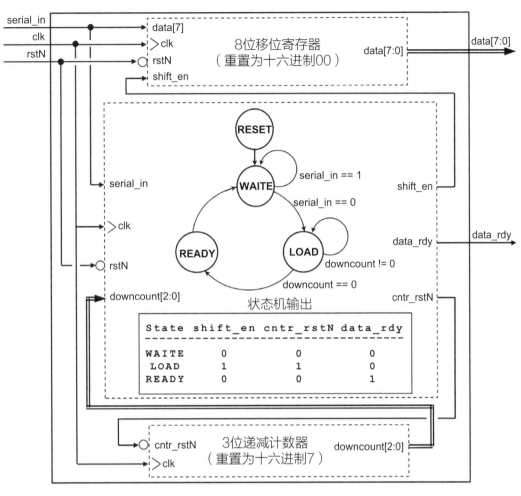

图 8.17 串并转换有限状态机的功能块图

```
  READY = 3'b100
} states_t;

states_t state, next_state;      // 内部状态变量


//////////////////////////////////////////////////////
//4 态状态机，带低电平有效异步复位功能
//////////////////////////////////////////////////////


// 当前状态逻辑——时序逻辑
always_ff @(posedge clk or negedge rstN)
  if (!rstN)
    state <= RESET;
```

```systemverilog
    else
      state <= next_state;

// 下一状态逻辑——组合逻辑
always_comb begin
  unique case (state)
    RESET:
      next_state = WAITE;          // 离开复位状态
    WAITE:
      if (serial_in == '0)
        next_state = LOAD;         // 检出起始位
      else
        next_state = WAITE;        // 起始位未置高
    LOAD:
      if (downcount == '0)
        next_state = READY;        // 加载 8 位数据
      else
        next_state = LOAD;         // 继续加载
    READY:
      next_state  = WAITE;         // 返回到等待状态
  endcase
end


//FSM 输出——Moore 结构
always_comb begin
  unique case (state)
    RESET: {cntr_rstN,shift_en,data_rdy} = 3'b000;
    WAITE: {cntr_rstN,shift_en,data_rdy} = 3'b000;
    LOAD:  {cntr_rstN,shift_en,data_rdy} = 3'b110;
    READY: {cntr_rstN,shift_en,data_rdy} = 3'b001;
  endcase
end


//////////////////////////////////////////////////////////
//8 位移位寄存器，带启用、低电平有效异步复位功能
//////////////////////////////////////////////////////////
always_ff @(posedge clk or negedge rstN)
  if (!rstN)
```

```
      data <= '0;
    else if (shift_en)
      data <= {serial_in, data[7:1]};


//////////////////////////////////////////////////////
//3 位递减计数器，带低电平有效异步复位功能
//////////////////////////////////////////////////////
always_ff @(posedge clk              // 有源低电平有效同步复位
  if (!cntr_rstN)
    downcount <= '1;                   // 重置为全计数
  else
    downcount <= downcount - 1;        // 递减计数器


endmodule: simple_spi
```

注意: 正确使用阻塞和非阻塞赋值，对于获得正确的、无竞争的仿真行为至关重要。对所有组合逻辑赋值使用阻塞赋值，对所有时序逻辑赋值使用非阻塞赋值。

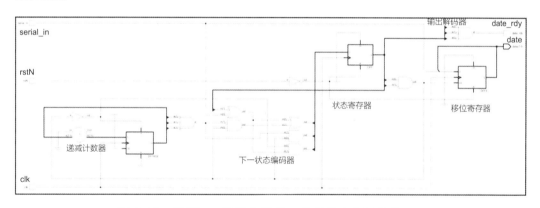

图 8.18 示例 8.3 的综合结果：使用状态机的简单 SPI

该原理图在本书页面上显示得并不理想，但简单 SPI 模型的五个主要部分仍然可见：递减计数器、数据移位寄存器，以及构成状态机的三个过程，其中包括位于状态寄存器之前用于计算下一状态的组合逻辑、状态寄存器本身，以及用于解码状态机输出的组合逻辑。

8.2.5 reverse case语句：独热解码器

SystemVerilog 的 case 语句将 case 表达式与一系列 case 项进行比较。case 表达式位于括号中，紧接在 case 关键字之后。

case 语句的正常用法是为 case 表达式指定一个变量，以及为 case 项指定固定值。在以下典型用法示例中，状态变量是 case 表达式，枚举状态的固定值，RESET、WAITE 等是 case 项。

```
// 独热码值
typedef enum logic[3:0] {RESET = 4'b0001,
                         WAITE = 4'b0010,
                         LOAD  = 4'b0100,
                         READY = 4'b1000
                         }states_t;


states_t state, next;


always_comb begin
  unique case(state)
    RESET:next =                     WAITE;
    WAITE:next = (serial_in == '0)?  WAITE:LOAD;
    LOAD: next = (downcount == '0)?  LOAD :READY;
    READY:next =                     WAITE;
  endcase
end
```

注意：综合编译器可能在将多位 case 表达式与多位 case 项进行比较时推断出一个多位比较器，这不是独热状态机编码的门级实现。

由于在独热编码中仅设置 1 位，因此只需要 1 位比较器来确定哪个位被置位。然而，上面的例子被建模为一个 4 位比较器，并可能综合为仅仅是 4 位门级比较器。综合编译器可能需要添加一个 pragma 或配置设置，以指示编译器将实现优化为 1 位比较器。

最佳实践指南 8.15

使用 reverse case 语句来建模评估 1 位独热状态机，不要对独热 case 表达式和 case 项使用多位向量。

最佳实践编码风格是以一种方式建模独热状态机，使所有综合编译器都能识别独热编码，而无需使用专有的综合编译指示或配置选项。SystemVerilog 允许将 case 表达式值和 case 项值进行反转，即待匹配的固定值可以作为 case 表达式，而变量则用作 case 项。这种反转的 case 语句是解码独热码状态变量的一种便捷方式，其中状态变量中只有一位被置位。例如：

```systemverilog
typedef enum logic[3:0]{
  RESET = 4'b0001,          // 独热编码
  WAITE = 4'b0010,
  LOAD  = 4'b0100,
  READY = 4'b1000
}states_t;


states_t state, next;        // 枚举变量类型的状态


always_comb begin
  unique case(1'b1)
    state[0]:next=                WAITE;
    state[1]:next=(serialin==0)?  WAITE:LOAD;
    state[2]:next=(downcount ==0)? LOAD :READY;
    state[3]:next=                WAITE;
  endcase
end
```

通过反转 case 语句，在门级实现中只需要一个 1 位比较器来比较 case 表达式和每个 case 项，而不是将完整的状态向量与每个 case 项的所有位进行比较。对于独热状态机，综合编译器使用反转 case 风格可能会比标准的 case 语句风格产生更优化的综合结果。

上述 reverse case 语句的一个缺点是代码不具备自解释性。诸如 state[0]:这样的 case 项并不能明确表示这是复位状态。通过使用常量来定义独热位的索引编号，可以使 reverse case 语句更具可读性。

以下示例展示了一种标记状态位的方法，这个示例简单易懂，但也存在一些局限性，这些局限性将在示例后讨论。

```systemverilog
localparam RESET = 0,          //RESET 独热位的索引
           WAITE = 1,          //WAITE 独热位的索引
           LOAD  = 2,          //LOAD 独热位的索引
           READY = 3;          //READY 独热位的索引
logic[3:0]state, next;         // 简单的 4 位变量
always_comb begin
  next = '0;                   // 清除下一步中的所有位
  unique case(1'b1)            // 设置表示下一状态的位
    state[RESET]:                        next[WAITE] = '1;
    state[WAITE]:if(serial_in == '0) next[WAITE] = '1;
```

```
                     else                 next[LOAD]  = '1;
      state[LOAD]:if(downcount == '0)  next[LOAD]  = '1;
                     else                 next[READY] = '1;
      state[READY]:                       next[WAITE] = '1;
    endcase
  end
```

在前面的例子中，state 和 next 是松散类型的 4 态变量，而不是枚举变量，这意味着没有枚举类型的强类型保护（详见 4.4.3 节）。更好的编码风格是将枚举类型用于状态变量，并使用常量名称表示独热位，这种风格还允许从状态位的定义中推导出每个状态的独热值。

```
localparam RESET_BIT = 0,          //RESET 独热位索引
           WAITE_BIT = 1,          //WAITE 独热位索引
           LOAD_BIT  = 2,          //LOAD 独热位索引
           READY_BIT = 3;          //READY 独热位索引
typedef enum logic [3:0]{
  RESET = 1 << RESET_BIT,          // 设置 RESET 位
  WAITE = 1 << WAITE_BIT,          // 设置 WAITE 位
  LOAD  = 1 << LOAD_BIT,           // 设置 LOAD 位
  READY = 1 << READYB_BIT          // 设置 READY 位
}states_t;

states_t state, next;             // 枚举状态变量

always_comb begin
  unique case(1'b1)
    state[RESET_BIT]:next =                    WAITE;
    state[WAITE_BIT]:next = (serial_in == '0)? WAITE:LOAD;
    state[LOAD_BIT] :next = (downcount == '0)? LOAD :READY;
    state[READY_BIT]:next =                    WAITE;
  endcase
end
```

每个状态标签的值是通过将 1（十进制）向左移位到该状态对应的"hot"位的位置来计算的。在这个例子中，枚举变量宽度为 4 位。将 0001 位移 0 次（RESET_BIT 的值）为 0001（二进制）。将 0001 位移 1 次（WAITE_BIT 的值）为 0010（二进制），位移 2 次（LOAD_BIT 的值）为 0100（二进制），位移 3 次（RESET_BIT 的值）为 1000（二进制）。

基于状态位常量的枚举状态标签意味着：

·不存在编码错误的可能性，假如出现编码错误，枚举类型的标签重复会发现这一点。

·如果设计规范更改了独热定义，只需更改局部参数。定义状态名称的枚举类型将自动反映这一变化。

上述所有 reverse case 语句都使用了关键字对 unique case。在这些示例中，这个决策修饰符是必要的，以帮助确保最佳综合结果和更好的设计验证。SystemVerilog 语言规则要求 case 项按列出的时序进行评估。这一规则意味着前一个 case 项优先于后续的 case 项。这种优先编码行为需要比简单的并行解码器有更多的逻辑门和更长的传播路径。

综合编译器将分析 case 语句，以查看所有 case 项值是否唯一，意味着没有两个 case 项具有相同的值。如果综合能够确定不可能同时为真两个 case 项，综合编译器将自动移除优先编码，并"并行"评估 case 项。

然而，对于 reverse case 语句，case 项不是综合编译器可以评估为具有唯一值的文本值。相反，case 项是状态变量的位，这些位在仿真过程中被设置和改变。因为 case 项是变量，综合编译器无法确定所有 case 项是否具有唯一值。因此，综合编译器会使用优先编码逻辑实现这个 reverse case 语句的独热解码器，而不会自动优化 case 语句的并行解码。

unique 决策修饰符告诉综合编译器将 case 项视为唯一值，即使编译器无法自行确定这一点。综合将优化门级实现，以实现并行解码，而不是优先编码逻辑。

unique 决策修饰符在仿真中也有重要影响，它在仿真期间启用两个动态检查。如果进入 case 语句时有两个或多个 case 项同时为真，则发出运行时警告。因此，仿真会捕捉到任何导致状态变量同时设置两个位的设计缺陷。如果进入 case 语句时没有任何 case 项为真，也会发出运行时警告。这有助于检测设计错误，例如状态变量被重置为 0，而不是独热值。

SystemVerilog 还具有 unique0 决策修饰符。与 unique 类似，该修饰符通知综合编译器假设所有 case 项是互斥的，并使用并行解码而不是优先编码逻辑。然而，unique0 修饰符仅启用运行时检查，确保多个 case 项不会同时为真。该修饰符并不会检查没有 case 项为真的情况。

unique 修饰符更适合 reverse case 语句，因为它启用运行时检查，确保有且只有一个 case 项匹配。

8.2.6　避免在状态机解码器中产生锁存器

解码状态值以确定下一个状态或输出控制值的行为，可能会在综合创建的门级实现中推断出意外的锁存器。如果状态变量具有比组合逻辑块解码的值更多的值，则可能会推断出锁存器。例如，如果状态变量使用独热编码，则任何非独热值都不会被使用。综合编译器可能会在门级实现中添加锁存器，以处理那些未使用的状态值。

这些锁存器可能会在有限状态机组合逻辑过程中发生，因为通常不会使用状态变量的每一个可能值。例如，使用独热值编码的 4 态状态机需要一个 4 位向量，但该向量的 16 个可能值中仅使用了 4 个。9.2 节将讨论可能导致锁存器被推断的原因，以及可以用来避免这些锁存器的几种编码风格。

8.3　建模内存设备（如RAM）

寄存器通常由触发器构成，用于存储单个值。多个寄存器的集合可以用来存储多个值。设计通常需要较大的存储块，例如程序存储器或数据存储器。在门级实现这些大块内存存储时，使用基于触发器的寄存器并不是一种实用的方法。相反，内存组件，如随机存取内存（RAM）设备，常被用于这种类型的存储。

ASIC 和 FPGA 具有预定义和预优化的内存组件，用于更大的存储块。由于这些在 ASIC 或 FPGA 库中是预定义的，因此它们在 RTL 级别上没有被建模，也没有被综合。

最佳实践指南 8.16

RAM 行为模型应在单独的模块中定义。

访问存储器设备的 RTL 模型需要例化 RAM 模型，以便充分验证设计其余部分的 RTL 功能。这些行为级的 RAM 模型是不可综合的。相反，在 RTL 设计综合为门级实现后，RAM 行为模型的实例可以被目标 ASIC 或 FPGA 库中的实际存储器设备替换。

在抽象的非 RTL 建模层面上，存储器设备的存储由一维变量数组表示，例如：

```
logic[7:0] mem[0:255];
```

这个一维数组有时被称为存储器数组。该存储器示例的字宽为 8 位，存储位置的数量为 256，从地址 0 开始，到地址 255 结束。变量的数组可以是 4 态逻辑类型或 2 态位类型。逻辑类型的优点在于它在数组的每个位置开始仿真时都具有 X 值。因此，如果在写入之前读取数组位置，将返回 X 值。从不存在的数组位置读取也将返回 X 值，这可以指示设计中的地址值超出范围。

使用 4 态逻辑类型作为内存模型也有一个缺点。在仿真中，每个建模内存的位需要两个虚拟内存位，以便为每个位编码 4 态值。一个 128GB 的 RAM 模型将需要 256GB 的虚拟内存来使用 4 态值进行仿真。使用 4 态类型仿真非常大的内存块可能会导致操作系统虚拟内存的过度使用，这可能会影响仿真的运行性能。2 态类型也可以用来表示存储器阵列的存储，例如：

```
bit[7:0] mem[0:255];
```

只需要一个虚拟内存位来表示每个 2 态内存模型的位。当使用 2 态类型作为存储器阵列时，极大的存储器在仿真中将更加高效。缺点是 2 态类型的未初始化值为 0。从未初始化的数组位置读取可能会看起来检索到有效值，这可能会掩盖设计中的错误。从不存在的数组位置读取也将返回 0。

8.3.1 建模异步/同步存储器设备

RAM 和其他类型的块存储器要么是异步的，要么是同步的。

1. 异步存储器模型

异步 RAM 可以在任何时候进行写入或读取，而无需时钟。异步 RAM 模型的一个例子如下所示：

```
module RAM
(inout logic[7:0] data,          // 双向端口
 input logic[7:0] addr,
 input logic       nrd,          // 低电平有效读控制
                   nwr,          // 低电平有效写控制
                   ncs           // 低电平有效芯片选择
);
  logic[7:0] mem[0:255];

  assign data = (!nrd && !ncs)? mem[addr]:'Z;

  always @ (nwr, ncs, addr, data)
    if(!nwr && !ncs) mem[addr] <= data;

endmodule:RAM
```

RAM 模型中的存储由一维 8 位数组表示。模型中的其余功能是从数组的特定地址读取值或将值写入数组的特定地址。这个 RAM 示例除了主要的数据

和地址输入外，还有三个控制输入。所有三个控制输入都是低电平有效的。ncs（非芯片选择）必须为有效（0），才能对 RAM 进行写入或读取。nwr（非写入）控制在写入 RAM 时有效，而 nrd（非读取）在从 RAM 读取时有效。

数据端口是双向的，在写入 RAM 时用作输入，在从 RAM 读取时用作输出。当 nrd 和 ncs 都有效（0）时，RAM 作为输出驱动数据。当 RAM 未被选择（ncs 为高）或未被读取（nrd 为高）时，RAM 会表现为三态数据总线，允许外部驱动器在总线上放置值。

SystemVerilog 语法要求双向端口声明为线网数据类型，如 wire 或 tri。上述示例将 data 声明为 logic 类型，该类型可以具有 4 种状态值，但未为数据声明数据类型。当模块端口未指定数据类型时，SystemVerilog 会推断输入和双向端口的 wire 数据类型，以及输出端口的 var 变量数据类型。这种隐式数据类型推断对于这个 RAM 模型是正确的。

2. 同步存储器模型

同步 RAM 在时钟边沿存储值并读取值。同步 RAM 的行为类似于触发器，并以类似的方式建模：

```
module SRAM
(inout logic[7:0] data,        // 双向端口
 input logic[7:0] addr,
 input logic      clk,
                  nrd,         // 低电平有效读控制
                  nwr          // 低电平有效写控制
                  ncs          // 低电平有效芯片选择
);
  logic[7:0] mem[0:255];

  assign data = (!nrd && !ncs)? mem[addr]:'Z;

  always @ (posedge clk)
    if(!nwr && !ncs) mem[addr] <= data;

endmodule:SRAM
```

在抽象行为级别的建模上，异步和同步存储器之间的唯一区别是 always 过程块的敏感列表。

请注意，前面示例中的两个 RAM 模型使用的是通用的 always 过程块，而不是特定于RTL的always_ff或always_latch过程块。RTL可综合的要求之一是，

过程块中的变量不能从任何其他源进行赋值。抽象内存模型并不打算被综合，并且不需要遵循这些综合规则。实际上，强制执行综合规则会限制这些抽象行为模型的实用性。通常，从 always 过程块外部加载内存模型是很常见的，例如测试平台加载程序到 RAM 模型中。通用 always 过程块允许对内存数组进行这种外部加载，而 always_ff 或 always_latch 过程块则会禁止这种操作。

8.3.2　使用$readmemb和$readmemh加载内存模型

为了模拟和验证访问内存的 RTL 模型，加载一个包含有用数据（存储在文件中）的内存数组可能会很有帮助。SystemVerilog 提供了 $readmemb 和 $readmemh 系统任务，用于从文件中读取值并将这些值加载到内存数组中。这些验证任务会瞬时加载数组。

$readmemb 和 $readmemh 系统任务读取模式文件。模式文件是简单的 ASCII 文本文件，包含逻辑值的列表。$readmemb 要求每个模式表示一个二进制值，由字符 0、1、Z 或 X 组成（Z 和 X 不区分大小写）。$readmemh 要求每个模式表示一个十六进制值，由字符 0 到 F、Z 或 X 组成（A 到 F、Z 和 X 不区分大小写）。每个模式由空白字符分隔，可以是空格、制表符或换行符。模式文件可以包含任意风格的 SystemVerilog 注释，这些注释在 readmem 命令中会被忽略。模式文件还可以包含一个地址，用于指示下一个模式应加载到内存数组中的位置。地址前面有 @ 标记，并且总是以十六进制指定，无论值模式是以二进制还是十六进制表示。

二进制模式文件的示例如下所示：

```
/* 加载到 RAM 中的程序文件 */
0100_1100                // 第一种模式
1100_1100                // 第二种模式
1010_1010                // ...
@F0                      // 在地址 F0（十六进制）加载下一个模式
1111_0000
0110_1101
1011_0011
```

两个 readmem 命令都有四个参数：

$readmemb("file", array_name, start_address, end_address);
$readmemh("file", array_name, start_address, end_address);

• "file" 是模式文件的名称，用引号括起来。文件名字符串可以是简单的文件名，也可以包含相对或完整的目录路径。默认情况下，SystemVerilog

在从中调用仿真的操作系统目录中搜索此文件。仿真器可能提供更改此默认搜索位置的方法。

· array_name 是要加载模式的存储器数组的名称。readmem 任务通常在验证代码中调用，而不是在包含数组的存储器模块中调用。因此，数组名称通常使用完整的模块实例层次路径指定。

· start_address 指定要加载第一个模式的数组地址。除非在模式文件中指定了新地址，否则每个后续模式将加载到每个后续数组地址中。起始地址参数是可选的。如果未指定，则文件中的第一个模式将加载到数组的最低地址号中。

· end_address 指定停止加载数组的位置。这个参数也是可选的。如果没有指定，任务将继续加载数组，直到数组的最后地址或模式文件的结束。以下是使用 readmem 任务加载本节前面显示的 RAM 示例之一的示例。

```
initial begin
  $readmemb("boot_program.txt", top.chip.ram1.mem);
end
```

尽管 initial 过程通常不可综合，但综合编译器识别这种特殊用法的初始过程以加载内存数组。

8.4 小　结

本章探讨了触发器、寄存器和有限状态机的可综合建模方式及最佳编码风格，还讨论了内存设备（如 RAM）不可综合的行为模型。在编写时序逻辑的 RTL 模型时，应遵循以下两个重要的原则：

· 使用 RTL 专用 always_ff 过程块。

· 使用非阻塞赋值。

遵循这些实践必须由编写 RTL 代码的工程师来完成。SystemVerilog 语言并不强制这些重要的编码风格。

时序设备可以有多种不同的复位方式，本章探讨了建模和综合同步、异步、高电平有效复位和低电平有效复位的正确编码风格和最佳实践考虑。对使用置位 / 复位触发器时可能出现的仿真毛刺也进行了研究。

有限状态机有三个主要部分：状态序列器、下一状态解码和输出值解码。虽然有多种可能的方式来编码状态机，但最有利的风格是使用三个独立的 always 过程块来表示状态机的三个主要部分。

第 9 章 建模锁存器和
避免非设计意图的锁存器

本章讲解可综合 RTL 设计中建模锁存器的最佳编码建议。在 ASIC 和 FPGA 设计中，是否使用锁存器是一个经常被讨论的工程话题。本书在这一争论中保持中立，本书的目的是展示如何正确建模锁存器行为，当然，建模锁存器的前提是需要在项目中使用锁存器。

一个相关的话题是避免无意中产生的锁存器。本章将讨论可能推断出多余锁存器的编码风格，以及应该如何编码，以避免锁存器推断。这些编码风格的优缺点被列出，并给出最佳的编码风格。

本章介绍的主题包括：

· 正确表示锁存器行为的 RTL 编码风格。

· 在没有设计意图的情况下，综合出锁存器的 RTL 代码。

· 完整建模决策语句。

· SystemVerilog 的 unique、unique0 和 priority 决策修饰符。

· 过时的 X 值赋值及其缺点。

· 过时的 full_case 和 parallel_case 综合指令。

9.1　锁存器建模

数字电路中有几种类型的锁存器，最常见的类型是 SR 锁存器（也称为置位 / 复位锁存器）和 D 锁存器（也称为透明锁存器）。在设计中使用或不使用锁存器是一个数字芯片设计的工程问题，超出了本书的范围。可以说，静态时序分析（STA）和设计测试（DFT）工具在设计 ASIC 或 FPGA 的后端中与同步触发器配合良好，但在基于锁存器的设计中使用这些工具则更为困难。许多 ASIC 和 FPGA 设计师避免使用锁存器，以简化设计流程中的 STA 和 DFT 步骤。

大多数 ASIC 和 FPGA 技术支持使用 D 锁存器。本节讨论在设计中如何选择、使用和建模锁存器。从 RTL 建模的角度来看，锁存器是组合逻辑和时序逻辑的交叉。锁存器没有时钟，并且不会在上升沿和下降沿到来时改变。在锁存器中，输出值来源于输入值，这与组合逻辑的行为相同。然而，锁存器还具有存储特性。输出值反映了输入值和内部存储状态，这就是时序逻辑的行为。

D 锁存器的行为可以通过使用通用 always 过程块或 RTL 专用过程块 always_latch 来建模。D 锁存器的敏感列表与组合逻辑的敏感列表相同，必须包含在过程块内读取的所有信号。

组合逻辑的综合限制和实践指南也适用于锁存器建模：锁存器过程块的主

体不应包含任何形式的传播延迟（无 #、@ 或 wait 时间延迟），并且没有其他过程块或连续赋值可以对锁存器过程左侧使用的相同变量进行赋值。

最佳实践指南 9.1

使用非阻塞赋值（<=）来建模锁存器行为。

由于锁存器会传播内部变量的存储值，因此应使用非阻塞赋值来为输出变量赋值。

非阻塞赋值模拟了具有内部存储值的时序设备的门级传播。有关非阻塞赋值更详细讨论，请参阅 1.5.3 节。

9.1.1 使用通用always过程块建模锁存器

尽管不推荐在 RTL 建模中使用通用 always 过程块，但本节仍简要介绍如何正确使用通用 always 过程块来建模基于锁存器的逻辑，因为在传统的 Verilog 模型中，这种通用过程块很常见。

使用通用 always 过程块时，必须明确指定敏感列表或使用 @* 敏感列表进行推断，这种要求和组合逻辑相同。以下代码片段是一个使用通用 always 过程块建模的 D 锁存器。

```
logic[7:0]in,out;          //8 位变量
logic     ena;             // 标量（1 位）变量

always @ (in,ena)begin     // 组合逻辑敏感列表
  if(ena) out <= in;
end
```

最佳实践指南 9.2

使用 RTL 专用过程块 always_latch 来建模基于锁存器的逻辑。在 RTL 模型中不要使用通用 always 过程块。

请注意，if 语句没有 else 分支。当 always 过程块的敏感列表触发时，输出变量 out 将在 ena 为真（1）时更新为新值。然而，如果 ena 为假（0），则 out 不会发生变化。作为一个变量，out 保留其先前赋值的值。综合编译器将从这段代码推断出一个 D 锁存器，以保持变量的存储状态。

使用 always 来建模锁存器有一个缺点：还有其他方式可以让通用 always 过程块表示锁存器。当一个非时钟的 always 过程块触发时，如果存在过程块输

出变量未被更新的可能性，就会推断出一个锁存器。以下简单示例包含一个带有 else 分支的 if 语句，但每个分支更新不同的变量。

```
always @* begin          // 推断组合逻辑敏感列表
  if(sel) yl = in;
  else    y2 = in;
end
```

在每个分支中未更新的变量将保存其先前的值。在这个示例中，综合工具将推断出 y1 和 y2 变量的锁存器。

这个示例展示了使用通用 always 过程块来建模锁存器的问题。软件工具或中后端工程师无法知道芯片设计工程师的意图是否是使用锁存器。由于 D 锁存器的敏感列表与组合逻辑的敏感列表相同，RTL 设计师的本意可能是建模组合逻辑，只是无意中遗漏了每次进入 always 过程块时为所有变量分配值的代码。

9.1.2　使用always_latch过程块建模锁存器

SystemVerilog 在最初的 Verilog 语言基础上添加了一个特定于 RTL 的 always_latch 过程块。使用 always_latch 可以明确表明该过程块旨在实现锁存行为。如果该过程块未体现锁存功能，则 EDA 工具（如 lint 检查器和综合编译器）可能会发出警告或错误提示。

always_latch 是一个具有额外建模规则的 always 过程块，以确保 RTL 代码遵循综合要求：

·自动推断出完整的组合逻辑敏感列表。此自动敏感列表包括过程块内读取的所有信号。

·在 always_latch 过程块中不允许使用 # 或 wait 来延迟语句的执行，这符合使用零延迟过程块的综合指导原则。（允许非阻塞的内部赋值单元延迟，因为这种类型的延迟不会延迟语句的执行。有关这种特殊可综合延迟的详细信息参见 8.1.7 节）

·在 always_latch 过程块中赋值任何变量后，不能从另一个过程块或连续赋值中进行赋值，这是综合编译器所要求的限制。

上述 always_latch 过程块规则与 7.2.3 节介绍的 always_comb 过程块的规则是相同的，这些规则符合综合编译器对锁存 RTL 逻辑模型的编码限制，并有助于确保不会因验证无法综合的设计而浪费工程时间。

示例 9.1 说明了如何使用 always_latch 过程块来锁存两级流水线每个阶段的输入。每个锁存器由不同的时钟控制。当时钟为高电平时，锁存器处于 D 模式；当时钟为低电平时，锁存器处于锁存模式。流水线锁存器允许流水线第一阶段的乘法器最多延迟半个时钟周期，以产生作为第二阶段输入的中间结果。与其让第一个乘法器的输出在时钟的上升沿被寄存到触发器中，不如让乘法器的输出在时钟周期的整个上升沿部分继续计算。其效果是每个乘法器从下一个时钟周期中窃取时间以完成乘法操作。

示例 9.1 故意使用锁存器实现时钟周期窃取的流水线

```
module latch_pipeline
#(parameter N = 4)                  // 总线大小
(input  logic        clk1, clk2, // 时钟输入
 input  logic [N-1:0] a, b, c,    // 可扩展的输入大小
 output logic [N-1:0] out         // 可扩展的输出大小
);

logic [N-1:0] tmp;

  always_latch begin
    if (clk1)                     //clk1 为高电平时，处于 D 模式
      tmp <= a * b;
  end                             //clk1 为低电平时，处于锁存模式


  always_latch begin
    if (clk2)                     //clk2 为高电平时，处于 D 模式
      out <= tmp * c;
  end                             //clk2 为低电平时，处于锁存模式

endmodule: latch_pipeline
```

图 9.1 是示例 9.1 的综合结果，使用锁存器输出每个乘法器的结果是显而易见的。

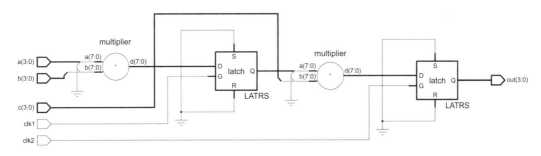

图 9.1 示例 9.1 的综合结果：故意使用锁存器的流水线

该原理图中的锁存器符号是通用锁存器符号，可以表示任何类型的锁存器。当综合编译器将该原理图映射到特定的目标 ASIC 或 FPGA 时，将从该设备可用的锁存器类型中选择适当锁存器进行使用。

9.2 非设计意图的锁存器

RTL 建模中的一个常见问题是：综合编译器推断出非设计意图的锁存器。

注意：进入非时钟触发的 always 过程块时，如果存在一个或多个赋值语句左侧的变量可能未被更新的情况，则综合工具就会推断出锁存器。

当非时钟的 always 过程块被触发时，未更新的变量将保留变量的先前值。变量值的非时钟存储需要一个锁存器，以便在门级实现中实现存储功能。为了避免非设计意图的锁存器，组合逻辑不能使用变量的存储。

在 RTL 编码时，可能会建模组合逻辑，这会无意中保留变量的存储，从而推断出非设计意图的锁存行为。这种情况可以通过以下两种方式在决策语句中发生：

1. 不完整的决策语句

如果决策语句没有为决策表达式的每个可能值提供决策分支，则该决策语句是不完整的。不完整的决策语句可以在 if-else 和 case 语句中发生。以下示例语句说明了一个不完整的 case 决策语句：

```
always_comb begin      //3-1 MUX
  case(select)
    2'b00:y = a;
    2'b01:y = b;
    2'b10:y = c;
  endcase
end
```

就 RTL 行为而言，3-1MUX 中的决策分支是完整的 MUX 正确选择了三个输入中的一个，但从综合的角度来看，选择值 2'b11 并未被使用，因此决策并不完整。

2. 不完整的决策分支

如果决策分支没有对过程块的所有输出变量进行赋值，则该决策分支是不完整的。

```
always_comb begin      // 加或减
  case (mode)
    1'b0:add_result     = a + b;
    1'b1:subtract_result = a - b;
  endcase
end
```

如果执行了此 case 语句的第一个分支，则仅更新 add_result 变量，subtract_result 变量保持其先前的值。相反，如果执行了第二个分支，则仅更新 subtract_result 变量，而 add_result 变量保持其先前的值。

在 RTL 模型中，非设计意图的锁存器可以在使用 if-else 或 case 决策语句的任何地方发生。设计工程师在编写 RTL 模型时需要始终保持警惕，以充分指定决策语句。

3. 状态机模型中非设计意图的锁存器

状态数不是 2 的幂的状态机不会使用状态变量的所有位，因此可能会导致 case 语句评估时没有分支被执行。过程的输出变量未更新，并保留其先前的值。一个 5 状态的 FSM 将至少有 3 个未使用的值。

```
always_comb begin
  case (current_state)      //5 个状态，二进制计数编码
    3'b000:control_bus = 4'b0000;
    3'b001:control_bus = 4'b1010;
    3'b011:control_bus = 4'b1110;
    3'b100:control_bus = 4'b0110;
    3'b101:control_bus = 4'b0101;
  endcase
end
```

使用独热编码的状态机可能还会推断出锁存器。当 always 过程块触发时，如果状态变量具有非独热值（全 0 或多个比特设置为 1），则不会执行任何分支，例如：

```
always_comb begin
  case (1'b1)  //5 个状态，独热编码
  current_state[0]:control_bus = 4'b0110;
  current_state[1]:control_bus = 4'b1010;
  current_state[2]:control_bus = 4'b1110;
  current_state[3]:control_bus = 4'b0110;
  current_state[4]:control_bus = 4'b0101;
```

```
    endcase
end
```

在这两个例子中，综合编译器将添加锁存器以匹配"值保留"的仿真行为。综合编译器添加锁存器的行为是正确的，这确保了门级 ASIC 或 FPGA 的行为与仿真中验证的 RTL 行为相同。

9.3　在不完整的决策中避免产生锁存器

有时，设计工程师知道一些关于设计的信息，而综合工具无法通过检查决策语句来看到这些信息。在 3-1 多路复用器示例中，设计师可能知道（或假设）该设计永远不会生成选择值 2'b11，因此，y 变量的存储值将永远不需要。在独热状态解码器示例中，设计师可能知道（或假设）该设计永远不会产生非独热值，因此，control_bus 将永远不需要保留先前的值。

综合编译器只能识别出 case 表达式并未解码所有可能值。综合工具察觉到决策语句有可能被评估，但没有任何分支被采纳，这将导致决策语句中被赋值的变量未被更新。

当不完整的决策语句适用于设计功能时，设计工程师需要让综合编译器知道未指定的决策表达式值可以被忽略。有几种方法可以告诉综合工具所有用于决策语句的值已经被指定，因此不需要锁存器。五种常见的编码风格如下：

（1）在 case 语句中使用默认 case 项，赋值已知的输出值（详见 9.3.3 节）。

（2）在 case 语句之前使用预先赋值，赋值已知的输出值（详见 9.3.4 节）。

（3）使用 unique 和 priority 决策修饰符（详见 9.3.5 节）。

（4）使用已过时且充满风险的 full_case 综合指令（详见 9.3.6 节）。

（5）使用 X 赋值来表示"无关"条件（详见 9.3.6 节）。

每种编码风格都有其优缺点，这些风格及其优缺点将在以下小节中讨论。为了得到最佳综合结果，一般通过编码风格（1）或编码风格（2）来实现。

9.3.1　避免锁存器的编码注意事项

在更详细地检查五种避免锁存器的编码风格之前，了解这些风格所需的一些工程权衡是很重要的。

1. 权衡 1：完整实现的决策 / 逻辑简化的决策

完整实现的决策具有针对所有可能决策条件的门级解码逻辑，包括在设计中通常不使用的条件。9.2 节展示的 3-1 多路复用器示例仅使用选择值 2'b00、2'b01 和 2'b10。2'b11 在设计中未被使用，但一个完全实现的决策语句也会解码这个值，并产生由设计工程师确定的输出值。

逻辑简化的决策将移除任何未使用的、本来会用于解码决策条件的门。综合编译器将采用各种逻辑简化算法，例如卡诺图、Quine-McCluskey 逻辑最小化算法和 Espresso 逻辑最小化算法等。逻辑简化的一个明显优势是设计在目标 ASIC 或 FPGA 中所需的门数会减少。简化后的逻辑可以潜在地缩短传播路径，进一步使组合逻辑能够满足关键时序路径中的触发器建立时间。

逻辑简化有一个重要的权衡，即移除解码不应发生的条件的门。然而，如果发生硬件毛刺，将导致决策条件上出现意外值，ASIC 或 FPGA 中可能会出现不可预测或不希望的行为，因为这些门已被移除，这可能导致 ASIC 或 FPGA 在所有条件下都无法正常工作。

当决策语句被完全指定时，设计将更加完善，即使对于设计功能未使用的逻辑值也是如此。设计将更好地处理可能未被模拟的意外情况，例如上电毛刺或由于干扰引起的毛刺。

20 世纪的设计技术通常需要激进的逻辑简化技术，这是因为 ASIC 和 FPGA 在总门数方面更有限，组合逻辑门的传播延迟也更为显著。这些限制在现代 ASIC 和 FPGA 中已不再是一个大问题。完全实现决策语句所需的额外逻辑，以及这些额外门的最小额外传播延迟，通常不是问题。使用逻辑简化编码风格的编码指南是一种过时技术，这在许多年前是一种最佳实践编码风格，但在今天很少使用。

最佳实践指南 9.3

完全指定决策语句的输出值，以避免非设计意图的锁存器。除非在特定情况下，否则不要使用逻辑简化优化来避免锁存器。

避免锁存器的编码风格（1）和（2）都完全实现了决策语句，这对于大多数针对现代 ASIC 和 FPGA 的设计来说，是一种更好的风格。这两种风格的选择主要是个人偏好，其他三种避免锁存器的编码风格，使用逻辑最小化技术可能存在风险，进一步导致 ASIC 或 FPGA 不够稳健。逻辑简化的编码风格仅应在需要减少门数以适应特定目标设备或在关键时序路径中满足触发器建立时间时使用。

2. 权衡 2：运行时错误捕获与 X 态传播

编码风格（3）、（4）和（5）可以通过对未使用的决策条件进行逻辑简化来避免非设计意图的锁存器。这三种编码风格在综合结果质量上几乎相同，但在仿真中表现非常不同。

编码风格（3）采用 unique 或 priority 决策修饰符，这些修饰符的影响将在 9.3.5 节中讨论。简而言之，这些修饰符通知综合应使用逻辑简化算法，并且启用运行时仿真检查。如果进入决策语句且决策条件与任何分支不匹配，则报告违规消息。这种额外的运行时检查可以帮助确保设计在对未使用的决策条件进行门级逻辑简化时能够正确工作。

编码风格（4）在决策条件不匹配任何分支时，将 X 值分配给过程块输出。X 值的传播会导致验证测试失败，表明设计中的某个地方发生了问题。

在 20 世纪 90 年代和 21 世纪初，使用 X 值分配被认为是避免锁存器的最佳实践，但这种技术现在已经过时。

最佳实践指南 9.4

如果需要进行门级逻辑简化，以避免非设计意图的锁存器，请使用 unique 或 priority 决策修饰符，不要使用过时的 Verilog-2001 编码风格的 X 值分配。

对未使用的决策条件进行逻辑简化不再是最佳实践原则。现代 ASIC 和 FPGA 的速度和容量完全可以实现所有可能的决策表达值，包括设计未使用的值。在某些罕见的情况下，器件数量或关键时序路径可能是一个问题，此时需要使用逻辑简化技术。在 20 世纪，使用 X 值分配进行逻辑简化的旧编码风格对于当时的设计规模是足够的，但这种编码风格在现代设计规模和软件工具中使用时存在许多缺点，详见 9.3.6 节。

仍然有一些老派的 Verilog 设计工程师更倾向于使用不完整决策语句的逻辑简化技术，同时使用 X 值分配来实现这种逻辑简化，而不是现代的 unique 或 priority 决策修饰符。X 值分配在 20 世纪 90 年代是设计的最佳实践，但并不意味着它现在仍然是最佳方法。

9.3.2　简单案例：如何避免非设计意图的锁存器

本节使用一个简单的有限状态机来说明无意间产生锁存器的情况，以及防止这些锁存器的各种编码风格。为了简单起见，有限状态机的流程是一个简单的轮询，没有前向或后向的分支，如图 9.2 所示。

组合逻辑块用于解码有限状态机的当前状态，以确定下一个状态。状态值使用 3 位约翰逊计数编码，其中每个后续状态将值 1 移入状态寄存器。

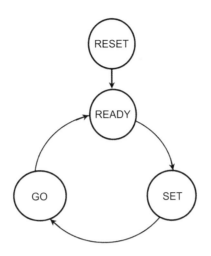

图 9.2 轮询有限状态机状态流

下一状态解码器的代码如下所示：

```
typedef enum logic[2:0]{RESET = 3'b000,      // 约翰逊计数器
                        READY = 3'b001,
                        SET   = 3'b011,
                        GO    = 3'b111} states_t;
states_t current_state, next_state;

always_comb begin
  case (current_state)
    RESET:next_state = READY;
    READY:next_state = SET;
    SET  :next_state = GO;
    GO   :next_state = READY;
  endcase
end
```

这个下一状态解码器在仿真中正常工作，但综合会推导出锁存器。综合将 current_state 视为一个 3 位向量，可以有 8 个可能的值，但 case 语句只解码了这 8 个值中的 4 个。综合推导出锁存器，因为存在可能性，使得进入 always 过程块时，current_state 的值与解码的 4 个值不同。如果发生这种情况，下一状态变量将不会被更新。

1. 使用 always_comb 的综合警告

使用 always_comb 来建模组合逻辑的一个优点是，lint 检查器和综合编译器可以知道设计者的意图是表示组合逻辑。由于在这个例子中下一状态解码器推导出了锁存器，所以软件工具生成错误或警告信息。例如，Mentor Graphics Precision 综合编译器报告：

```
Warning: Latch inferred for net next_state[2:0] inside
always_comb block
```

注意： 一些综合编译器将 always_comb 过程块中的锁存器报告为 wraning，但实际上这应该是一个错误！设计工程师已表明其意图是实现组合逻辑。如果推断出锁存器，则代码中存在错误。综合编译应在出现错误时中止，而不是发出可能被忽视或视为非关键的警告。

如果这个下一状态解码器是使用传统的 Verilog 通用 always 过程块建模的（该过程块可用于建模组合逻辑和锁存器逻辑），则综合编译器可能会假设设计者的意图是建模锁存器行为，而不生成警告消息来提示推断出锁存器逻辑。（一些综合编译器可能有特定选项，启用来自通用 always 过程块的锁存器推断警告）

2. 简单的有限状态机代码及综合结果

示例 9.2 显示了这个简单的有限状态机的完整上下文，图 9.3 是其综合结果。

示例 9.2 简单的轮询有限状态机，推断出锁存器

```
module simple_fsm
(input  logic clk, rstN,
 output logic get_ready, get_set, get_going
);


typedef enum logic [2:0] {RESET = 3'b000,
                          READY = 3'b001,
                          SET   = 3'b010,
                          GO    = 3'b100} states_t;
  states_t current_state, next_state;

  // 状态序列器
  always_ff @(posedge clk or negedge rstN)
    if (!rstN) current_state <= READY;
    else       current_state <= next_state;

  // 下一状态解码器
  always_comb begin
    case (current_state)
      RESET: next_state = READY;
```

```
      READY: next_state = SET;
      SET  : next_state = GO;
      GO   : next_state = READY;
    endcase
  end

  // 输出解码器
  always_comb begin
    {get_ready, get_set, get_going} = 3'b000;
    case (current_state)
      READY: get_ready = '1;
      SET  : get_set   = '1;
      GO   : get_going = '1;
    endcase
  end
endmodule: simple_fsm
```

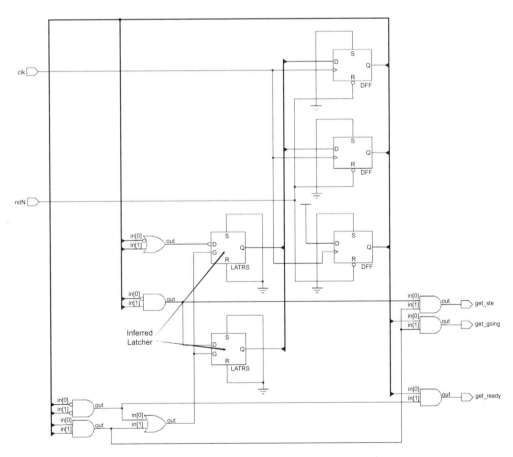

图 9.3 示例 9.2 的综合结果：带有非设计意图的锁存器的 FSM

示例 9.2 中的简单 FSM 在功能上是正确的，RTL 按预期工作，综合实现与 RTL 功能匹配。状态编码没有使用当前状态向量的所有可能值，因此下一状态解码器不需要解码这些未使用的值。以下部分介绍了几种方法，让综合编译器知道某些当前状态值未被使用，因此不应推断出锁存器。

9.3.3　避免锁存器的风格1——带已知值的默认case项

在 case 语句中，括号内的 case 表达式会与一个或多个 case 项进行比较。防止 case 语句产生无意锁存器的一种编码风格是：确保为 case 表达式的每个可能值都提供一个 case 项。使用通过 default 关键字指定的默认 case 项可以确保 case 表达式的每个可能值都被解码。

在示例 9.2 的下一状态解码器中，可以将一个 next_state 值用作默认值，以防出现未预期的 current_state 值。

```
always_comb begin
  case (current_state)
    RESET:next_state = READY;
    READY:next_state = SET;
    SET  :next_state = GO;
    GO   :next_state = READY;
    default:next_state = RESET;   // 如果出错则重置
  endcase
end
```

图 9.4 是综合相同代码的结果，但在上面的代码片段中显示了 default 项。请注意，这一次的综合结果未出现锁存器。

使用默认分支可以确保对 case 表达式的所有值都被解码，包括那些不应该出现的值。如果出现意外的 case 表达式值，则采取事先定义好的操作。门级实现是稳健的，并且能够处理 RTL 模型中未预料到的情况。本节使用的约翰逊计数状态编码示例中，current_state 不应有 010、100、101 或 110 这些值。但在实际芯片中有时可能会出现意外值。芯片可能在启动时具有未使用的状态值，或者某些电磁干扰可能导致出现瞬时未使用的状态值的毛刺。使用默认分支分配已知值的编码风格意味着这些意外条件以定义的方式被解码和处理。

使用默认分支分配已知值的一个缺点是，这种风格仅解决了锁存器推断的一个原因，即不完整的 case 语句。如果 case 语句的每个分支，包括默认分支，都没有分配给相同的变量，仍然可能推断出锁存器。

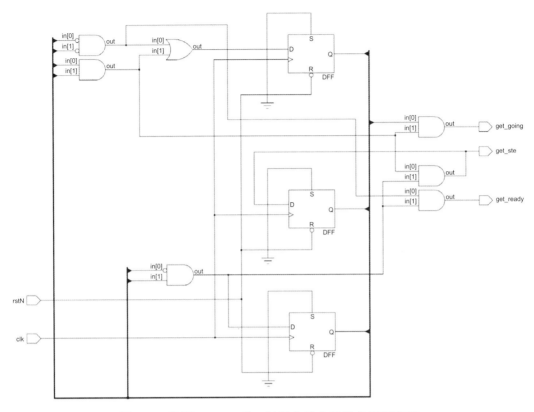

图 9.4　使用 default 项，以避免综合结果出现锁存器

使用默认分支分配已知值的第二个缺点是，设计中未使用的 case 表达式需要额外的门级电路进行解码。一个 16 状态的独热状态机需要一个 16 位向量，它有 65536 个可能的值（2^{16}），其中只有 16 个是设计所需的。解码剩余的 65520 个值可能需要更多的逻辑门，如果一切正常，这些门将永远不会被使用。这些额外的门可能会对 ASIC 或 FPGA 的面积、速度和功耗产生负面影响。

大多数现代 ASIC 和 FPGA 具有足够的容量和速度来处理这些额外的门。此外，许多综合编译器具有特殊的 FSM 优化算法，执行可达性分析，并最小化解码 case 表达式所有可能值所需的额外逻辑的影响。

注意：默认分支并不保证一定不会推断出锁存器。即使有一个完全指定的 case 语句，如果进入了一个非时钟的过程块，并且有可能一个或多个变量不会被更新，仍然可能推断出锁存器。如果组合逻辑过程没有任何预先的 case 赋值（详见 9.3.4 节），那么 case 语句的每个分支必须对相同的变量进行赋值，包括默认分支。

另一种风格是为默认分支分配一个 X 值，而不是一个已知值，这种风格在仿真和综合中具有非常不同的行为，将在 9.3.6 节单独讨论。

9.3.4 避免锁存器的风格2——预先赋值已知值

当进入一个非时钟驱动的 always 过程块时，如果该过程块的输出变量中有一个或多个可能不会被更新，就会推断出锁存器行为。只要在 always 过程块完成其循环之前，决策语句中分配的变量被更新，就不会从不完整的决策语句中推断出锁存器。

以下代码片段不会从不完整的 case 语句推断出锁存器，因为在 always 过程块被触发时，get_ready、get_set 和 get_going 变量进行了预先赋值。决策语句之前的这种无条件赋值确保了这些变量在每次进入 always 过程块时都会被更新。

```
always_comb begin
  {get_ready, get_set, get_going} = '0;    // 清除所有位
  case (current_state)
    READY:get_ready = '1;
    SET  :get_set   = '1;
    GO   :get_going = '1;
  endcase
end
```

状态机的下一状态解码器可以使用类似的方式进行编码：

```
always_comb begin
  next_state = RESET;                 // 如果状态无效，则默认重置
  case (current_state)
    RESET:next_state = READY;
    READY:next_state = SET;
    SET  :next_state = GO;
    GO   :next_state = READY;
  endcase
end
```

图 9.5 综合了示例 9.2 中相同的简单状态机，但在不完整的 case 语句之前进行了预先赋值，这种预先赋值的行为使综合结果没有推断出锁存器。

比较图 9.5 与图 9.4 可知，case 语句中的默认赋值（风格 1）和预先赋值（风格 2）产生了类似的综合结果。

在决策语句之前使用预先赋值的优点如下：

· 设计工程师不需要担心决策语句在程序的其余部分是否完整的。

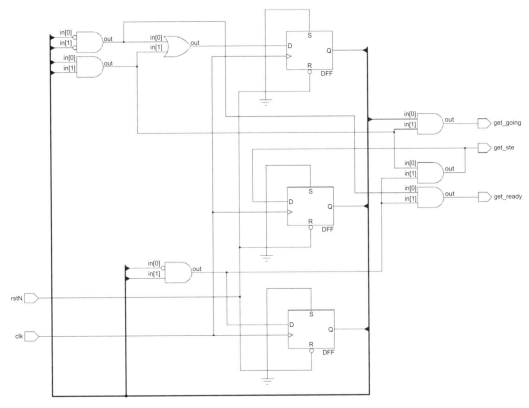

图 9.5 使用预先赋值以防止综合结果出现锁存器

· 决策语句可以专注于每个决策分支中哪些组合输出是重要的。在上面的代码片段中，很明显 READY 状态影响 get_ready 输出，SET 影响 get_set 输出等。

这种编码风格的一个缺点是：查看特定的 case 项分支时，可能更难看到所有变量的赋值情况。必须同时查看 case 预先赋值和 case 项赋值，以查看所有被赋值的值。在一个大型复杂的解码器中，这些赋值可能被许多行代码分隔开。

另一种编码风格是为预先赋值分配一个 X 值，而不是一个已知值，这种风格在设计质量和鲁棒性方面有重要的权衡，详见 9.3.6 节。

9.3.5 避免锁存器的风格3——unique和priority决策修饰符

9.3.3 节使用默认 case 项来避免在下一个状态解码器中推断出无意的锁存器。9.3.4 节通过在决策语句之前进行预先赋值来避免锁存器。这两种编码风格在 RTL 仿真中表现为决策语句的完全实现。综合将实现解码器逻辑，以处理所有 case 项值，包括设计中未使用的值。这是一种安全的编码风格。如果毛刺或其他情况导致 case 表达式信号出现意外值，额外的逻辑门将解码该值并按指定和分配的案例分配执行。

风格 1 和风格 2 的缺点是，如果那些未指定的值从未出现，那么 ASIC 或 FPGA 中便会包含从未被使用的逻辑门和传播路径。这些额外的逻辑门和对应的传播路径可能使集成电路变得更大、更慢且功耗效率更低。解码那些从未发生的值，对于高时钟频率、小面积和低功耗的设计来说可能代价昂贵。

SystemVerilog 有三种决策修饰符：unique、unique0 和 priority，可以在综合过程中启用某些"门级减少"优化。这些决策修饰符在 case、case-inside、casez 或 casex 关键字之前立即指定，例如：

```
always_comb begin
  unique case(current_state)
    RESET:next_state = READY;
    READY:next_state = SET;
    SET  :next_state = GO;
    GO   :next_state = READY;
  endcase
end
```

这些决策修饰符也可以与 if-else-if 决策语句一起使用：

```
always_comb begin
  unique if(opcode == 2'b00) y = a + b;
  else   if(opcode == 2'b01) y = a - b;
  else   if(opcode == 2'b10) y = a * b;
end
```

这些决策修饰符影响仿真以及综合编译器，具体来说，影响它们以何种方式将 RTL 代码转换为门级实现。

1. unique 决策修饰符

（1）仿真：unique 决策修饰符启用运行时检查两个条件：

·在仿真期间，已为所有实际发生的值指定了一个 case 项或 if-else 条件，这意味着在仿真期间，每个 case 表达式值都会执行一个决策分支。

·在同一时间内永远不会有多个决策分支为真，这意味着每个 case 项解码的值与其他 case 项的值是唯一的。

（2）unique 修饰符指示综合执行两种类型的优化：

·指定完全决策语句，并执行适当的逻辑简化优化。

·将决策语句条件视为互斥的，这意味着不会同时有多个条件为真（有时称为并行案例），并执行优化以并行评估决策条件，而不是使用优先编码逻辑。

使用 unique 修饰符适用于独热状态解码器等，其中所有独热值都需要被解码，任何不是独热的值都不应出现。多个 case 项也不应解码相同的独热值。

2. unique0 决策修饰符

（1）仿真：unique0 决策修饰符启用运行时检查一个条件，即在任何时候都不会有多个决策分支为真，这意味着每个 case 项解码的值与其他每个 case 项都是唯一的。

（2）综合：unique0 修饰符指示综合将决策语句条件视为互斥（并行情况），并执行优化以并行评估决策条件，而不是使用优先编码逻辑。

注意：在撰写本书时，一些仿真器和大多数综合编译器不支持 unique0 决策修饰符。

最佳实践指南 9.5

当逻辑简化可取时，在 RTL 模型中使用 unique 决策修饰符，以防止推断锁存器，不要使用 unique0 修饰符。

---

unique0 决策修饰符并不能防止非设计意图锁存器的产生，因为它并没有指示综合将决策视为完全指定。

unique0 决策修饰符的使用并不是为了避免锁存器的产生，而是为了对 case 项进行强制的并行评估。以下代码片段说明了这种情况：

```
typedef enum logic[2:0]{A = 3'b100,
                        B = 3'b010,
                        C = 3'b001} modes_t;
modes_t selector_switch;

always_comb begin
  control =4'h1;                  //switch 在 A 的位置
  unique0 case(selector_switch)inside
    4'b?1?:control = 4'h2;        //switch 在 B 的位置
    4'b??1:control = 4'h3;        //switch 在 C 的位置
  endcase
end
```

在这个例子中，对控制输出进行了预先赋值，因此不会推断出锁存器。然而，综合编译器不会识别出 case 项的值可以并行评估，因为通配符位可能允许两个或多个 case 项同时为真。添加 unique0 修饰符告诉综合工具 selector_switch 将始终只有一位被置位，因此可以并行评估。

上述例子中，unique 修饰符并不适用。unique 修饰符将告知综合工具该 case 语句是完整的。综合工具可能会将其理解为 control 唯一可能的值是 case 语句中分配的那些值，即 2 和 3。预先赋值将被忽略，并且不会实现生成 control 值为 1 的门级逻辑。

在仿真过程中，每当评估 case 语句且未采取任何分支时，unique 决策语句将生成运行时仿真违规报告。每当 selector_switch 的值为 A 时，将发生违规消息。这是一个重要的违规消息！它表明 case 语句没有解码所有出现的值，因此不应被综合为完整的 case 语句。

前面的代码片段可以被编码为默认 case 语句，其中使用 unique 决策修饰符是合适的（详见 8.2.5 节）。选择 selector_switch 也可以在不使用通配符位的情况下编码在 case 项中，以便综合编译器能够识别 case 项的值是唯一的，并能够自动优化为并行解码逻辑，而无需使用决策修饰符。

3. priority 决策修饰符

（1）仿真：priority 决策修饰符启用运行时检查一个条件，即在仿真过程中，已为所有实际发生的值指定了 case 项或 if-else 条件。这意味着在仿真期间，每个 case 表达式值都会执行一个决策分支。

（2）综合：priority 决策修饰符指示综合将决策语句视为完全指定（完整 case），并执行适当的逻辑简化优化。

在功能上，priority 决策修饰符适用于优先级中断解码器等，因为有可能决策的多个分支同时为真，并且应优先处理最高优先级的中断。优先编码行为详见 7.4 节。

4. 决策修饰符示例

图 9.6 是示例 9.2 的综合结果，其中使用了 unique case 语句。

在这个小状态机示例中，下一状态解码逻辑过于简单，无法从 unique 决策修饰符启用的逻辑简化优化中受益。即便如此，通过比较图 9.6 与图 9.4 和图 9.5 中显示的完全指定决策语句示例，仍然可以看到一些门级逻辑简化。

unique 和 priority 决策修饰符的主要优点是优化 RTL 功能的门级实现，由 unique 和 priority 修饰符触发的逻辑简化可以使电路更小、更快，并且

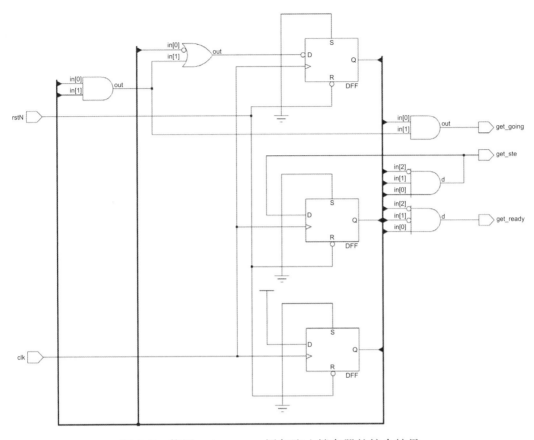

图 9.6 使用 unique case 语句防止锁存器的综合结果

消耗更少的功率。unique 和 priority 修饰符的另一个优点是，只要在组合 always 过程块中被赋值的变量在每次过程块执行时都得到更新，就可以阻止不完整的 case 语句推断出非设计意图的锁存器。

　　unique 和 priority 修饰符的缺点是，门级逻辑优化可能导致一个不稳健的门级实现，并且在发生硬件毛刺导致 case 表达式出现意外值时，可能会出现不可预测或不希望的行为，这可能导致 ASIC 或 FPGA 无法在所有条件下正常工作。作为 unique 和 priority 修饰符的一部分的运行时仿真检查，可以通过验证未解码的表达式值从未发生来帮助降低逻辑简化优化的风险。然而，这种验证的有效性仅取决于测试激励。

最佳实践指南 9.6

　　一般而言，应使用带已知值的默认 case 项或预先赋值已知值来完全指定所有 case 语句。此指南的一个例外是使用 reverse case 语句的独热状态解码器，在这种情况下，使用 unique 或 prioritycase 语句是避免无意间产生锁存器的首选方法。

当决策语句被完全指定时，设计的电路在面对意外情况时（例如上电毛刺或由干扰引起的毛刺）将更加可预测。在设计容错功能时，一个为所有可能条件分配已知值的完全指定的 case 语句可能非常重要。容错将影响设计的许多方面，而不仅仅是决策语句。这是一个一般工程主题，超出了本书的范围。

在 20 世纪 80 年代和 90 年代，充分利用门级最小化技术以适应可用的 ASIC 和 FPGA 的容量和速度变得更为重要。在今天的 ASIC 和 FPGA 技术中，这一点并不那么关键。大多数设计都能适应并以期望的速度运行，而无需担心门级逻辑简化及其相关风险。

注意：unique case 或 priority case 并不能保证不会推断出锁存器。每当存在可能进入非时钟过程块且变量未更新的情况时，就会推断出锁存器。

如果过程块没有任何预先的 case 赋值（详见 9.3.4 节），则 case 语句的每个分支必须对相同的变量进行赋值，以避免无意中推断出锁存器。

9.3.6 避免锁存器的风格4——对未使用决策值进行X值分配

X 值分配曾是最初的 Verilog 时代的最佳实践编码风格。SystemVerilog 的 unique 或 priority 决策修饰符指示综合工具执行与 X 值分配相同的门级逻辑简化优化，还增加了内置检查，以至少部分验证门级优化。

最佳实践指南 9.7

使用 unique 或 priority 决策修饰符，而不是对未使用决策值进行 X 值分配。

最初的 Verilog 没有 9.3.5 节讨论的 unique 和 priority 决策修饰符。相反，使用 Verilog-2001 的设计工程师会将 X 值分配给过程输出变量，以通知综合工具，任何在 case 语句中未明确解码的值都可以被忽略。

X 值分配可以是默认 case 项或 case 预先分配，如以下两个代码片段所示：

```
always_comb begin
  case (current_state)
    RESET :next_state = READY;
    READY :next_state = SET;
    SET   :next_state = GO;
    GO    :next_state = READY;
    default:next_state = states_t'('x); // 默认分支
  endcase
```

```
end

always_comb begin
  next_state = states_t'('x);      //case stmt 应清除 X
  case (current_state)
    RESET:next_state = READY;
    READY:next_state = SET;
    SET  :next_state = GO;
    GO   :next_state = READY;
  endcase
end
```

请注意，当给枚举变量赋值时，只有枚举定义中的标签可以直接赋值。上面示例中使用的强制转换运算符覆盖了此限制，并强制枚举变量为 X 值。另一种方法是向枚举类型定义中添加另一个具有 X 值的标签，并在默认分支中赋值该标签。例如：

```
typedef enum logic[2:0]{RESET = 3'b000,      // 约翰逊计数器
                        READY = 3'b001,
                        SET   = 3'b011,
                        GO    = 3'b111,
                        GOXXX = 3'bXXX} states_t;

always_comb begin
  case (current_state)
    RESET  :next_state = READY;
    READY  :next_state = SET;
    SET    :next_state = GO;
    GO     :next_state = READY;
    default:next_state = XXX;                 // 默认分支
  endcase
end
```

将 X 值作为默认值赋值对仿真和综合的影响不同：

·如果出现未解码的意外决策值，仿真器将把 X 值传播到输出变量 (s) 上。在上述示例中，current_state 值为 3'b010、3'b100、3'b101 或 3'b110 将导致 next_state 值为 3'bxxx。这个 X 值可以在验证中捕获，并追溯到从 current_state 开始的意外值。

·综合编译器将 X 值的默认赋值视为一个特殊标志，表示在决策语句中未

明确解码的决策值不重要，可以忽略。综合将应用逻辑简化优化，以最小化门级实现，使得逻辑门仅解码决策语句中明确列出的值。

图9.7是示例9.2的综合结果，具有一个默认case项，该项分配了一个X值。

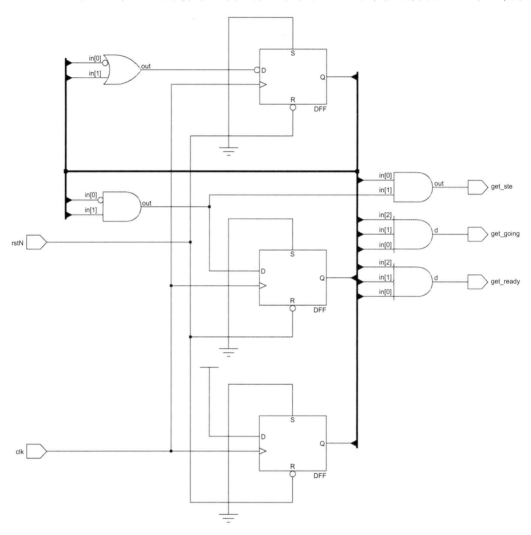

图 9.7 使用默认 case 项的 X 值分配以防止锁存器的综合结果

如图 9.7 所示，使用 X 值分配实现的逻辑简化优化与使用 unique 决策修饰符所实现的逻辑简化几乎相同。综合编译器在呈现这两个原理图时存在微小差异，但用于解码下一状态的门数量是相同的。对于更大的状态解码器，unique 与 X 值分配在优化方式上可能存在微小差异，但这种差异应该可以忽略不计。

图 9.8 是在 case 语句之前使用 X 值的预先赋值的综合结果。

对于这个简单的下一状态解码器，无论是使用默认的 X 值分配还是预先赋值的 X 值分配，门级优化都是相同的。关于默认 case 项与预先分配的优缺点详见 9.3.3 节和 9.3.4 节。

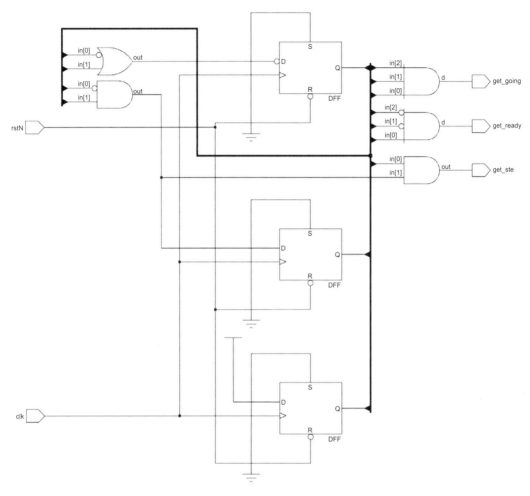

图 9.8 在 case 语句之前使用 X 值的预先赋值的综合结果

X 值分配的一个优势是门级实现的综合优化。与带已知值的默认 case 项和预先赋值已知值相比，X 值分配所触发的优化可以使电路设计更小、更快，功耗更少。

X 值分配的另一个优点是 X 值可以帮助设计调试。如果在仿真中出现非设计意图的决策值，X 值将在设计中传播。调试 X 值出现的原因，可以确定意外情况表达式值的原因，进而在设计的其他地方发现错误。

X 值分配有许多显著的缺点：

· 由于综合过程中进行的门级优化，如果发生硬件毛刺并且出现未解码的值，则在 ASIC 或 FPGA 中将没有明确的行为。这种不可预测的实现行为可能导致 ASIC 或 FPGA 在某些条件下无法正常工作。这与使用 unique 和 priority 决策修饰符存在的缺点相同，详见 9.3.1 节。

·X 值分配对于 RTL 与门级逻辑等价性检查（LEC）是有问题的。LEC 是一种工程工具，用于分析两个模型的功能，以确定这两个模型在逻辑上是否相同。在 RTL 模型中使用的 X 值将与门级电路不等价。为了解决这个问题，工程师必须将设计的某些部分指定为黑箱，这些部分不会被 LEC 完全分析。

·如果设计流程使用的测试方法对 X 值不敏感，例如内建自测试（BIST），则 X 值分配可能会带来问题。

·X 值分配给验证工程师带来了负担，他们需要编写验证代码，以检测在仿真中何时产生 X 值。检测 X 值需要仔细探测内部设计信号。当验证检测到 X 值时，可能需要烦琐且耗时的调试工作，以追踪 X 值通过设计逻辑和时钟周期的来源。通过许多逻辑层次和时钟周期调试 X 值，对于当今大型复杂设计来说并不是一种高效的验证技术。

·依赖 X 值来指示决策语句存在问题，对于验证来说可能是有风险的。RTL 模型可能由于 X 态乐观而隐藏 X 值，这使得 X 值难以检测。由于 X 态乐观，X 值也可能被忽视。附录 C 讨论了 X 态乐观的危险及其如何在仿真中隐藏设计问题。

传播和检测 X 值作为一种验证未发生意外 case 项值的手段，是在最初的 Verilog 中使用的一种过时的编码风格。一些老一辈的 Verilog 设计工程师曾辩称，他们喜欢 X 值传播，因为它们使波形染红（大多数仿真器波形工具会以红色显示 X 值）。然而，使用波形显示来验证现代设计并不实用。如今的设计功能过于复杂，并且运行的时钟周期过多，这使得通过在大量代码和时钟周期中分析 X 值变得复杂。

SystemVerilog 用 unique 和 priority 决策修饰符取代了这种 X 值传播的过时的验证风格。这些修饰符在仿真期间执行运行时检查，并在发生意外情况时在特定的时钟周期和代码行报告违规消息。与花费时间调试 X 值的来源不同，这些违规报告将直接指示发生问题的时间点。

9.3.7 避免锁存器风格5——full_case综合指令

full_case 指令常见于最初的 Verilog RTL 模型或互联网上的示例中，因此，本书仍对其进行了描述，尽管它绝不应该被使用。

综合编译器为设计工程师提供了一种在 RTL 模型中隐藏特定于综合的命令的方法，这些命令以注释的形式存在。这些特定于工具的命令被称为综合指令或综合命令。虽然仿真工具会忽略这些注释，但综合编译器会查找以单词 synthesis 开头的注释。

最佳实践指南 9.8

如果需要逻辑简化优化，请使用 SystemVerilog 的 unique 或 priority 决策修饰符，一定不要使用 full_case（或 parallel_case）综合指令。

为了避免不完整的 case 语句产生锁存器，综合编译器查找特定指令注释，比如下面的这种：

```
case(<case_expression>)        //synthesis full_case
```

这两种风格的 SystemVerilog 注释都可以使用，且注释不区分大小写。full_case 编译指令必须在 case 表达式之后、case 项列表之前立即指定。

注意：在撰写本书时，有一款商业综合编译器并未识别 //synthesis 作为综合指令，该编译器要求指令以 //pragma 或 //synopsys 开头。

full_case 指令指示综合编译器假设 case 语句是完全指定的，如 9.2 节所述。这意味着综合可以忽略任何与 case 项不匹配的 case 表达式的值。综合将执行与 unique 和 priority 决策修饰符（见 9.3.5 节）所描述的相同门级逻辑简化优化。

使用 full_case 指令的示例如下所示：

```
always_comb begin
  case (select)        //synthesis full_case
    2'b00:y = a;
    2'b01:y = b;
    2'b10:y = e;
  endcase
end
```

注意：full_case 指令中可能发生的门级逻辑简化与 RTL 模型的仿真行为有很大不同，这意味着门级实现未在 RTL 仿真中得到验证，这可能导致门级实现无法按预期工作。

现代的 ASIC 和 FPGA 设计有充足的容量和速度来完全实现所有可能的决策值，即使是那些设计中预期不会使用的值。对于未使用的决策值，通常不需要进行门级逻辑简化。如果设计中需要这些门级综合优化时，应使用 unique

或 `priority` 决策修饰符, 而不是 `full_case` 指令注释。SystemVerilog 的 `unique` 或 `priority` 决策修饰符有相同的综合优化效果, 但如果决策表达式值在决策语句中未解码, 则还会报告违规消息。这些违规有助于验证门级优化的安全性。

`full_case` 指令并不能保证一定不出现锁存器。除了"不完整"的 case 语句外, 还有其他因素可能会推断出锁存器。如果组合逻辑过程块中的任何变量在每次进入 always 过程块时都有可能未被更新, 就会推断出锁存器。

9.3.8 关于综合指令的附加说明

综合编译器还会查找 `parallel_case` 指令, 该指令启用 case 语句的特定门级优化。就像 `full_case` 指令一样, 使用 `parallel_case` 指令可能导致综合编译器创建的门级实现与在仿真中验证的 RTL 模型表现非常不同。

SystemVerilog 的 `priority`、`unique` 和 `unique0` 决策修饰符取代了过时的 `full_case` 和 `parallel_case` 综合指令。这些修饰符通知综合进行与指令相同的优化, 并且, 更重要的是, 新语句还启用了运行时仿真检查, 以帮助验证设计条件不会出现与门级优化不兼容的情况 (详见 9.3.5 节)。

· `priority` 启用了与 "//synthesis full_case" 指令相同的门级优化。

· `unique` 启用了与 "//synthesis full_case parallel_case" 指令相同的综合门级优化。

· `unique0` 启用了与 "//synthesis parallel_case" 指令相同的综合门级优化。

注意: 在撰写本书时, 很多商业综合编译器并未识别 //synthesis 作为综合指令, 这些编译器要求指令以 //pragma 或 //synopsys 开头。

`translate_off` 指令告诉综合编译器忽略所有后续代码, 直到遇到 `translate_on` 指令, 这允许将调试代码嵌入 RTL 代码中。仿真会忽略注释, 编译并执行调试语句, 但综合编译器不会尝试在目标 ASIC 或 FPGA 中实现该代码。使用 `translate_off` 和 `translate_on` 综合指令的替代方法是使用条件编译选项。大多数综合编译器都有一个预定义的 SYNTHESIS 宏, 可以用来有条件地包含或排除综合工具编译的代码。

```
`ifdef SYNTHESIS              // 如果使用综合编译器编译
 ...
`endif                        // 综合包含结束
`ifndef SYNTHESIS             // 如果不是综合编译器则编译
```

```
    ...
    'endif                          // 综合排除结束
```

综合编译器还会识别 //pragma 以指示综合编译器指令。

9.4 小 结

本章介绍了 RTL 模型中建模锁存器的最佳实践编码风格。在 RTL 仿真中，任何非时钟（没有 posedge 或 negedge 敏感性）always 过程块触发时，且一个或多个变量未被赋值时，综合工具就会推断出锁存器。在仿真中，变量将保持其先前的值。这种状态保持需要在门级电路中以某种形式的锁存器存在。

综合将自动识别 RTL 代码中存在状态保持的潜在情况，并在 ASIC 或 FPGA 实现中推断出锁存器。与建模锁存器相关的主题是避免 RTL 模型中产生非设计意图的锁存器。这些锁存器行为出现的最常见的原因是：if-else 决策不完整或 case 语句不完整。本章展示了几种编码风格，以帮助防止非设计意图的锁存器。讨论的首选编码风格包括：

（1）使用带已知值的默认赋值。

（2）在决策语句之前使用预先赋值。

（3）使用 unique 或 priority 决策修饰符。

本章讨论了使用 X 值默认赋值的过时编码风格，以及这种过时编码风格的几个缺点。还讨论了过时的 full_case 综合指令，以及它不应被使用的原因。priority、unique 和 unique0 决策修饰符使综合优化成为可能，并替代了过时的综合 full_case 和 parallel_case 指令。这些决策修饰符增加了 RTL 验证检查，以帮助确保门级优化按预期工作。

第 10 章　通信总线建模
——接口端口（interface ports）

设计通常使用标准总线协议，如 PCIExpress、USB 或 AMBA AXI 等总线协议。这些协议将多个信号捆绑在一起，这些信号包括数据信号、地址信号和各种控制信号。总线协议要求总线的发送端和接收端按指定顺序设置和清除控制信号，用以传输数据值和地址值。

SystemVerilog 的 interface 是一种模块端口，但比简单的 input、output 或 inout 端口更灵活。在其最简单的形式中，接口端口将相关信号捆绑在一起，作为一个单一的复合端口。例如，构成 AMBA AXI 总线的所有信号可以打包作为一个接口端口进行分组。SystemVerilog 的接口不仅可以封装总线信号，也可以为设计工程师提供一种集中总线功能的方法，这种集中是相较于"将功能分散在设计中的多个模块中"而言的。这简化了设计工程师在 RTL 级别的工作，并让综合工具负责在设计中适当地分配门级总线硬件。

当遵循特定的建模规则时，接口是可综合的。接口还可以用于不可综合的事务级建模，以及作为验证测试平台的一部分。先进的验证方法论，如 UVM、OVM 和 VMM，都会使用接口。

本章将讨论可综合的 RTL 接口建模，涵盖的内容包括：

· 接口声明。

· 连接接口到模块端口。

· 接口与模块之间的区别。

· 接口端口和端口方向（modports）。

· 接口中的任务和函数（接口方法）。

· 接口中的过程块。

· 参数化接口。

10.1　接口的概念

对于可综合的 RTL 建模，接口的主要目的是将多信号总线的声明和一些协议功能封装到一个单一的定义中。定义的该接口可以在任意的模块中使用，而无需重复声明总线信号和协议功能。

接口在关键字 interface 和 end interface 之间定义。可综合的 RTL 接口定义可以包含：

· 具有数据类型和向量宽度的变量和线网声明。

·模块的端口定义：指示信号的方向。可以为使用该接口的不同模块指定不同的定义。

·用于建模零延迟、零时钟周期总线功能的函数。

接口还包含不可综合的事务级功能和验证代码，例如 initial 过程块、always 过程块、任务和断言，本书不讨论接口的这些不可综合方面内容。

本章示例使用了一种简化版本的 AMBA AHB 总线，称为 "simple AHB"，用于在主模块和从模块之间进行通信。这个简化版本仅使用了完整 AMBA AHB 总线的 19 个信号中的 8 个。simple AHB 信号如表 10.1 所示。

表 10.1　简化的 AMBA AHB 信号

hclk	1 位	总线传输时钟，由外部生成
hresetN	1 位	低电平有效总线复位，由外部生成
haddr	32 位	传输地址
hwdata	32 位	从主设备发送到从设备的数据值（一些示例添加了 1 位奇偶校验位）
hrdata	32 位	从设备返回到主设备的数据值（一些示例添加了 1 位奇偶校验位）
hsize	3 位	指示传输大小的控制信号
hwrite	1 位	从主设备到从设备的传输方向控制（写入为 1，读取为 0）
hready	1 位	从设备返回的响应，指示传输已完成

这个简单的 AHB 总线在单个主设备和单个从设备模块之间进行通信，因此不需要完整 AMBA AHB 总线所需的总线仲裁器和解码器模块。

10.1.1　最初的Verilog总线连接

没有接口的情况下，构成通信总线的信号必须在每个使用该总线的模块中声明为单独的端口。这些端口声明必须在每个使用该总线的模块中重复，并且在连接总线到其他模块的网表模块中再次重复。

图 10.1 是连接主设备和从设备模块的框图，使用 8 个信号表示简化版的 AMBA AHB 总线。还有四个与 simple AHB 总线无关的附加信号也被显示出来。使用某种总线协议进行通信的设计模块通常具有超出构成总线的其他输入和输出。

请注意，构成 simple AHB 总线的 8 个信号的声明重复。相同的信号必须在主模块、从模块、连接主从的芯片级模块，以及例化主从模块的顶层模块中声明。示例 10.1 是使用独立端口连接主从模块。

示例 10.1　使用独立端口连接主从模块
```
////////////////////////////////////////////////////////////////
// 主模块端口列表
```

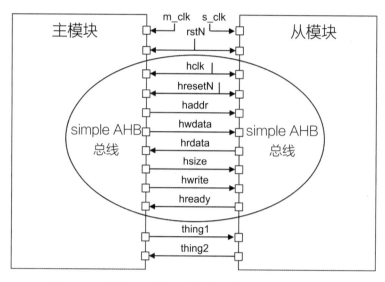

图 10.1　使用独立端口连接主设备和从设备的框图

```
//////////////////////////////////////////////////////////
module master (
 //simple AHB 总线信号
  input  wire       hclk,
 input wire hresetN,
  output reg  [31:0] haddr,
  output reg  [31:0] hwdata,              主模块需要为 simple
  output reg        hwrite,              AHB 信号提供单独端口
  output reg  [ 2:0] hsize,
  input  wire [31:0] hrdata,
  input  wire       hready,
 // 其他信号
  input  wire       m_clk,        // 主时钟
  input  wire       resetN,       // 复位，低电平有效
  input  wire [7:0] thing1,
  output reg  [7:0] thing2
);
  ...// 主模块功能未显示
endmodule: master


//////////////////////////////////////////////////////////
// 从模块端口列表
//////////////////////////////////////////////////////////
module slave (
```

```verilog
//simple AHB 总线信号
input  wire          hclk,
input wire hresetN,
input  wire  [31:0] haddr,
input  wire  [31:0] hwdata,
input  wire          hwrite,
input  wire  [ 2:0] hsize,
output reg   [31:0] hrdata,
output reg           hready,
// 其他信号
input  wire          s_clk,      // 主时钟
input  wire          rstN,       // 复位，低电平有效
output reg   [7:0]  thing1,
input  wire  [7:0]  thing2
);
   // 从模块功能未显示
endmodule: slave
```

从模块需要为 simple AHB 信号提供重要的端口

向量大小必须匹配以确保功能正确

```verilog
///////////////////////////////////////////////////////
// 顶层网表模块
///////////////////////////////////////////////////////
module chip_top;
//simple AHB 总线信号
  wire          hclk;
  wire          hresetN;
  wire  [31:0] haddr;
  wire  [31:0] hwdata;
  wire          hwrite;
  wire  [ 2:0] hsize;
  wire  [31:0] hrdata;
  wire          hready;
// 其他信号
  wire          m_clk;       // 主时钟
  wire          s_clk;       // 从时钟
  wire          chip_rstN;   // 复位，低电平有效
  wire  [7:0]  thing1;
  wire  [7:0]  thing2;
```

更高级别的模块必须再次复制 simple AHB 信号，以便连接主模块和从模块

```
    master m (//simple AHB 总线连接
            .hclk(hclk),
            .hresetN(hresetN),
            .haddr(haddr),
            .hwdata(hwdata),
            .hsize(hsize),
            .hwrite(hwrite),
            .hrdata(hrdata),
            .hready(hready),
            // 其他连接
            .m_clk(m_clk),
            .rstN(chip_rstN),
            .thing1(thing1),
            .thing2(thing2)
        );
    slave  s (//simple AHB 总线连接
            .hclk(hclk),
            .hresetN(hresetN),
            .haddr(haddr),
            .hwdata(hwdata),
            .hsize(hsize),
            .hwrite(hwrite),
            .hrdata(hrdata),
            .hready(hready)
            // 其他连接
            .s_clk(s_clk),
            .rstN(chip_rstN),
            .thing1(thing1),
            .thing2(thing2)
        );
    ... // 其他芯片级代码未显示
endmodule: chip_top
```

连接到主端口时必须再次复制 simple AHB 信号（如果名称完全匹配，则 SystemVerilog 的 .name 或 .* 快捷方式可以减少这种冗余）

连接到从端口时必须再次复制 simple AHB 信号（如果名称完全匹配，则 SystemVerilog 的 .name 或 .* 快捷方式可以减少这种冗余）

使用单独的模块端口来描述总线信号提供了一种简单直观的方式来表示设计模块之间的互连。这些单独的端口准确地模拟了构成总线物理实现的信号。然而，在大型复杂设计中，使用单独的模块端口存在如下缺点：

· 声明必须在多个模块中重复。

· 通信协议，例如握手序列，必须在多个模块中重复。

· 不同模块之间存在声明不匹配的风险。

· 设计规范的变化可能需要在多个模块中进行修改。

在前面的示例中，构成"simple AHB 总线"的信号必须在每个使用该总线的模块中声明，同时也在连接主模块和从模块的顶层网表中声明。即使上述 simple AHB 总线示例中仅使用了 19 个 AHB 总线信号中的 8 个，并且只有一个 slave 模块名称是重复的，但每个 AHB 信号依旧被命名了 7 次！

这种重复不仅需要输入大量代码行，而且很有可能导致编码错误：在某个地方输入错误的名称或不正确的向量大小，可能导致设计中的功能错误，直到设计过程的后期当模块连接在一起进行全芯片验证时才被发现。

复制的端口声明也意味着，如果在设计过程中总线的规范发生变化，所有共享该总线的模块都必须进行更改。用于连接该总线的模块及其对应的网表也必须进行更改。这种广泛影响的变化与良好的编码风格相悖。良好编码的目标是：代码在一个地方的小改动，不需要更改代码的其他部分。使用离散输入和离散输出端口的一个缺点是：一个模块中端口的更改通常会要求在其他文件中也进行更改。

使用离散输入和离散输出模块端口的另一个缺点是：通信协议的声明必须在每个模块中重复。例如，如果三个模块从共享内存设备读取和写入，那么读取和写入控制逻辑必须在这些模块中重复三次。

10.1.2 SystemVerilog接口定义

SystemVerilog 为 Verilog 添加了一种强大的新端口类型，称为接口端口（interface port）。接口允许将多个信号组合在一起，并作为单个端口表示。构成接口的信号声明被封装在关键字 interface 和 endinterface 之间。使用这些信号的每个模块都有一个接口类型的端口，而不是多个离散信号的端口。

图 10.2 显示了接口如何将多个单独端口组合成一个连接到接口的单一端口。

以下三个示例展示了如何使用接口，目的是减少建模 simple AHB 通信总线所需的代码量。

1. 接口上的端口

接口可以像模块一样具有输入、输出和双向端口。示例 10.2 中显示的 simple AHB 接口具有 hclk 和 hresetN 两个输入端口。这些信号是在接口外部生成的，并通过两个输入端口传递到接口中。接口上端口的声明与模块上端口的声明相同。

接口也可以包含接口，就像模块可以具有接口端口一样，这允许一个接口连接到另一个接口。例如，设计的主总线可能具有一个或多个子总线。主总线及其子总线均可建模为接口，子总线接口可用作主总线接口的端口。

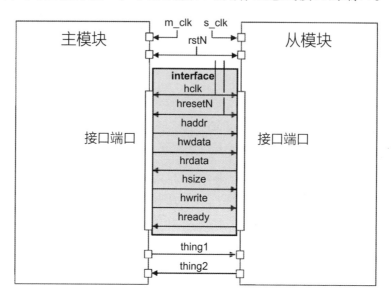

图10.2　使用接口端口连接主设备和从设备的框图

示例10.2　8 信号 simple AMBA AHB 总线的接口定义

```
/////////////////////////////////////////////////////
//simple AHB 接口
/////////////////////////////////////////////////////
interface simple_ahb(
  input logic hclk;                    // 总线传输时钟
  input logic hresetN                  // 总线复位，低电平有效
);
  logic [31:0] haddr;                  // 传输起始地址
  logic [31:0] hwdata;                 // 发送到从设备的数据
  logic [31:0] hrdata;                 // 从属设备返回的数据
  logic [ 2:0] hsize;                  // 传输大小
  logic        hwrite;                 //1 代表写入,0 代表读取
  logic        hready;                 //1 代表转移已完成

  // 主模块端口方向
  modport master_ports (
    output haddr, hwdata, hsize, hwrite,  // 到 AHB 从设备
    input  hrdata, hready,                // 来自 AHB 从设备
    input  hclk, hresetN                  // 来自芯片级别
```

```
  );
  // 从模块端口方向
  modport slave_ports (
    output hrdata,hready,                    // 到 AHB 主设备
    input  haddr, hwdata, hsize, hwrite,     // 来自 AHB 主设备
    input  hclk, hresetN                     // 来自芯片级别
  );
endinterface: simple_ahb
```

2. 接口 modport 的初步了解

上述接口定义包括两个 modport 定义，分别命名为 master_ports 和 slave_ports。关键字 modport 是"模块端口"的缩写，定义了模块如何将接口中的信号视为模块的输入或输出。接口的一个优点是总线协议中使用的信号的数据类型和向量大小只需定义一次。modport 的定义只是从模块的角度为接口中定义的信号添加了一个方向，它的定义在 10.3 节中有更详细的介绍。

示例 10.3 展示了主模块和从模块的定义。simple AHB 总线主模块上的 8 个独立端口已被单个接口端口替代。接口端口不是声明为 input、output 或 inout，而是声明为 simple_ahb，这是示例 10.2 中定义的接口名称。接口端口消除了在主模块和从模块中使用传统输入和输出端口时冗余的信号声明。

示例 10.3 带有接口端口的主从模块

```
///////////////////////////////////////////////////////
// 主模块端口列表
///////////////////////////////////////////////////////
module master
(simple_ahb.master_ports ahb, ◄──── 带有 modport 的接口端口
// 接口端口
input  logic       m_clk,  // 主时钟
input  logic       restN,  // 复位，低电平有效
input  logic [7:0] thing1,
output logic [7:0] thing2
);
  ...// 主模块功能未显示
endmodule: master


///////////////////////////////////////////////////////
// 从模块端口列表
///////////////////////////////////////////////////////
```

```
module slave
(simple_ahb.slave_ports ahb,          ← 带有 modport 的接口端口
// 接口端口
 input  logic        s_clk ,          // 从时钟
 input  logic        restN,           // 复位，低电平有效
 output logic [7:0] thing1,
 input  logic [7:0] thing2
);
 // 从模块功能未显示
endmodule: slave
```

3. 接口连接的初步了解

使用传统模块端口时，顶层模块必须为总线信号声明单独的线网，然后为每个单独信号与每个模块实例的端口进行单独连接。接口的出现，大大简化了这些连接。当一个带有接口端口的模块被实例化时，一个接口的实例会连接到该接口端口。

示例 10.4 显示了连接主模块和从模块的更高层次的网表。不再需要 24 行代码来声明 8 个单独的总线信号，然后将这 8 个信号连接到示例 10.1 中列出的主模块和从模块端口。相反，simple_ahb 接口以与模块相同的方式实例化，实例名称连接到主模块和从模块实例的接口端口。

示例 10.4 连接主从接口端口的网络列表

```
//////////////////////////////////////////////////////////
// 顶级网表模块
//////////////////////////////////////////////////////////
module chip_top;
  logic        m_clk;               // 主时钟
  logic        s_clk;               // 从时钟
  logic        hclk;                //AHB 总线时钟
  logic        hresetN;             //AHB 总线复位，低电平有效
  logic        chip_rstN;           // 复位，低电平有效
  logic [7:0] thing1;
  logic [7:0] thing2;

  simple_ahb ahb1(.hclk(hclk),      ← 实例化接口，就像实例化模块一样
                  .hresetN(hresetN)
                 );
 // 实例化主模块并将接口实例连接到接口端口
```

```
master m (.ahb(ahb1),  ◄────  将接口实例名称连接到主模块的接口端口
        .rstN(chip_rstN),
        .m_clk,
        .thing1,
        .thing2
        );

slave  s (.ahb(ahb1),  ◄────  将接口实例名称连接到从模块的接口端口
        .rstN(chip_rstN),
        .*                    // 其他端口的通配符连接快捷方式
        );
```

```
...// 剩余的芯片级代码未显示
endmodule: chip_top
```

在上述示例中，构成 simple AHB 总线协议的所有信号都被封装到 simple_ahb 接口中。主设备、从设备和顶层模块都不需要重复这些总线信号的声明。相反，主设备和从设备模块仅使用接口作为模块之间的连接。接口的出现，消除了单独模块端口的冗余声明。

注意： 模块接口端口不能保持未连接状态，模块的 input、output 或 inout 可以在模块实例上保持未连接状态。接口端口则不同，必须连接到接口实例，如果接口端口保持未连接状态，将会发生编译错误。

10.1.3 在接口内引用信号

接口端口是一个复合端口，内部包含信号。在一个具有接口端口的模块内，可以通过使用端口名称来访问接口内部的信号，语法如下所示：

```
<port_name>.<internal_interface_signal_name>
```

上述 simple_ahb 接口包含一个名为 hclk 的信号，而主设备有一个名为 ahb 的接口端口。主模块可以通过 ahb.hclk 访问 hclk：

```
always_ff@(posedge ahb.hclk)
...
```

最佳实践指南 10.1

在 RTL 模型中使用简短的接口端口名称，因为端口名称在 RTL 代码中被频繁引用。

由于接口中的信号是通过在信号名称前加上接口端口名称来访问的，因此使用简短的接口端口名称会更加方便。

10.1.4 模块与接口之间的区别

接口和模块之间有三个基本区别：

· 接口不能包含设计层次结构：与模块不同，接口不能包含可以创建新的实现层次结构的模块或原语的实例。

· 接口可以用作模块端口，这使得接口能够表示模块之间的通信通道，而在端口列表中嵌套使用模块是非法的。

· 接口可以包含 modports，这允许连接到接口的每个模块以不同的方式查看接口。modports 将 10.3 节详细描述。

10.1.5 源代码声明顺序

接口的名称在两个上下文中被引用：作为模块的端口，以及作为接口的实例。接口可以被实例化，并用作模块端口，而无需担心文件顺序依赖性。与模块一样，接口的名称可以在软件工具读取包含接口定义的源代码之前被引用。这意味着任何模块都可以将接口用作模块端口，而无需担心源代码编译的顺序。

10.2 将interface用作模块端口

模块的端口可以声明为 interface 类型，而不是传统的 input、output 或 inout 端口方向。一个模块可以有任意数量的接口端口，并且接口端口可以与其他端口以任何顺序指定。本书中的示例首先列出接口端口，仅仅是为了强调接口端口。接口端口声明有两种风格：通用类型和特定类型，这两种风格都是可综合的。

10.2.1 通用类型接口端口

通用类型接口端口通过使用关键字 interface 定义端口类型：

```
module <module_name> (interface <port_name>);
```

当模块被实例化时，任何类型的接口都可以连接到通用接口端口。这提供了灵活性，因为同一个模块可以以多种方式使用，连接到模块的接口可以不同。在以下示例中，模块 bridge 定义了两个通用接口端口：

```
interface ahb_bus;
```

```
     ...//AMBA AHB 总线的信号声明
endinterface

interface usb_bus;
     ...//USB 总线接口的信号声明
endinterface

module bridge(interface bus_in,   // 通用接口端口
              interface bus_out); // 通用接口端口
     ...
endmodule
```

每个通用类型接口端口可以连接一个 ahb_bus 接口实例或一个 usb_bus 接口实例（或任何其他类型的接口）。

10.2.2 特定类型接口端口

模块端口可以明确声明为特定类型接口。特定类型接口端口通过使用接口的名称作为端口类型来声明：

```
module <module_name> (<interface_name> <port_name>);
```

例如：

```
module CACHE (ahb_bus ahb,        // 接口专用端口
              input    rstN);
     ...
endmodule
```

特定类型接口端口只能连接到同类型接口的实例。在上述示例中，更高层次的网表可以实例化 CACHE 模块并连接 ahb 总线接口的实例，但不能连接 usb_bus 接口的实例。如果错误类型的接口实例连接到特定类型接口端口，仿真器或综合工具将发生展开错误。特定类型接口端口确保错误的接口不会被意外连接到端口。明确可以连接到端口的接口类型命名，使得端口类型对需要审查或维护模块的其他人更加明显。使用特定类型接口端口可以更容易地看到端口的预期使用方式。

最佳实践指南 10.2

对 RTL 模型使用特定类型接口端口，在设计模块中不要使用通用类型接口端口。

模块的功能几乎总是需要引用接口中的信号。使用特定类型接口端口时，接口中的信号名称在编写模块时已知，可以任意引用。使用通用接口端口时，无法保证连接到模块接口端口的每个接口实例在接口中具有相同的信号名称。

10.3 接口的 `modports`

接口提供了一种实用且直接的方法来简化模块之间的连接，然而，连接到接口的每个模块可能都需要查看接口信号的独特视图。例如，在 AHB 总线上，hwdata 信号是主模块的输出，而同一 hwdata 又是同一总线上的从模块的输入。

SystemVerilog 接口提供了一种定义接口信号不同视图的方法，以便每个模块看到具有正确端口方向的接口端口。

定义是在接口内进行的，使用 modport 关键字。modport 是模块端口的缩写，描述了由接口表示的模块端口。一个接口可以有任意数量的 modport 定义，每个定义描述一个或多个其他模块如何查看接口内的信号。

modport 定义了模块看到的接口信号的端口方向，modport 定义不会重复已经在接口信号声明中定义的向量大小和类型信息，而是仅定义连接模块时的信号是 input、output 或 inout。

以下是两个 modport 声明示例：

```systemverilog
interface simple_ahb(
  input logic hclk,            // 总线传输时钟
  input logic hresetN          // 总线复位，低电平有效
);
  logic[31:0] haddr;           // 传输起始地址
  logic[31:0] hwdata;          // 发送数据以保存
  logic[31:0] hrdata;          // 从设备返回数据
  logic[ 2:0] hsize;           // 传输大小
  logic       hwrite;          //1 代表写入，0 代表读取
  logic       hready;          //1 代表传输已完成

  // 主模块端口方向
  modport master_ports(
    output haddr, hwdata, hsize, hwrite,   // 连接到 AHB 从设备
    input  hrdata, hready,                 // 来自 AHB 从设备
    input  hclk, hresetN                   // 来自芯片级
```

```
  );
  // 从模块端口方向
  modport slave_ports(
    output  hrdata, hready,                  // 连接到 AHB 主设备
    input   haddr, hwdata, hsize, hwrite,    // 来自 AHB 主设备
    input   hclk, hresetN                    // 来自芯片级
  );
endinterface: simple_ahb
```

10.3.1　指定使用哪个modport视图

SystemVerilog 提供了两种方法来指定模块接口端口应使用哪个 modport 视图:

- 作为模块定义中接口端口声明的一部分。
- 作为与模块例化的接口连接的一部分。

这两种风格都是可综合的, 但在模块端口定义中指定 modport 有其优势, 以下段落将对此进行讨论。

1. 在模块的接口端口声明中选择 modport

可以直接在模块内的接口端口声明中指定要使用的 modport, 要连接到接口的 modport 被指定为:

```
<interface_name>.<modport_name>
```

例如:

```
module master
(simple_ahb.master_ports ahb,     // 接口端口和 modport
// 其他端口
  input   logic        m_clk      // 主时钟
  input   logic        rstN,
  input   logic [7:0]  thing1,    //misc 信号, 不是总线的一部分
  output  logic [7:0]  thing2     //misc 信号, 不是总线的一部分
);
   ...// 主模块功能未显示
endmodule: master
```

只有特定类型接口端口可以在端口声明中指定 modport。通用接口端口不能指定 modport。

在实例化并连接此主模块的更高层模块中，接口的一个实例连接到模块端口，而不指定 modport 的名称。例如：

```
module chip_top;
    ...// 本地网络声明

    simple_ahb ahb1(.hclk(hclk),    // 接口实例
                    .hresetN(hresetN)
                   );

    master m(.ahb(ahb1)             // 连接接口端口
            .rstN(chip_rstN),
            .m_clk,                 // 其他端口的 .name 连接快捷方式
            .thing1,
            .thing2
           );
endmodule: chip_top
```

2. 在模块例化中选择 modport

另一种编码风格是将 modport 选择留在模块定义之外，直到模块实例化时才选择 modport。以下示例声明了第一个从模块的端口为 simple_ahb 接口端口，但未指定使用哪个 modport 定义。

```
module slave
(simple_ahb        ahb,            // 不带 modport 的接口端口
    // 其他端口
    input  logic       s_clk        // 从时钟
    input  logic       rstN,        // 复位，低电平有效
    output logic [7:0] thing1,      //misc 信号，不是总线的一部分
    input  logic [7:0] thing2       //misc 信号，不是总线的一部分
);
    ...// 从模块功能未显示
endmodule:slave
```

接口的具体 modport 可以在模块实例化时指定，并且接口的实例会连接到模块实例。连接被指定为：

```
<interface_instance_name>.<modport_name>
```

例如：

```
slave s(.ahb(ahb1.slave_ports),// 选择 slave 的 modport
```

```
            .rstN(chip_rstN),
            .*  // 通配符连接快捷方式
        );
```

当在模块实例中指定要使用的 modport 时，模块定义可以使用特定类型接口端口或通用类型接口端口（详见 10.2 节）。

注意：modport 可以在模块端口定义或模块实例中选择，但不能同时在两者中选择。

最佳实践指南 10.3

将要使用的 modport 作为模块接口端口声明的一部分进行选择，不要在网表级别选择 modport。

将 modport 作为端口声明的一部分进行指定，还允许模块独立于其他模块进行综合。这也有助于增强模块的可读性：审阅或维护该模块的工程师可以立即看到该模块使用的 modport。

3. 连接到接口而不指定 modport

模块接口端口可以连接到接口实例，而无需指定特定的 modport 定义。当没有指定 modport 时，接口中的所有网络都被假定为具有双向 inout。在仿真中，接口中的变量被假定为 ref 类型（ref 端口允许端口的两侧读取和修改变量。ref 端口不可综合，并且在本书中不讨论）。综合编译器将所有在接口端口中未指定 modport 的信号视为 inout 双向端口。

10.3.2 使用 modports 定义不同的连接集合

在一个由多个不同模块使用的更复杂的接口中，可能并不是每个模块都需要看到接口中的相同信号集。modports 使得为每个使用接口的模块创建接口的自定义视图成为可能。模块只能访问其 modport 定义中列出的信号，这使得接口中的某些信号可以完全对某些模块隐藏。例如，接口可能包含一些仅通过 master_ports modport 连接到接口的模块使用的信号，而不被通过 slave_ports modport 连接的模块使用。完整的 AMBA AHB 总线有 19 个信号，其中几个仅由总线主设备使用。

示例 10.5 说明了一个自定义版本的 simple_ahb 接口，该接口添加了 3 个额外的 AMBA AHB 信号：hprot、hburst 和 htrans，这些信号仅由主模块使用。master_ports 和 slave_ports 的 modport 声明确保主模块和从模块看到各自模块的正确信号集合。

示例 10.5 具有 modports 的接口，用于接口信号的自定义视图

```
interface simple_ahb(
  input logic hclk,              // 总线传输时钟
  input logic hresetN            // 总线复位，低电平有效
);
  logic [31:0]haddr;             // 传输起始地址
  logic [31:0]hwdata;            // 发送到从设备的数据
  logic [31:0]hrdata;            // 从设备返回数据
  logic [ 2:0]hsize;             // 传输大小
  logic       write;             //1 代表写入 ,0 代表读取
  logic       hready;            //1 代表转移已完成
  // 仅由总线主控器使用的附加 AHB 信号
  logic [ 3:0]hprot;             // 传输保护模式
  logic [ 2:0]hburst;            // 传输突发模式
  logic [ 1:0]htrans;            // 传输类型
// 主模块端口方向
modport master_ports(
  output haddr, hwdata, hsize, hwrite,   // 至 AHB 从设备
  input  hrdata, hready,                 // 来自 AHB 从设备
  input  hclk, hresetN,                  // 来自 chip level
  // 仅由总线主控器使用的附加 AHB 信号
  output hprot, hburst, htrans
);


// 从模块端口方向
modport slave_ports(
  output hrdata, hready,                 // 至 AHB 主设备
  input  haddr, hwdata, hsize, hwrite,   // 来自 AHB 主设备
  input  hclk, hresetN                   // 来自 chip level
);
endinterface: simple_ahb
```

使用 simple_ahb.master_ports modport 的模块可以使用 hprot、hburst 和 htrans 信号。使用 simple_ahb.slave_ports modport 的模块无法访问这三个信号。由于这些信号未在 slave_ports modport 中列出，因此对于使用该端口的模块而言，这些信号仿佛根本不存在。

接口中也可以有内部信号，这些信号在任何 modport 视图中都不可见。这些内部信号可能被协议检查器使用，也可能被包含在接口内部的其他功能使用。

10.4 接口方法（任务和函数）

SystemVerilog 接口不仅可以将相关信号组合在一起，还可以封装模块之间通信的功能。通过将通信功能添加到接口，使用该接口的每个模块都可以简单地引用该功能，而无需在每个模块中额外地进行重复。接口中封装的功能也可以独立于使用该接口的模块进行验证。

接口中封装的功能可以使用任务和函数来定义。接口中的任务和函数被称为接口方法。接口方法（任务和函数）可以通过在模块的 modport 定义中使用 import 语句导入到需要它们的模块中。在 modport 中导入函数，类似于从 package 中导入函数（详见 4.2.2 节）。

示例 10.6 向 simple AHB 接口添加了两个函数，其中一个函数用于生成奇偶校验位值（使用奇数校验），另一个函数用于检查数据是否与计算出的奇偶校验匹配。hwdata 和 hrdata 向量的声明比之前的示例宽 1 位，额外的位用于奇偶校验。

示例 10.6 带有内部方法（函数）的接口用于奇偶校验逻辑

```
interface simple_ahb(
  input logic hclk,            // 总线传输时钟
  input logic hresetN          // 总线复位，低电平有效
);

  logic [31:0]haddr;           // 传输起始地址
  logic [31:0]hwdata;          // 发送到从设备的数据
  logic [31:0]hrdata;          // 从设备返回数据
  logic [ 2:0]hsize;           // 传输大小
  logic        write;          //1 代表写入 ,0 代表读取
  logic        hready;         //1 代表转移已完成

  function automatic logic parity_gen(logic[31:0]data);
    return(^data);//calculate parity of data(odd parity)
  endfunction

  function automatic logic parity_chk(logic[31:0]data,
                                      logic       parity);
    return(parity === ^data);    //1 代表 OK,0 代表奇偶校验错误
  endfunction
```

```
        // 主模块端口方向
        modport master_ports(
          output haddr, hwdata, hsize, hwrite,   // 至 AHB 从设备
          input  hrdata, hready,                  // 来自 AHB 从设备
          input  hclk, hresetN,                   // 来自 chip level
          import parity_gen, parity_check         // 函数导入
        );

        // 从模块端口方向
        modport slave_ports(
          output hrdata, hready,                  // 至 AHB 主设备
          input  haddr, hwdata, hsize, hwrite,    // 来自 AHB 主设备
          input  hclk, hresetN                    // 来自 chip level
          import parity_check                     // 函数导入
        );
    endinterface: simple_ahb
```

在这个例子中，master_ports modport 定义导入了 parity_gen 和 parity_chk 方法。modports 定义了主模块对于接口的端口方向。使用 master_ports modport 的模块导入的这些函数，类似于模块从 package 中导入函数的方式。slave_ports modport 仅导入 parity_chk 方法。使用 slave_ports modport 的模块无法访问 parity_gen 方法。由于该方法未包含在 modport 导入中，因此从 slave_ports 提供的接口的角度来看，该方法就好像根本不存在。

如何使用接口方法？可选地，modport import 声明可以指定任务或函数参数的完整定义，而不是仅仅导入方法名称，import 关键字后面跟着实际方法定义的声明行。这种导入声明的基本语法如下所示：

```
modport (import task <task_name> (<formal_args>));
modport (import function <function_name> <return_type>
  (<formal_args>));
```

例如：

```
// 从模块端口方向
modport slave_ports_alt(
  output hrdata, hready,                        // 至 AHB 主设备
  input  haddr, hwdata, hsize, hwrite,          // 来自 AHB 主设备
  input  hclk, hresetN,                         // 来自 chip level
  import function logic parity_chk(logic [31:0]data,
```

```
                                    logic      parity)
);
```

函数原型不包括 automatic 关键字，即使实际函数被声明为 automatic（这是综合所必需的）。

使用完整原型来导入方法的优势不大。一些工程师认为，完整原型可以直接作为 modport 声明的一部分，用于记录任务或函数参数。当实际任务或函数在一个包中定义并导入到接口时，这种额外的代码文档会非常方便。原型使方法类型和参数在接口定义中可见，因此工程师不需要去包含包的文件中查看方法类型和参数。

10.4.1　调用在接口中定义的方法

导入的方法是接口的一部分，通过使用接口端口名称来调用，方式与引用接口中的信号相同，语法如下所示：

```
<interface_port_name>.<internal_interface_method_name>
```

前面章节展示的主模块有一个名为 ahb 的接口端口。因此，主模块可以通过将其引用为 ahb.parity_gen 来调用接口中的 parity_gen 方法。例如：

```
always_ff @ (posedge ahb.hclk)
  ahb.hwdata[32] <= ahb.parity_gen(ahb.hwdata[31:0]);
```

10.4.2　综合接口方法

从概念上讲，综合编译器通过在模块内创建该方法的本地副本来替换导入的方法，然后综合该本地副本。综合后的模块版本将包含导入方法的逻辑，并且不再依赖接口提供该功能。

最佳实践指南 10.4

对于可综合的 RTL 接口，仅在接口中使用函数和无返回值的函数。不要使用任务或 always 过程。

综合编译器对接口内容施加的 RTL 编码限制，与模块中施加的限制相同。这些限制之一是"任务必须在零时间内执行。"使用 void 函数代替任务可以强制执行这一综合限制。7.3 节讨论了在可综合 RTL 模型中使用 void 函数的优点。

注意：导入的函数或任务必须声明为 automatic，并且不能包含静态声明，以便进行综合。这与模块从包中导入函数或任务时的综合规则相同。automatic

函数或 automatic 任务每次被调用时都会分配新的存储空间。当模块调用导入的方法时，一份包含所有内部存储的新副本会被分配，这使得综合工具可以将该方法视为模块内的本地副本。

10.4.3　抽象的、不可综合的接口方法

SystemVerilog 接口能够以高于 RTL 综合编译器支持的抽象级别来表示总线协议。例如，一个接口任务可能需要多个时钟周期执行，用以表示一个完整的主从握手协议。该协议可以从主设备发出传输请求开始，仲裁哪个从设备接收请求，等待从设备的授权，传输数据，并接收确认数据已接收的信号。

这些接口功能对于抽象事务级建模非常有用，但当前的 RTL 综合编译器不支持这些功能。当前的 SystemVerilog 综合工具要求将接口中编码的功能限制为零延迟和零时钟周期模型。通过将接口中定义的功能代码限制为函数，可以满足这些综合限制。SystemVerilog 语法规则要求函数必须在零仿真时间内执行，这符合零延迟接口功能的综合要求。

接口还可以包含验证例程和断言，这种类别的验证代码可以通过将其封装在指令对中来隐藏于综合中：//synthesis translate_off 和 //synthesis translate_on。

10.5　接口过程代码

除了任务和函数方法，接口还可以包含 initial 和 always 过程块以及连续赋值语句。过程代码可用于建模接口内的功能，这些功能影响通过接口传递的信息。

示例 10.7 为 simple AHB 总线 hclk 添加了一个时钟生成器，以及一个总线 hresetN 的复位同步器。在之前的接口示例中，这些信号是在接口外部生成的，并作为 simple AHB 接口的输入端口传入。此示例用芯片（或系统）级时钟和复位替换了这些输入，并使用这些芯片级信号生成本地总线时钟和总线复位。此本地功能随后成为主模块和从模块之间封装的总线通信的一部分。

示例 10.7　具有内部过程代码以生成总线功能的接口

```
interface simple_ahb(
  input logic chip_clk,            // 芯片外部时钟
  input logic chip_rstN            // 总线复位，低电平有效
);
  logic        hclk;               // 本地总线传输时钟
```

```
logic           hresetN;        // 本地总线复位，低电平有效
logic [31:0] haddr;             // 传输起始地址
logic [31:0] hwdata;            // 发送到从设备的数据
logic [31:0] hrdata;            // 从设备返回的数据
logic [ 2:0] hsize;             // 传输大小
logic           hwrite;         //1 代表写入 ,0 代表读取
logic           hready;         //1 代表转移已完成

// 生成 AHB 时钟（芯片时钟的二分频）
always_ff @ (posedge chip_clk or negedge chip_rstN)
  if(!chip_rstN) hclk <= '0;
  else           hclk <= ~hclk;

// 将 hresetN 的下降沿同步到 hclk
logic rstN_tmp;                 // 接口内部使用的临时变量
always_ff @ (posedge hclk or negedge chip_rstN)
  if(!chip_rstN) begin          // 低电平有效异步复位
    rstN_tmp <= '0;
    hresetN  <= '0;
  end
  else begin
    rstN_tmp <= '1;             //begin end of reset
    hresetN  <= rstN_tmp;       // 稳定复位
  end

// 主模块端口方向
modport master_ports(
  output haddr, hwdata, hsize, hwrite,     // 至 AHB 从设备
  input  hrdata, hready,                    // 来自 AHB 从设备
  input  hclk, hresetN                      // 来自 chip level
);

// 从模块端口方向
modport slave_ports(
  output hrdata, hready,                    // 至 AHB 主设备
  input  haddr, hwdata, hsize, hwrite,      // 来自 AHB 主设备
  input  hclk, hresetN                      // 来自 chip level
);
endinterface: simple_ahb
```

很遗憾的是，综合编译器如何处理接口中的过程代码并不像处理接口方法（任务和函数）那样明确。在综合时，将方法代码复制到具有接口端口的模块中，并对本地副本进行综合。之所以可以这样做，是因为方法是从模块内部调用的，并且执行时就好像方法是该模块的一部分。然而，过程代码是从接口内部执行的，并且会影响所有使用该接口的模块。接口中的过程代码类似于全局功能，综合编译器对此支持不佳，甚至可能完全不支持。

最佳实践指南 10.5

使用函数在接口内部建模功能。不要使用 initial 过程块、always 过程块或连续赋值。

接口中的过程代码在综合编译器中支持不佳。就算支持的话，过程代码也可能会被不同的综合编译器以不同的方式处理。

10.6　参数化接口

接口可以像模块一样使用参数重定义，这使得接口模型可以配置，以便接口的每个实例可以有不同的配置。可以在接口中使用参数，使得向量大小和接口内的其他声明可以通过使用 SystemVerilog 的参数重定义进行重新配置。接口的参数值可以在实例化接口时重新定义，方式与模块重定义相同（详见3.8节）。

示例 10.8 的变体添加了参数，以便在实例化接口时使数据向量宽度可配置。任何与接口实例连接的模块接口端口，将使用该接口实例的向量大小。

示例 10.8　具有可配置总线 DWIDTH 大小的参数化接口

```
interface simple_ahb
#(parameter DWIDTH = 32)      // 数据总线宽度,32 位默认值
(
  input logic hclk,           // 总线传输时钟
  input logic hresetN         // 总线复位,低电平有效
);
  logic [31:0]        haddr;   // 传输起始地址
  logic [DWIDTH-1:0]  hwdata;  // 发送到从设备的数据
  logic [DWIDTH-1:0]  hrdata;  // 从设备返回的数据
  logic [ 2:0]        hsize;   // 传输大小
```

```
logic                    hwrite;        //1 代表写入 , 0 代表读取
logic                    hready;        //1 代表转移已完成

// 主模块端口方向
modport master_ports(
  output haddr, hwdata, hsize, hwrite,    // 至 AHB 从设备
  input  hrdata, hready,                   // 来自 AHB 从设备
  input  hclk,hresetN                      // 来自 chip level
);

// 从模块端口方向
modport slave_ports(
  output hrdata,hready,                    // 至 AHB 主设备
  input  haddr, hwdata, hsize, hwrite,     // 来自 AHB 主设备
  input  hclk, hresetN                     // 来自 chip level
);
endinterface: simple_ahb
```

以下代码片段将示例 10.8 中接口的数据字大小重新定义为 64 位字大小:

```
simple_ahb #(.DWIDTH(64))ahbl(.hclk,.hresetN);
```

10.7　综合接口

接口是 SystemVerilog 添加到原始 Verilog HDL 中的一种强大的建模方法。接口端口是对传统 Verilog 建模的抽象, 传统 Verilog 建模中, 一组相关信号必须逐个声明。这些单独的声明随后必须在每个使用相关信号的模块中重复。

SystemVerilog 接口最基本的形式是将相关信号封装在一起, 作为一个可重用的建模组件。然后, 该接口可以作为模块上的单个端口使用, 取代一组相关信号的多个单独端口。接口提供的建模抽象对于 RTL 设计工程师来说, 是一个强大的工具。设计工程师可以将一组相关信号定义为一个接口, 然后多次使用这些信号, 而无需重复定义。

综合编译器能够很好地处理接口来封装相关信号。设计工程师可以在更高的抽象层次上工作——享受抽象的所有优势——综合编译器将信号的抽象封装转换为各个模块的端口, 无需工程师陷入烦琐的单个端口声明, 并确保多个模块中的冗余声明完全匹配。

综合编译器支持两种风格来指定哪个 modport 与模块一起使用，一种是在端口声明中指定，另一种是在模块实例化时指定（详见 10.3.1 节）。然而，如果模块是独立于其他模块综合的，则必须在端口声明中指定 modport。

当模块独立于其他部分进行综合时，或者当多个模块在"保留 RTL 模块层次结构"的条件下一起综合时，综合编译器将模块的接口端口扩展为在 modport 定义中表示的各个端口。大多数综合编译器使用 Verilog-1995 端口声明风格，其中端口列表包含端口名称和顺序，而端口大小和数据类型在模块内部声明，而不是在端口列表中。一个模块可以有任意数量的接口端口，接口端口可以与其他端口以任何顺序指定。本书中的示例首先列出接口端口，仅仅是起到了强调的作用。

以下代码片段展示了使用示例 10.3 中所示的 simple_ahb 接口的主模块的可能的综合前和综合后模块定义。

综合前模块端口列表包含一个接口端口：

```
module master
(simple_ahb.master_ports ahb,   // 接口端口和 modport
 // 其他端口
 input  logic       m_clk       // 主设备时钟
 input  logic       rstN,       // 复位，低电平有效
 input  logic [7:0] thing1,     //misc signal, 不是总线的一部分
 output logic [7:0] thing2      //misc signal, 不是总线的一部分
);
```

本示例的 master_ports 定义为：

```
// 主模块端口方向
modport master_ports(
  output haddr, hwdata, hsize, hwrite,   // 至 AHB 从设备
  input  hrdata, hready,                  // 来自 AHB 从设备
  input  hclk, hresetN                    // 来自 chip level
);
```

综合后模型使用 Verilog-1995 编码风格。以下示例说明了接口端口是如何综合的。该示例并不是由任何特定的综合编译器生成的。

```
module master(haddr, hwdata, hsize, hwrite, hrdata, hready,
              hclk, hresetN m_clk, rstN, thing1, thing2);
  output [31:0] haddr;
  output [31:0] hwdata;
  output [2:0]  hsize;
```

```
   output hwrite;
   input [31:0] hrdata;
   input hready;
   input hclk;
   input hresetN;
   input m_clk;
   input rstN;
   input [7:0] thing1;
   output [7:0] thing2;

   wire [31:0] haddr;
   wire [31:0] hwdata;
   wire [2:0] hsize;
   wire hwrite;
   wire [31:0] hrdata;
   wire hready;
   wire hclk;
   wire hresetN;
   wire m_clk;
   wire rstN;
   wire [7:0] thing1;
   wire [7:0] thing2;
   ...// 主模块功能未显示
endmodule: master
```

如果指定了 modport 定义，综合将使用 modport 中指定的方向。如果在综合时未指定 modport，则接口中的所有信号将成为综合模块中的双向 inout 端口。

可配置接口的综合方式与可配置模块相同。接口可以使用参数来配置总线宽度和数据类型。3.8 节包含可综合的参数化模块示例，接口也可以使用相同的方式进行配置。

接口还可以使用方法（任务和函数）及过程代码来封装与这些信号相关的功能。如 10.4.2 节所述，接口中的函数是可综合的。这非常有用，RTL 设计工程师应该充分利用这一综合能力。将函数与其操作的信号封装在一起是编写稳定、可重用代码的最佳实践编码风格。

最佳实践指南 10.6

在接口中功能应仅限于函数可以建模的内容。

在撰写本书时，可用的 RTL 综合编译器在使用接口封装功能方面的支持有些受限，尤其是使用任务和过程块代码时。

例如，可以在接口中封装 FIFO 的全部功能，这将允许使用封装信号的模块以不同的时钟速度运行而不会丢失数据。完整的错误校正功能以及其他复杂的操作也可以与这些信号捆绑在一起。大多数综合编译器不支持这种更高级别的封装，或者仅提供有限的支持，这些限制降低了过程代码在接口中的实用性。

接口还可以捆绑验证代码，例如对封装信号和功能的断言和自检例程。接口中验证的相关代码可以通过综合编译器使用 synthesis translate_off 和 translate_on 指令或 'ifdef 条件编译来忽略。

10.8　小　结

本章介绍了接口和接口端口，这些是 SystemVerilog 在原始的 Verilog 语言基础上添加的强大 RTL 建模构造。接口封装了设计中主要模块之间的通信。使用接口可以大大简化烦琐且冗余的模块端口和网表声明。这些细节被移到接口定义中，只需定义一次，而不需要在许多不同的模块中重复定义。

接口的 modport 为每个模块使用自定义接口提供了一种简单而强大的方法。每个 modport 定义了接口一组特定的端口方向。一个模块可以将接口中的特定信号视为输出，而另一个模块则将同一信号视为输入。modport 定义还允许某些信号或方法在接口中对特定模块隐藏。

接口不仅提供了一种将信号捆绑在一起的方式，还可以通过使用方法（任务和函数）来封装对相关信号进行操作的功能。在接口中集成方法的能力进一步减少了在多个模块中使用的冗余代码。方法在接口中定义一次，并可以作为每个模块 modport 定义的一部分导入到任意数量的模块。接口中的函数是可综合的。

可综合的接口必须遵循与可综合模块相同的 RTL 建模规则。接口还能够在非 RTL 层次上建模，成为事务级建模和验证测试平台的强大构造。先进的验证方法论，如 UVM、OVM 和 VMM，依赖于接口在面向对象的测试平台与被验证的设计模块之间进行通信。

附 录

附录A 最佳实践指南

本书重点关注编写能够正确进行仿真和综合的 RTL 模型，并在综合编译器生成的门级实现中实现最佳"结果质量"。每章都包含若干简短的"最佳实践指南"编码建议。为方便起见，本附录对这些建议进行了汇总。

建议读者参考每条最佳实践编码建议的完整描述，以获取详细信息并了解其重要性所在。

最佳实践指南 1.1 使用 package 进行共享声明，而不是使用 $unit 声明空间。

最佳实践指南 1.2 使用 SystemVerilog 的 timeunit 关键字来指定仿真时间单位和精度，而不是使用旧 `timescale 编译指令。

最佳实践指南 2.1 模型的代码部分应仅包含以 // 开头的单行注释，请勿在代码主体中使用块注释，即用 /* 和 */ 包围的注释。

最佳实践指南 2.2 在每个模块、接口和包之前指定一个 `begin_keywords 指令。在每个模块、接口和包的末尾指定一个匹配的 `end_keywords 指令。

最佳实践指南 2.3 对所有模块实例使用命名端口连接，请勿使用端口顺序连接。

最佳实践指南 3.1 在 RTL 模型中仅使用二进制和十六进制文本整数。这些基数在数字逻辑中具有直观的意义。

最佳实践指南 3.2 在仿真和综合开始之前，使用 lint 工具（也称为建模规则检查器）进行检查。

最佳实践指南 3.3 在 RTL 模型中使用 4 态逻辑数据类型来推断变量。在 RTL 模型中不要使用 2 态类型。这一指导方针的例外是使用 int 类型来声明 for 循环迭代变量。

最佳实践指南 3.4 当设计主要选择整个向量或向量的单个位时，使用简单的向量声明；当设计频繁选择向量的部分，并且这些部分落在已知边界上（例如字节或字边界）时，使用具有子字段的向量。

最佳实践指南 3.5 仅在 FPGA 实现的 RTL 模型中使用变量初始化，并且仅用于建模触发器的上电值。

最佳实践指南 3.6 在 RTL 模型中仅使用内联变量初始化，不要使用 initial 过程来初始化变量。

最佳实践指南 3.7 在设计意图是单一驱动时，使用 logic 数据类型将设计组件连接在一起。仅在设计意图允许多个驱动时，使用 wire 或 tri net 类型。

最佳实践指南 3.8 如果更改了默认线网类型，请始终将 'default_nettype 作为一对指令使用，第一条指令将默认设置为所需的线网类型，第二条指令将默认设置回 wire。

最佳实践指南 3.9 使用 ANSI-C 风格的声明来定义模块端口列表。将 input 端口和 output 端口都声明为 logic 类型。

最佳实践指南 3.10 对所有参数覆盖，应使用内联命名参数重新定义，请勿使用行内参数顺序重定义或分层重定义。

最佳实践指南 4.1 仅使用 localparam 或 const 定义包常量。不要在包中使用参数定义。

最佳实践指南 4.2 尽可能避免使用 $unit，建议使用包来共享定义。包避免了所有与 $unit 相关的风险，提供了一个受控的命名空间，更易于维护和重用。

最佳实践指南 4.3 在 RTL 模型中使用显式风格的枚举类型声明，其中基类型和标签值需要被明确地指定，而不是以推断的形式赋值。

最佳实践指南 4.4 仅在 RTL 模型中使用合并联合体。

最佳实践指南 5.1 使用位运算取反操作符来对一个值进行按位反转，不要使用这个操作符对真 / 假测试的结果进行反转。相反，使用逻辑非运算符来反转真 / 假测试的结果，不要使用逻辑非运算符来反转一个值。

最佳实践指南 5.2 仅使用逻辑真 / 假操作符来测试标量（1 位）值，不要对向量进行真 / 假测试。

最佳实践指南 5.3 一个函数应该只修改其函数返回的变量和内部临时变量，这些变量永远不会离开该函数。

最佳实践指南 5.4 避免在比较操作中混合使用有符号和无符号表达式。两个操作数应当都是有符号或无符号的。

最佳实践指南 5.5 在 RTL 模型中使用 == 和 != 相等运算符，不要使用 === 和 !== 全等运算符。

最佳实践指南 5.6 使用运算符将向量向左或向右移动或旋转可变数量的位，不要使用循环来移动或旋转向量的位数。

最佳实践指南 5.7 为了获得更好的综合结果：

（1）对于乘法和除法以 2 的幂为基数的情况，使用移位运算符，而不是 *、/、% 和 ** 算术运算符。

（2）对于乘法和除法以非 2 的幂为基数的情况，如果可能，使用一个操作数的常量值。

（3）对于乘法和除法，当两个操作数都是非常量值时，使用较小的向量大小，例如 8bits 位宽。

最佳实践指南 5.8　对所有 RTL 模型操作使用无符号类型。在建模准确的硬件行为时，很少需要使用有符号数据类型。

最佳实践指南 5.9　仅在组合逻辑过程和控制循环迭代时使用递增和递减运算符。不要使用递增和递减来建模时序逻辑行为。

最佳实践指南 6.1　仅使用 1 位值或真 / 假操作的返回值作为 if-else 条件表达式。不要将向量用作 if-else 表达式。

最佳实践指南 6.2　使用 case-inside 决策语句以忽略 case 项中的特定位。不要使用过时的 casex 和 casez 决策语句。

最佳实践指南 6.3　将循环代码编写为静态、零延迟循环，并具有固定的迭代次数。

最佳实践指南 6.4　所有循环都应使用固定的迭代大小进行编码。这种编码风格确保循环可以展开，并且将被所有综合编译器支持。

最佳实践指南 6.5　在 RTL 建模中使用 for 循环和 repeat 循环，不要使用 while 和 do-while 循环。

最佳实践指南 6.6　使用 continue 和 break 跳转语句来控制循环迭代。不要使用 disable 跳转语句。

最佳实践指南 6.7　在 RTL 建模中不要使用空操作语句。

最佳实践指南 6.8　在 RTL 模型中使用的函数应声明为动态的。

最佳实践指南 6.9　在 RTL 建模中使用 void 函数替代任务。仅在验证代码中使用任务。

最佳实践指南 6.10　仅在 RTL 模型中使用的函数中使用输入和输出形式参数，不要使用 inout 或 ref 形式参数。

最佳实践指南 7.1　在连续赋值的左侧使用变量，以防止意外的多个驱动源。只有打算让一个信号有多个驱动源时，才在左侧使用 wire 或 tri。

最佳实践指南 7.2　确保连续赋值和过程赋值的两侧具有相同的向量宽度。避免左侧和右侧表达式的向量大小不匹配。

最佳实践指南 7.3　用零延迟建模所有 RTL 组合逻辑。

最佳实践指南 7.4　使用 RTL 特定的 always_comb 过程块来建模组合逻辑，而不是使用通用 always 过程块。

最佳实践指南 7.5　使用 SystemVerilog 的 `always_comb` 来自动推断正确的组合逻辑敏感列表。不要使用过时的 @* 推断敏感列表。

最佳实践指南 7.6　仅在建模组合逻辑行为时使用阻塞赋值（=）。

最佳实践指南 7.7　在 RTL 模型中使用的函数应始终声明为自动的。

最佳实践指南 7.8　尽可能使用 SystemVerilog 运算符进行复杂操作，例如 *，不要用循环和其他编程语句。

最佳实践指南 7.9　只有在确定综合逻辑可简化的情况下，才能使用 unique 决策修饰符。

最佳实践指南 7.10　在 RTL 模型中使用 unique 决策修饰符，不要使用 unique0 决策修饰符。unique0 修饰符在未来可能会被推荐，但在撰写本书时，仿真工具和大多数综合编译器并不支持 unique0。

最佳实践指南 7.11　不要使用过时的 parallel_case 综合指令！

最佳实践指南 8.1　使用 SystemVerilog 中的 always_ff 专用过程块来建模 RTL 时序逻辑。不要使用通用 always 过程块。

最佳实践指南 8.2　仅使用非阻塞赋值（<=）来分配时序逻辑块的输出变量。

最佳实践指南 8.3　使用单独的组合逻辑过程块来计算时序逻辑过程所需的中间值，不要在时序逻辑过程块中嵌入中间计算。

最佳实践指南 8.4　时序逻辑块中使用的临时变量应声明为块内的局部变量。

最佳实践指南 8.5　编写 RTL 模型时，使用首选类型的复位，并让综合编译器将复位功能映射到目标 ASIC 或 FPGA 所支持的复位类型上。只有为了在特定设备上实现最佳速度和面积时，才应编写与特定目标 ASIC 或 FPGA 使用相同复位类型的 RTL 模型。

最佳实践指南 8.6　电路应对高电平有效复位或低电平有效复位，整体保持一致。对高电平有效和低电平有效控制信号使用一致的命名约定。

最佳实践指南 8.7　为了获得最佳的综合结果质量（QoR），应仅使用复位输入或置位输入来建模 RTL 触发器。仅在设计功能需要的情况下才建模置位 / 复位触发器。

最佳实践指南 8.8　多时钟设计应被划分为多个模块，以便每个模块仅使用一个时钟。

最佳实践指南 8.9　如果使用内部赋值延迟，最好只使用单位延迟。

最佳实践指南 8.10　在单独的模块中建模有限状态机。（FSM 的支持逻辑，例如仅由 FSM 使用的计数器，可以包含在同一模块中）

最佳实践指南 8.11　为枚举变量定义一个 logic（4 态）类型和对应的向量大小。

最佳实践指南 8.12　使用枚举类型变量作为有限状态机（FSM）的状态变量。不要使用参数和松散类型的变量作为状态变量。

最佳实践指南 8.13　在设计的 RTL 建模阶段做出关于使用哪种编码方案的决策，而不是在综合过程中让综合工具决定。

最佳实践指南 8.14　对于大多数的有限状态机，应使用三段式编码风格——使用独立的过程块对状态机的三个主要块进行建模。

最佳实践指南 8.15　使用 reverse case 语句来建模评估 1 位独热状态机，不要对独热 case 表达式和 case 项使用多位向量。

最佳实践指南 8.16　RAM 行为模型应在单独的模块中定义。

最佳实践指南 9.1　使用非阻塞赋值（<=）来建模锁存器行为。

最佳实践指南 9.2　使用 RTL 专用过程块 always_latch 来建模基于锁存器的逻辑。在 RTL 模型中不要使用通用 always 过程块。

最佳实践指南 9.3　完全指定决策语句的输出值，以避免非设计意图的锁存器。除非在特定情况下，否则不要使用逻辑简化优化来避免锁存器。

最佳实践指南 9.4　如果需要进行门级逻辑简化，以避免非设计意图的锁存器，请使用 unique 或 priority 决策修饰符，不要使用过时的 Verilog-2001 编码风格的 X 值分配。

最佳实践指南 9.5　当逻辑简化可取时，在 RTL 模型中使用 unique 决策修饰符，以防止推断锁存器，不要使用 unique0 修饰符。

最佳实践指南 9.6　一般而言，应使用带已知值的默认 case 项或预先赋值已知值来完全指定所有 case 语句。此指南的一个例外是使用 reverse case 语句的单热状态解码器，在这种情况下，使用 unique 或 prioritycase 语句是避免无意间产生锁存器的首选方法。

最佳实践指南 9.7　使用 unique 或 priority 决策修饰符，而不是对未使用决策值进行 X 值分配。

　　最佳实践指南 9.8　如果需要逻辑简化优化，请使用 SystemVerilog 的 `unique` 或 `priority` 决策修饰符，一定不要使用 full_case（或 parallel_case）综合指令。

　　最佳实践指南 10.1　在 RTL 模型中使用简短的接口端口名称，因为端口名称在 RTL 代码中被频繁引用。

　　最佳实践指南 10.2　对 RTL 模型使用类型特定的接口端口，在设计模块中不要使用通用接口端口。

　　最佳实践指南 10.3　将要使用的 modport 作为模块接口端口声明的一部分进行选择，不要在网表级别选择 modport。

　　最佳实践指南 10.4　对于可综合的 RTL 接口，仅在接口中使用函数和无返回值的函数。不要使用任务或 always 过程。

　　最佳实践指南 10.5　使用函数在接口内部建模功能。不要使用 initial 过程块、always 过程块或连续赋值。

　　最佳实践指南 10.6　在接口中功能应仅限于函数可以建模的内容。

附录B　SystemVerilog关键字

　　每一版 Verilog 和 SystemVerilog 标准都会在前一代标准的基础上增加一些新的保留关键字。

B.1　所有SystemVerilog-2012保留关键字

　　表 B.1 列出了 SystemVerilog-2012 标准的保留关键字。编译指令 `'begin_keywords "1800-2012"` 会指示编译器保留该表列出的关键字。

表 B.1　SystemVerilog-2012/2017 保留关键字完整列表
（IEEE 1800-2012 标准）

accept_on	endchecker	inside	pullup	sync_accept_on
alias	endclass	instance	pulsestyle_ondetect	sync_reject_on
always	endclocking	int	pulsestyle_onevent	table
always_comb	endconfig	integer	pure	tagged
always_ff	endfunction	interconnect	rand	task
always_latch	endgenerate	interface	randc	this
and	endgroup	intersect	randcase	throughout
assert	endinterface	join	randsequence	time
assign	endmodule	join_any	rcmos	timeprecision
assume	endpackage	join_none	real	timeunit

automatic	endprimitive	large	realtime	tran
before	endprogram	let	ref	tranif0
begin	endproperty	liblist	reg	tranif1
bind	endspecify	library	reject_on	tri
bins	endsequence	local	release	tri0
binsof	endtable	localparam	repeat	tri1
bit	endtask	logic	restrict	triand
break	enum	longint	return	trior
buf	event	macromodule	rnmos	trireg
bufif0	eventually	matches	rpmos	type
bufif1	expect	medium	rtran	typedef
byte	export	modport	rtranif0	union
case	extends	module	rtranif1	unique
casex	extern	nand	s_always	unique0
casez	final	negedge	s_eventually	unsigned
cell	first_match	nettype	s_nexttime	until
chandle	for	new	s_until	until_with
checker	force	nexttime	s_until_with	untyped
class	foreach	nmos	scalared	use
clocking	forever	nor	sequence	uwire
cmos	fork	noshowcancelled	shortint	var
config	forkjoin	not	shortreal	vectored
const	function	notif0	showcancelled	virtual
constraint	generate	notif1	signed	void
context	genvar	null	small	wait
continue	global	or	soft	wait_order
cover	highz0	output	solve	wand
covergroup	highz1	package	specify	weak
coverpoint	if	packed	specparam	weak0
cross	iff	parameter	static	weak1
deassign	ifnone	pmos	string	while
default	ignore_bins	posedge	strong	wildcard
defparam	illegal_bins	primitive	strong0	wire
design	implements	priority	strong1	with
disable	implies	program	struct	within
dist	import	property	super	wor
do	incdir	protected	supply0	xnor
edge	include	pull0	supply1	xor
else	initial	pull1		
end	inout	pulldown		
endcase	input			

B.2 Verilog-1995保留关键字列表

表 B.2 是 Verilog-1995 标准中的保留关键字。在使用 `'begin_keywords "1364-1995"` 编译指令时，编译器将仅保留以下关键字。

表 B.2 Verilog-1995 保留关键字完整列表（IEEE 1364-1995）

always	ifnone	rpmos
and	initial	rtran
assign	inout	rtranif0
begin	input	rtranif1
buf	integer	scalared
bufif0	join	small
bufif1	large	specify
case	macromodule	specparam
casex	medium	strong0
casez	module	strong1
cmos	nand	supply0
deassign	negedge	supply1
default	nmos	table
defparam	nor	task
disable	not	time
edge	notif0	tran
else	notif1	tranif0
end	or	tranif1
endcase	output	tri
endmodule	parameter	tri0
endfunction	pmos	tri1
endprimitive	posedge	triand
endspecify	primitive	trior
endtable	pull0	trireg
endtask	pull1	vectored
event	pullup	wait
for	pulldown	wand
force	rcmos	weak0
forever	real	weak1
fork	realtime	while
function	reg	wire
highz0	release	wor
highz1	repeat	xnor
if	rnmos	xor

B.3 Verilog-2001保留关键字列表

表 B.3 是 Verilog-2001 新增的保留关键字。在使用 `'begin_keywords "1364-2001"` 编译指令时，编译器将保留以下关键字，以及之前版本中保留的关键字。

表 B.3　Verilog-2001 增加的保留关键字（IEEE 1364-2001）

automatic	genvar	noshowcancelled
cell	incdir	pulsestyle onevent
config	include	pulsestyle ondetect
design	instance	showcancelled
endconfig	liblist	signed
endgenerate	library	unsigned
generate	localparam	use

B.4 Verilog-2005保留关键字

如表 B.4 所示，Verilog-2005 仅新增了一个保留关键字。编译指令 `'begin_keywords "1364-2005"` 指示编译器保留该表中的关键字，以及表 B.2 和 B.3 中列出的所有前版本关键字。

表 B.4　Verilog-2005 增加的保留关键字（IEEE 1364-2005）

uwire

B.5 SystemVerilog-2005保留关键字

SystemVerilog 为 Verilog-2005 增加了大量新功能，并保留了更多关键字。表 B.5 仅列出了 SystemVerilog-2005 标准新增的保留关键字。编译指令 `'begin_keywords "1800-2005"` 指示编译器保留该表中的关键字，以及表 B.2、表 B.3 和表 B.4 中列出的所有前版本关键字。

表 B.5　SystemVerilog-2005 增加的保留关键字（IEEE 1800-2005）

alias	endproperty	protected
always comb	endsequence	pure
always ff	enum	rand
always latch	expect	randc
assert	export	randcase
assume	extends	randsequence
before	extern	ref
bind	final	return
bins	first match	sequence
binsof	foreach	shortint

bit	forkjoin	shortreal
break	iff	solve
byte	ignore_bins	static
chandle	illegal_bins	string
class	import	struct
clocking	inside	super
const	int	tagged
constraint	interface	this
context	intersect	throughout
continue	join_any	timeprecision
cover	join_none	timeunit
covergroup	local	type
coverpoint	logic	typedef
cross	longint	union
dist	matches	unique
do	modport	var
endclass	new	virtual
endclocking	null	void
endgroup	package	wait_order
endinterface	packed	wildcard
endpackage	priority	with
endprimitive	program	within
endprogram	property	

B.6 SystemVerilog-2009保留关键字

表 B.6 列出了 SystemVerilog-2009 标准新增的保留关键字。编译指令 `begin_keywords "1800-2009"` 指示编译器保留该表中的关键字，以及所有前版本中保留的关键字。

表 B.6 SystemVerilog-2009 增加的保留关键字（IEEE 1800-2009）

accept_on	reject_on	sync_accept_on
checker	restrict	sync_reject_on
endchecker	s_always	unique0
eventually	s_eventually	until
global	s_nexttime	until_with
implies	s_until	untyped
let	s_until_with	weak
nexttime	strong	

B.7 SystemVerilog-2012保留关键字

SystemVerilog-2012 标准新增了四个保留关键字。表 B.7 仅列出 SystemVerilog-2012 新增的保留关键字。编译指令 `'begin_keywords "1800-2012"` 指示编译器保留该表中的关键字，以及所有前版本中保留的关键字。

表 B.7 SystemVerilog-2012 增加的保留关键字（IEEE 1800-2012）

implements	nettype
interconnect	soft

B.8 SystemVerilog-2017保留关键字

SystemVerilog-2017 标准未对 SystemVerilog-2012 标准新增任何保留关键字。表 B.7 仅列出了 SystemVerilog-2012 中新增的保留关键字。编译指令 `'begin_keywords "1800-2017"` 指示编译器使用与 `'begin_keywords "1800-2012"` 相同的保留关键字列表。

附录C RTL模型中的X态乐观与X态悲观

本附录是 2013 年在美国加利福尼亚州圣荷西举行的设计与验证会议（DVCon）上发表的会议论文。原始论文已重新调整了格式，以符合本书使用的页面大小和标题规范。原始论文可在 sutherland-hdl.com 获取。

我仍然爱着电路的X态!

（我希望我的 X 是乐观的、悲观的，还是被消除？）

Stuart Sutherland

System-Verilog 培训师和顾问

Sutherland HDL 公司

俄勒冈州波特兰

stuart@sutherland-hdl.com

摘要： 本文探讨了 X 态乐观与 X 态悲观的优点和危害，并比较了 2 态与 4 态仿真。多年来，已经有许多论文讨论了仿真中 X 态乐观与 X 态悲观传播的问题。一些论文认为 Verilog/SystemVerilog 过于乐观，而另一些论文则认为 SystemVerilog 可能过于悲观。哪种观点是正确的？就在几年前，一些仿真器公司承诺 2 态模拟将比 4 态模拟更快、更高效。但现在看来，形势发生了逆转，Verilog/SystemVerilog 仿真器提供了 X 态悲观传播的模式，并认为 4 态模拟将更准确、更高效地检测到隐蔽的设计缺陷。哪个说法是正确的？本文将回答这些问题。

关键词：Verilog，SystemVerilog，RTL 仿真，2 态，4 态，X 传播，X 态乐观，X 态悲观，寄存器初始化，随机化，UVM。

C.1　X态的介绍

SystemVerilog 使用四值逻辑系统来表示数字逻辑行为：0、1、Z（高阻抗）和 X（未知、未初始化或不关心）。值 0、1 和 Z 是实际芯片中抽象出来的值（抽象的表述，是因为这些值并不反映电压、电流、斜率或其他物理特性）。第四个值 X 并不是实际芯片内存在的值。仿真器可以使用 X 来表示在特定情况下物理硬件的行为的不确定性，即当模拟无法预测实际芯片值是 0、1 还是 Z 时。对于综合，X 值为设计工程师提供了一种指定"不关心"条件的方法，在这种情况下，工程师不关心实际硬件在特定条件下是 0 还是 1。

X 值是有用的，但也可能给设计验证带来挑战。特别需要设计工程师关注的是：X 值在 RTL 和门级仿真模型中如何传播。关于这个主题，很多人已经撰写了会议论文。本文的标题受到两篇关于 X 传播的早期论文的启发，分别是 Turpin 于 2003 年发表的《与 X 共存的危险》[1] 和 Mills 于 2004 年发表的《对你的 X 保持自信》[2]。自那时以来，SystemVerilog 标准和 SystemVerilog 仿真器增加了许多新特性。本文重申了早期论文中的概念和建议，并添加了反映 SystemVerilog 语言和软件工具特性最新进展的编码指南。

在本文中，X 态乐观被定义为"任何时间仿真过程中，将表达式或逻辑门输入上的 X 值转换为结果上的 0 或 1。"

X 态悲观被定义为"任何时间的仿真过程中，将输入中的 X 传递到表达式或逻辑门的输出端口上。"正如本文所示，有时 X 态乐观是可取的，有时则不是。相反，在不同的情况下，X 态悲观可能是正确的选择，也可能是错误的选择。

注意：在本文中，"value sets（值的集合）"用于指代 2 态值（0 和 1）和 4 态值（0，1，Z，X）。"data types（数据类型）"作为一个通用术语，用于指代所有线网类型、变量类型和用户定义类型。"值的集合"和"数据类型"在官方 IEEE SystemVerilog 标准[3]中的使用方式并不相同，该标准主要是为研发软件工具（如仿真器和综合编译器）的公司而编写的。SystemVerilog 标准使用诸如"类型""对象"和"种类"等术语，这些术语对于实现工具的人具有特定含义，但我认为对于使用 SystemVerilog 语言的工程师来说，这些术语既不常见也不直观。

C.2 逻辑1（或逻辑0）是如何变成逻辑X的?

逻辑 X 是仿真器表示无法预测实际芯片中的值是 0 还是 1 的一种方式。有几种情况会导致仿真生成逻辑 X：

- 未初始化的 4 态变量。
- 未初始化的寄存器和锁存器。
- 低功耗逻辑关闭或启动。
- 未连接的模块输入端口。
- 多驱动冲突（总线争用）。
- 结果未知的操作。
- 超出范围的位选择和数组索引。
- 输出值未知的逻辑门。
- 建立时间或保持时间违规。
- 用户分配的硬件模型中的 X 值。
- 测试平台 X 注入。

C.2.1 未初始化的 4 态变量

声明或推断 4 态变量的 SystemVerilog 关键字有 var、reg、integer、time，以及根据上下文进行进一步判断的 logic。var 关键字显式声明一个变量。它可以单独使用，也可以与其他关键字结合使用。在大多数情况下，var 关键字是可选的，且很少使用。

示例 1 var 变量类型

```
var integer i1;        // 与 "integer i1" 相同
var i2;                // 与 "var reg i2" 相同
```

logic 关键字不是变量类型或线网类型，bit 关键字也不是。logic 和 bit 定义了线网或变量的数字值集合，logic 表示 4 态值集 (0, 1, Z, X)，而 bit 表示 2 态值集合 (0, 1)。寄存器、整数、时间和变量类型推导出一个 4 态逻辑值集。逻辑关键字可以与变量、寄存器、整数、时间关键字或线网类型关键字（如 wire）结合使用，以明确指示变量或线网的值集。

示例 2　4 态变量和线网声明

```
var  logic[31:0] v;  //4 态 32 位变量
wire logic[31:0] w;  //4 态 32 位线网
```

logic（或 bit）关键字可以在没有变量或线网类型关键字的情况下使用。在这种情况下，工具将根据上下文推断出变量或线网。如果 logic 或 bit 与输出端口、assign 关键字或作为局部声明一起使用，则推断出一个变量。如果 logic 与 input 或 inout 端口声明一起使用，则推断出默认线网类型的线网（通常是 wire）。输入端口也可以使用 4 态变量类型声明，使用关键字三元组 input var logic 或关键字对 input var。

示例 3　默认端口数据类型

```
module m1(
  input  logic[7:0] i;  //4 态线网推断
  output logic[7:0] o:  //4 态变量推断
);
  logic [7:0] t;        //4 态变量推断
  ...
endmodule
```

SystemVerilog 标准[3]定义了 4 态变量在仿真开始时具有未初始化的 X 值，这个规则是仿真开始时出现 X 值的最大原因之一。

C.2.2　未初始化的寄存器和锁存器

"寄存器"和"锁存器"指的是可以存储逻辑值的电路模型。这种存储行为可以表示为抽象的 RTL 过程代码或低级用户定义原语（UDP）。通常情况下，寄存器和锁存器的存储使用 4 态变量建模，例如 reg 数据类型。

注意：reg 关键字本身并不表示硬件寄存器。reg 数据类型只是一个通用的 4 态变量，具有用户定义的向量大小。reg 变量可以用于建模组合逻辑、寄存器或锁存器。

在 SystemVerilog 中，4 态变量在仿真开始时具有未初始化的 X 值。这意味着在仿真开始时，寄存器和锁存器的输出具有逻辑 X。寄存器的输出将保持为 X，直到寄存器被复位，或一个已知的输入值被时钟送入寄存器。锁存器的输出将保持为 X，直到锁存器被启用且锁存器输入为已知值。这一点对于抽象的 RTL 仿真和门级仿真都是成立的。

C.2.3　低功耗逻辑关闭或启动

低功耗模型的仿真可能导致已初始化的寄存器和锁存器在仿真过程中变回逻辑 X。这种影响类似于仿真开始时未初始化寄存器或锁存器，只是 X 出现在仿真过程中，而不是在仿真开始时。一旦寄存器回到 X 的状态，输出将保持为 X，直到寄存器被复位，或一个已知输入值被时钟信号送入寄存器。对锁存器而言，一个存储了 X 的锁存器将一直保持为 X，直到锁存器被启用，且锁存器输入为已知值。

当设计模块从低功耗模式重新上电时，这种 X 锁定现象尤其麻烦，特别是当寄存器仅通过加载值来设置，而不是通过复位。这种行为是一种 4 态仿真异常。实际的芯片中，寄存器或锁存器在从低功耗模式上电时，会以 0 或 1 的状态启动。

C.2.4　未连接模块的输入端口

未连接的模块输入通常表示浮动输入，并导致该输入的仿真值为 Z（假设输入数据类型为 wire，这是 SystemVerilog 中的默认值）。当输入处于高阻抗状态时，通常会导致模型中的其他地方出现逻辑 X。

C.2.5　多驱动冲突（总线争用）

SystemVerilog 线网类型允许多个输出驱动同一线网。每种线网类型（wire、tri、tri0 、tril、wor、wand 和 trireg）都有内置的分辨函数来解析多个驱动器的组合值。如果在实际芯片中产生的最终值无法预测，则仿真值将为 X（SystemVerilog-2012 标准还允许工程师指定用户定义的线网类型和分辨函数，这些函数在特定条件下也可能解析为逻辑 X）。

C.2.6　具有未知结果的操作

所有 SystemVerilog RTL 运算符都被定义为与操作数的 4 态值一起工作。某些运算符具有乐观规则，而另一些运算符则具有悲观规则。

C.2.7　超出范围的位选择和数组索引

位选择用于从向量中读取或写入单个 bit。部分选择读取或写入向量中的一组连续 bit。数组索引用于访问数组的特定成员或特定行。

当从向量中读取 bit 时，如果索引超出向量中 bit 的范围，则对于每个超出范围的 bit 位置返回逻辑 X。当读取数组的成员时，如果索引超出数组中地址的范围，则对于正在读取的整个数组成员返回逻辑 X。当然，即使在范围内的位选择、部分选择和数组选择也可能导致返回 X 值，这发生在被选择的向量或数组包含 X 值时。

C.2.8　具有未知输出值的逻辑门

SystemVerilog 内置原语和用户定义原语（UDP），用于在详细的抽象层次上建模设计功能。这些原语对门输入的 4 态值进行操作。输入为逻辑 X 或 Z 值可能导致逻辑值 X 的输出。

C.2.9　建立时间或保持时间违规

SystemVerilog 提供了时序违规检查，例如 $setup、$hold 和其他一些检查。通常，这些检查由模型库开发人员使用，用于检查具有特定时序要求的触发器、RAM 和其他设备的模型。这些时序检查可以被建模为乐观或悲观，假如发生时序违规。乐观的时序检查将在发生违规时生成运行时违规报告，但将模型的值保持为已知值。悲观时序检查将生成运行时违规报告，并将一个或多个模型输出设置为 X。

C.2.10　硬件模型中的用户指定 X 值

RTL 仿真中 X 值的一个常见来源是：用户代码故意将逻辑 X 分配给变量。这样做有两个原因：

（1）捕捉设计中的错误情况，例如不应发生的状态条件。

（2）指示综合时的"不关心"情况。用户指定 X 的一个常见示例是 case 语句，例如下面代码所示的 3-1 多路复用器：

示例 4　用户指定 X 值

```
always_comb begin
  case (select)
    2'b01:  y = a;
    2'b10:  y = b;
    2'b11:  y = c;
    default:y = 'x;        // 不关心 select 的其他值
  endcase
end
```

在这个示例中，选择值 2'b00 未被设计使用，并且不应发生。逻辑 X 的默认赋值作为仿真标志，应该选择的值永远是 2'b00。相同的 X 默认赋值作为综合的不关心标志。综合工具将此 X 赋值视为：针对未明确解码的 case 表达式（在本示例中为 select）执行的指示，用以最小化逻辑。

C.2.11　测试平台 X 注入

测试平台通常会向被测试的设计发送逻辑 X 值。这种情况的一种方式是，当测试平台使用 4 态变量来计算和存储激励值时。这些变量将在仿真开始时以逻辑 X 出现，并将保持该 X，直到测试平台为变量赋予已知值。通常，测试可能在仿真进行数百个时钟周期后才会对变量进行第一次赋值。

一些验证工程师会编写测试，故意将某些设计输入驱动到 X 值。而当设计不应该读取这些特定输入时，这种故意的 X 注入可能会在设计中引发错误。例如，设计规范可能是数据输入仅在 load_enable 为高时存储。为了验证该功能是否正确实现，测试平台可以故意在 data_enable 低时将数据输入设置为 X。如果该 X 值传播到设计中，这可能表明设计存在缺陷。

C.3　乐观的X态传播，这是好事还是坏事？

在仿真中，X 态乐观是指表达式或门的输入存在某种不确定性（实际芯片的值可能是 0 或 1），但仿真得出一个已知结果而不是 X。SystemVerilog 通常是一个乐观的语言。在建模中存在许多模糊条件，但 SystemVerilog 会给出确定的 0 或 1，而不是逻辑 X。X 态乐观的一个简单示例是与门。在 SystemVerilog 中，X 与 0 进行与运算的结果将是 0，而不是 X。

乐观的 X 可能是件好事！X 态乐观在发生条件模糊时，可以更准确地表示芯片行为。考虑以下示例，如图 C.1 所示。

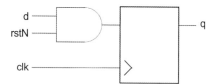

图 C.1　具有同步复位的触发器

图 C.1 是一个低电平有效同步复位触发器。在实际芯片中，d 输入在上电时可能是模糊的，可能上电为 0 或 1。然而，如果与门的 rstN 输入为 0，则与门的输出将为 0，尽管 d 的上电值是模糊的。这将在下一个时钟的上升沿正确重置触发器。

在仿真中，d 的模糊上电值为 X。如果这个 X 在 rstN 为 0 时悲观地传播到与门的输出，设计将无法正确重置，这可能会导致各种问题。幸运的是，SystemVerilog 的与运算符和与门是 X 态乐观的。如果任何输入为 0，结果就是 0。由于 X 态乐观，仿真准确地模拟了芯片行为，模拟模型正常工作。

乐观的 X 也可能是个坏事：X 态乐观可能会隐藏设计问题，尤其是在抽象的 RTL 验证层面。这些设计缺陷，可能直到设计周期的后期才会被发现，后期是指"门级仿真"阶段或使用其他类似分析工具的阶段。在最坏的情况下，由 X 态乐观仿真隐藏的设计模糊性可能直到设计在实际芯片中实现后才被发现。

下面将讨论几个 X 态乐观的 SystemVerilog 构造的更多细节。

C.3.1　if-else 语句

当 if-else 的控制条件未知时，SystemVerilog 表现出乐观的行为。规则很简单：如果控制条件评估为未知，则执行 else 分支。

示例 5　if-else 语句的 X 态乐观

```
always_comb begin
  if(sel) y = a;        // 如果 sel 为 1
  else    y = b;        // 如果 sel 为 0、X 或 z
end
```

这种乐观的行为可能掩盖了 sel 的问题。在实际芯片中，sel 的模糊值将是 0 或 1，y 将被设置为已知结果。SystemVerilog 的 X 态乐观行为与实际芯片中的行为匹配的准确性如何？答案在一定程度上取决于 if-else 在实际芯片中实现。这个简单的 if-else... 的行为中，else 语句可能在芯片中以多种方式实现。图 C.2 和图 C.3 分别使用多路复用器和 NAND 门展示了两种可能性。

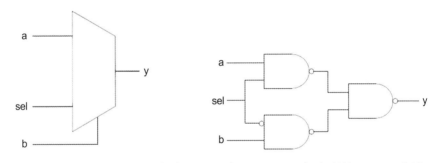

图 C.2　MUX 门实现的 if⋯else 语句　　图 C.3　NAND 门实现的 if⋯else 语句

表 C.1 显示了 X 态乐观的 if-else 的仿真结果，当控制表达式（sel）未知时，比较 MUX 或 NAND 实现的仿真行为，以及实际芯片行为。

表 C.1　if-else 与门级 X 传播

输入值			输出值 (y)			
			仿真行为			实际的芯片行为
sel	a	b	if⋯else RTL	MUX 门	NAND 门	
X	0	0	0	0	0	0
X	0	1	1	X	X	0 或 1
X	1	0	0	X	X	0 或 1
X	1	1	1	1	X	1

表 C.1 中需要注意的一些重要事项是：

·对于所有行，if-else 语句传播一个确定的值，而不是 sel 的 X 值，这种 X 态乐观行为可能会掩盖设计中的错误条件。

·对于第 2 行和第 3 行，X 态乐观的 if-else 行为仅匹配实际芯片中可能发生的一个值，另一个可能的值没有被传播，因此设计没有用那个其他可能的值进行验证。

·MUX 实现的 if-else 是最准确的，并在实际芯片可能为 0 或 1 时传播一个 X。

·NAND 门的实现，对于 a 和 b 都为 1（第 4 行）时过于悲观，并传播一个 X 值，尽管实际芯片将具有已知值 1。

以下是一个更详细的示例，说明了乐观的 if…else 条件下的 X 传播，以及可能隐藏的设计问题。该示例是一个程序计数器，它可以被重置，可以加载新的计数值，也可以递增当前计数值。程序计数器被实例化在一个更大的设计 CPU 中，而 CPU 不需要加载程序计数器的能力，因此将 loadN 和 new_count 输入悬空。

示例 6　带有未使用输入的程序计数器（X 态乐观规则）

```
module program_counter(
  input  logic        clock, resetN, loadN
  input  logic[15:0]  new_count,
  output logic[15:0]  count
);
  always_ff @ (posedge clock or negedge resetN)
    if (!resetN)     count <= 0;
    else if(!loadN)  count <= new_count;
    else             count <= count + 1;
endmodule:program_counter


module cpu(...);
  ...
  program_counter pc(.clock(m_clk),
                     .resetN(m_rstN),
                     .loadN(/* not used */),
                     .new_count(/*not used */),
                     .count(next_addr));
  ...
endmodule: cpu
```

在实际芯片中，这些未连接输入的每个位将具有模糊值，它们将被感知为 0 或 1，具体取决于晶体管技术和互连电容等因素。如果实际芯片将 loadN 感知为 1，则计数器在每个时钟上递增，这是期望的功能。如果芯片将 loadN 感知为 0，则计数器在每个时钟上加载一个模糊的新计数值，程序计数器将无法正常工作。

X 态乐观掩盖了这个设计缺陷，loadN 和 new_count 输入将处于高阻抗状态（假设默认线网类型为线）。与实际芯片将 loadN 视为 0 或 1 的方式不同，RTL 仿真总是执行 else 分支，从而递增计数器。这种 X 态乐观行为是该设计所期望的行为，但这是一种危险的仿真隐患：虽然在 RTL 仿真中看似工作正常，但实际的电路中可能会出现错误。

本文后面的部分将展示几种检测 if 条件问题的方法，以确保此类设计缺陷不会被乐观的 X 隐藏。

C.3.2　没有 default-X 赋值的 case 语句

case 语句的控制值称为 case 表达式。与控制值进行比较的值称为 case 项。

示例 7　case 语句 X 态乐观

```
always_comb begin
  case (sel)            //sel 是 case 表达式
    1'b1:y = a;         //1'b1 是一个 case 项
    1'b0:y = b;         //1'b0 一个 case 项值
  endcase
end
```

功能上，case 和 if-else 表示类似的逻辑。然而，SystemVerilog 对于没有默认分支的 case 语句的 X 态乐观行为与当选择控制未知时的 if-else 决策非常不同，如表 C.2 所示。

表 C.2　case 与 if-else 与 MUX 的 X 传播

输入值			y 的前态值	输出值 (y)			
sel	a	b		case RTL	if···else RTL	MUX 门	实　际
X	0	0	0	0	0	0	0
X	0	1	0	0	1	X	0 或 1
X	1	0	0	0	0	X	0 或 1
X	1	1	0	0	1	1	1
X	0	0	1	1	0	0	0
X	0	1	1	1	1	X	0 或 1
X	1	0	1	1	0	X	0 或 1
X	1	1	1	1	1	1	1

由表 C.2 可知，未指定默认分支的 case 语句在 case 表达式未知时，保留其先前值。

有 default 赋值的 case 语句也是乐观的，但方式不同。考虑以下示例：

示例 8 有 default 赋值的 case 语句——X 态乐观

```
always_comb begin
  case (sel)
    1'b1:    y = a;
    default: y = b;
  endcase
end
```

如果 case 表达式中的任何位为 X 或 Z，则默认 case 项的值将被赋值给 y，而不是保持先前的值，如表 C.3 所示。

表 C.3 有默认值的 case 与没有默认值的 case

输入值			y 的前态值	输出值 (y)		
sel	a	b		case RTL	if…else RTL	实　际
X	0	0	0	0	0	0
X	0	1	0	0	1	0 或 1
X	1	0	0	0	0	0 或 1
X	1	1	0	0	1	1
X	0	0	1	1	0	0
X	0	1	1	1	1	0 或 1
X	1	0	1	1	0	0 或 1
X	1	1	1	1	1	1

由表 C.3 可知，带有或不带默认赋值的 case 语句都是 X 态乐观的，并且会掩盖 case 表达式中的问题。无论采用哪种编码风格，X 态乐观都无法准确反映实际芯片中存在的模糊性，特别是在选择控制模糊的情况下。

C.3.3 casex、casez 和 case-inside 语句

SystemVerilog 的 casex、casez 和 case-inside 语句允许特定位被屏蔽，即在每个 case 分支中被忽略，不进行比较。总的来说，这三种结构有时被称为通配符 case 语句。

使用 casez 时，case 表达式或 case 项中设置为 Z 的任何位将被忽略。使用 casex 时，case 表达式或 case 项中设置为 X 或 Z 的任何位将被忽略。

示例 9 casex 语句 X 态乐观

```
always_comb begin
```

```
    casex(sel)                    //sel 为 3 位宽
      3'b1??:y = a;               // 匹配值 100,101,110,111
      3'b00?:y = b;               // 匹配值 000,001
      3'b01?:y = c;               // 匹配值 010,011
        default: $error("sel had unexpected value");
    endcase
  end
```

通过使用 ?，上述 3 个 case 项解码了 sel 的所有 8 种可能的 2 态值。不太明显的是，这些 case 项也解码了 sel 的所有可能未知值，因为 case 项中的 "?" 符号也包括 X 和 Z 值。此外，case 表达式中的任何 X 或 Z 位也被视为不关心位，并在任何比较中被忽略。sel 的值将解码为：

·3'b1?? 可以匹配如下值：

```
100,101,110,111,
10X,11X,1X0,1X1,1XX,
10Z,11Z,1Z0,1Z1,1ZZ,
1XZ,1ZX,
X00,X01,X10,X11,
XXX,XZZ,XZX,XXZ,
ZZZ,ZZX,ZXZ,ZXX
```

·3'b00? 可以匹配如下值：

```
000,001,00X,00Z,
0X0,0X1,0XX,0XZ,
0Z0,0Z1,0ZZ,0ZX
```

·3'b01? 可以匹配如下值：

```
010,011,01X,01Z
```

·default 不匹配任何值，因为所有可能的 4 态值已经被之前的 case 项解码。使用 casez 而不是 casex 改变了 X 态乐观。使用 casez 时，只有 case 表达式或 case 项中的 Z 值被视为不关心值。

示例 10 casez 语句——X 态乐观

```
always_comb begin
  casez (sel)                   //sel 为 3 位宽
    3'b1??:y = a;               // 匹配值 100,101,110,111
    3'b00?:y = b;               // 匹配值 000,001
    3'b01?:y = c;               // 匹配值 010,011
```

```
      default:$error("sel had unexpected value");
   endcase
end
```

使用 casez 时，每个 case 项代表的值为：

- 3'b1?? 可以匹配如下值：

```
100,101,110,111,
10X,11X,1X0,1X1,1XX,
10Z,11Z,1Z0,1Z1,1ZZ,
1XZ,1ZX,
ZZZ,ZZX,ZXZ,ZXX
```

- 3'b00? 可以匹配如下值：

```
000,001,00X,00Z,
0Z0,0Z1,0ZZ,0ZX
```

- 3'b01? 可以匹配如下值：

```
010,011,01X,01Z
```

- default 可以匹配如下值：

```
X00,X01,X10,X11,
XXX,XZZ,XZX,XXZ,
0X0,0X1,0XX,0XZ,
```

使用 casez 时，sel 中具有 X 或 Z 值的位的某些可能性会落入 default 情况。由于 y 在默认分支中未被赋值，因此 y 的值不会改变，仍将保留其先前的值。

case-inside 语句也是 X 态乐观的，但比 casex 或 casez 的乐观程度低。使用 case-inside，只有 case 项中的位可以具有掩码（不关心）位。case 表达式中的任何 X 或 Z 位都被视为文本值。

示例 11　case-inside 语句——X 态乐观

```
always_comb begin
  casez (sel) inside
    3'b1??:y = a;
    3'b00?:y = b;
    3'b01?:y = c;
    default:$error("sel had unexpected value");
  endcase
end
```

使用 case-inside，每个 case 项所代表的值如下：

· 3'bl?? 可以匹配如下值：

100,101,110,111,
10X,11X,1X0,1X1,1XX,
10Z,11Z,1Z0,1Z1,1ZZ,
1XZ,1ZX

· 3'b00? 可以匹配如下值：

000,001,00X,00Z

· 3'b01? 可以匹配如下值：

010,011,01X,01Z

· default 可以匹配如下值：

0X0,0X1,0XX,0XZ,
0Z0,0Z1,0ZZ,0ZX,
X00,X01,X10,X11,
XXX,XZZ,XZX,XXZ,
ZZZ,ZZX,ZXZ,ZXX

所有形式的通配符案例语句都是 X 态乐观的，但方式各不相同。case-inside 在建模实际芯片的 X 态乐观方面做得最好，但仍可能与真实芯片行为有所不同，并且可能隐藏与案例表达式相关的问题。

C.3.4　位运算、缩位运算符和逻辑运算符

许多 SystemVerilog 的 RTL 编程运算符都是 X 态乐观的。操作数中的 X 或 Z 位可能不会传播到未知结果。例如，0 与任何值（包括 X 或 Z）进行与运算的结果将是 0，而 1 与任何值进行或运算的结果将是 1。这种乐观行为可以准确地表示实际 AND 和 OR 门的芯片行为，但它也可能掩盖 RTL 操作输入存在问题的事实。

乐观运算符包括：

· 位运算：AND（&）、OR（|）。

· 缩位运算：AND（&）、NAND（~&）、OR（|）、NOR（~|）。

· 逻辑运算符：AND（&&）、OR（||）、蕴含（->）、等价（<->）。

逻辑 AND（&&）和 OR（||）运算符通过评估每个操作数来确定操作数是真还是假。这些运算符具有两种 X 态乐观级别（X-optimism），可能会隐藏 X 或 Z 值：

·一个操作数如果任何一位是 1，则被认为是真；如果所有位都是 0，则被认为是假。例如，4'b01X0 将被评估为真，从而隐藏了另一位中的 X。

·逻辑运算符具有"短路"特性，即如果在评估第一个操作数后可以确定运算结果，则第二个操作数不会被评估。

以下示例说明了 X 态乐观的 RTL 运算符如何在设计中隐藏问题的一些方式。

示例 12 按位运算符、缩位运算符和逻辑运算符的 X 态乐观

```
logic[3:0] a = 4'b0010;
logic[3:0] b = 4'b000x;
logic[1:0] opcode;
always_comb begin
  case(opcode) inside
    2'b00:y = a & b;
    2'b01:y = a | b;
    2'b10:y = &b;
    2'b10:y = a | b;
  endcase
end
```

对于上述的 a 和 b 的值：

·a&b 的结果是 4'b0000：b 中的 X 被隐藏，但操作结果准确地表示了芯片行为。

·a|b 的结果是 4'b001x：b 中的 X 被传播，准确地指示了芯片行为中将会存在模糊性。

·&b 的结果是 1'b0：b 中的 X 被隐藏，但操作结果准确地表示了芯片行为。

·a||b 的结果是 1'b1：b 中的 X 被隐藏，但操作结果准确地表示了芯片行为。

请注意，这些运算符的 X 态乐观准确地模拟了芯片行为。正如在 C.3 节开头所提到的，有时这种乐观是可取和必要的，以便 RTL 仿真能够正确工作，但这种乐观也可能掩盖设计问题。

C.3.5 And, nand, or, nor 逻辑原语

SystemVerilog 的 and、nand、or 和 nor 门级原语用于低抽象层级、时

序详细的建模。这些构造通常用于 ASIC、FPGA 和自定义模型库。这些原语遵循与其 RTL 运算符对应的相同真值表，并具有相同的 X 态乐观行为。

C.3.6 用户定义原语

SystemVerilog 为 ASIC、FPGA 和自定义库开发者提供了一种创建自定义用户定义原语（UDP）的方法。UDP 是使用 4 态真值表定义的，允许库开发者为输入值为 X 和 Z 的期间，定义特定的行为。开发者通常通过为 X 或 Z 的输入定义已知输出值，或在输入从 X 或 Z 过渡时来减少 X 态悲观。与其他 X 态乐观构造一样，具有减少悲观的 UDP 可能准确地模拟实际芯片行为，但可能会隐藏具有 X 或 Z 值的输入。

C.3.7 使用 X 或 Z 位进行写操作的数组索引

当对具有模糊数组索引的数组进行赋值时，SystemVerilog 是 X 态乐观的。如果索引的任何位是 X 或 Z，则写操作将被忽略，数组中的任何位置都不会被修改。

示例 13 数组索引模糊性 X 态乐观

```
logic [7:0]RAM[0:255];
logic [7:0]data = 8'b01010101
logic [7:0]addr = 8'b0000000x;
always_latch
    if(write && enable)RAM[addr] = data;
```

在这个例子中，addr 的最低有效位是未知的。X 态悲观是将未知值写入可能受此未知地址位影响的 RAM 位置（在此示例中为地址 0 和 1）。然而，SystemVerilog 的 X 态乐观表现得好像没有发生写操作，这完全掩盖了地址存在问题的事实，并且没有准确地模拟芯片行为。

C.3.8 线网数据类型

线网类型用于连接设计模块。在原始 Verilog 语言中，线网数据类型也被要求在模块内部用于所有输入端口。在 SystemVerilog 中，模块输入端口可以是线网或变量，但默认仍然是线网类型。

线网类型具有驱动器解析功能，这个功能可以控制仿真如何解析同一线网上的多个驱动器。多驱动器解析对于特定设计情况非常重要，例如可以由多个设备输出控制的共享数据和地址总线。然而，当设计意图只有一个源时，线网的解析功能会隐藏设计问题，传播解析值而不是 X。

在 SystemVerilog 中，最常用的线网类型是 wire 类型。wire 的多驱动规则是：强驱动值的优先级高于弱驱动值（逻辑 0 和逻辑 1 各有 8 个强度级别）。例如，如果两个源驱动同一 wire，一个值是 weak-0，另一个是 strong-1，则该线解析为 strong-1 值。如果两个相同强度但逻辑值相反的值被驱动，则该线解析为逻辑 X。考虑以下模块端口声明：

示例 14 具有默认线网类型的程序计数器

```
module program_counter(
  input                clock, resetN,loadN,
  input  logic [15:0]new_count,
  output logic [15:0]count
);
endmodule:program_counter
```

在示例 14 中，clock、resetN 和 loadN 是输入端口，但未定义数据类型，这些信号将默认设置为线网。信号 new_count 被声明为 input logic，并且也将默认设置为 wire（logic 仅定义了 new_count 可以具有 4 种状态值，但并未定义 new_count 的数据类型）。相反，count 被声明为输出逻辑。模块输出端口默认是类型为 reg 的变量，除非明确声明为其他数据类型。

注意： 在 SystemVerilog-2005 和 SystemVerilog-2009 标准之间，使用 logic 作为端口声明的一部分时，默认数据类型规则发生了变化。

当发生错误时，设计缺陷可能会轻易出现，原本只应有一个驱动器的 wire，意外地被两个源驱动。由于 wire 类型支持多个驱动，仿真仅在两个值具有相同强度且相反值时传播 X。任何其他组合将解析为已知值，并隐藏存在意外多个驱动器的事实。

C.3.9 上升沿和下降沿敏感

在 SystemVerilog 中，posedge 关键字表示在电路中被感知为正向变化的上升沿。$0 \rightarrow 1$，$0 \rightarrow Z$，$Z \rightarrow 1$，$0 \rightarrow X$，$X \rightarrow 1$ 这些值都是上升沿跳变，$1 \rightarrow 0$，$1 \rightarrow Z$，$Z \rightarrow 0$，$1 \rightarrow X$，$X \rightarrow 0$ 这些值都是下降沿跳变。

以下示例说明了一个具有异步，低电平有效复位的简单 RTL 寄存器。

示例 15 边沿敏感的 X 态乐观

```
always_ff @ (posedge clk or negedge rstN)
  if (!rstN) q <= 0;
  else       q <= d;
```

表 C.4 显示了 SystemVerilog 的 X 态乐观 RTL 行为和 clk 从 0 过渡到

X 时的实际芯片行为（表示在芯片中，clk 的新值可能是 0 或 1，但仿真不确定是哪一个）。该表假设 rstN 为高（非有效复位），仅显示时钟输入上转换的影响。对于该表，所有信号均为 1 位宽。

表 C.4　时钟边沿模糊的 X 态乐观

输入值		前态 q	输出值（q）	
clk	d	q	RTL	实际芯片
0->X	0	0	0	0
0->X	0	1	0	0 或 1
0->X	1	0	1	0 或 1
0->X	1	1	1	1

如表 C.4 所示，SystemVerilog 的 X 态乐观规则，在 0->X 转换时，将表现得和 0->1 一致，换言之，模糊的时钟 X 被隐藏，而不是将模糊性以 X 值的形式传播到 q 输出。

模糊的异步复位行为更加微妙。实际芯片要么复位，要么保持其当前存储的值。SystemVerilog RTL 语义表现得截然不同，如表 C.5 所示。

表 C.5　复位边沿 X 态乐观的模糊

输入值		前态 q	输出值（q）	
rstN	d	q	RTL	实际芯片
1->X	0	0	0	0
1->X	0	1	0	0 或 1
1->X	1	0	1	0
1->X	1	1	1	0 或 1

由表 C.5 可知，从 1 到 X 的跳变表现得就像时钟的上升沿发生了一样，这种 X 态乐观不仅掩盖了复位存在问题的事实，也与实际芯片完全不符！

C.4　悲观的 X 真的更好吗？

在仿真中，X 态悲观发生在仿真产生 X 而实际芯片行为中没有不确定性时。一个常见的误解是，SystemVerilog RTL 代码总是 X 态乐观，而门级代码总是 X 态悲观。

这并不正确。一些 RTL 运算符和编程语句是乐观的，另一些运算符和编程语句是悲观的。同样，一些门级原语和用户定义器件是乐观的，而一些是悲观的。

虽然 X 态乐观通常准确地表示实际芯片行为，但乐观可能通过传播已知结果来隐藏 X 值。另一方面，X 态悲观保证所有模糊性（一个或多个位为 X 或 Z）将传播到下游代码，帮助确保问题能够被检测到，以便进行调试和修正。X 态悲观不会隐藏设计缺陷，但可能会出现至少三个与 X 态悲观相关的困难。

X 态悲观的一个困难是，验证首次观察到 X 的点可能离问题的原始来源很远，工程师可能需要费力地通过多行代码和多个时钟周期来追踪 X 值，以找出 X 是在何时何地产生的。

另一个困难是，X 态悲观可能导致 X 结果的传播，而实际芯片则可以正常工作。本节将展示几个示例，其中一个 X 值不应该被传播，但 X 态悲观却仍然这样做。大量的工程时间可能会在调试悲观 X 的原因时被浪费，但最终却发现设计并没有实际的问题。

X 态悲观的第三个困难是，仿真可能在未知条件下锁定，而实际芯片虽然可能对 0 或 1 值存在歧义，但会正常工作而不会锁定。图 C.4 展示了一个常见的 X 锁定情况，即时钟分频器（本示例中是二分频）。

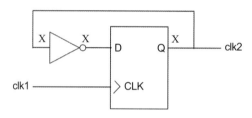

图 C.4 有悲观 X 锁定的时钟分频器

在实际芯片中，这个触发器的内部存储可能会以 0 或 1 的形式上电。无论它是什么值，clk2 将在 clk1 的每个第二个上升沿改变值，并给出所需的二分频行为。然而，在仿真中，起始为 0 或 1 的模糊性被表示为 X。反相器将把这个 X 传播到 D 输入。clk1 的每个上升沿将把这个 X 传播到 Q，再次反馈到反相器的输入。结果是 clk2 被卡在一个 X 状态。

clk2 无法在 0 和 1 之间切换，可能会导致下游由 clk2 控制的寄存器锁定。X 态悲观仿真将被锁定在一个 X 状态，而实际芯片不会有这个问题。这种 X 态悲观在 RTL 级别和门级别都存在。反转运算符和 not 反相器原语都是 X 态悲观的。RTL 赋值语句（例如 Q<=D）和典型的门级触发器在 D 为 X 时都会传播 X。本节将讨论一些可能导致仿真问题的过于悲观的 SystemVerilog 电路结构。

C.4.1 if-else 中带有 X 赋值的 else 语句

C.3.1 节展示了 SystemVerilog 的 if-else 语句默认情况是 X 态乐观的，并且可以传播已知值，即使决策条件存在模糊性（一个或多个位为 X 或 Z）。同时也展示了这种 X 态乐观的行为并不总是能准确地反映芯片行为。

可以编写决策语句使其更加 X 态悲观，考虑以下示例：

示例 16 带有 X 态悲观和综合指令的 if... else 语句

```
always_comb begin
  if (sel)  y = a;
  else
// synthesis translate_off
    if (!sel)
//synthesis translate_on
    y = b;
  //synthesis translate_off
  else y = 'X;
  //synthesis translate_on
end
```

假设 sel 仅为 1 位宽，if(sel) 将仅在 sel 为 1 时评估为真。如果 sel 为 0、X 或 Z（X 态乐观），则执行第一个 else 分支。这个第一个 else 分支接着测试 if(!sel)，当且仅当 sel 为 0 时，该条件将评估为真。如果 sel 为 X 或 Z，则将执行最后一个 else 分支。这个最后的分支将 y 赋值为 X，从而传播 sel 的模糊性。这个 if-else 语句现在是 X 态悲观的，在选择条件出现问题时传播 X 值而不是已知值。

请注意，使 if-else 决策更加 X 态悲观的额外代码可能不会产生最佳的综合结果。因此，必须使用条件编译（'ifdef 命令）或综合编译指示（pragmas）来隐藏这些额外的检查。编译指示是隐藏在注释或属性中的工具的特定命令。仿真会忽略综合编译指示，但它会告诉综合编译器跳过任何不应综合的代码。

C.4.2 条件运算符

编码一个 X 态悲观的 if-else 语句在所有情况下可能不是最佳选择。X 态悲观不会像 X 态乐观的语句那样隐藏选择条件的问题（详见 C.3.1 节）。然而，悲观模型在硬件中没有模糊性的情况下也会传播 X 值，这可能发生在选择条件未知但两个分支中分配的值相同的情况下。在硬件中传播的值将是该值，没有模糊性。

Turpin 在他的论文 The Dangers of Living with an X[1]中建议在组合逻辑中使用条件运算符（?:）而不是 if-else 语句。条件运算符是 X 态乐观和 X 态悲观行为的混合。语法如下所示：

```
condition ? expression 1 : expression 2
```

· 如果条件评估为真（任何位为 1），则运算符返回表达式 1 的值。

· 如果条件评估为假（所有位为 0），则运算符返回表达式 2 的值。

· 如果条件评估为未知，则运算符对表达式 1 和表达式 2 的值进行逐位比较。对于每个位，如果该位在两个表达式中都是 0，则返回该位的 0。如果两个位都是 1，则返回 1。如果每个表达式中的对应位不同，为 Z 或 X，则该位返回 X。

以下示例和表 C.6 比较了 if-else 的 X 态乐观行为、悲观的 if-else、混合乐观的条件运算符，以及实际芯片的行为。对于该表，所有信号均为 1 位宽。

```
always_comb begin        //X态乐观 if...else
  if(sel) y1 = a;
  else    y1 = b;
end


always_comb begin        //X态悲观 if...else
  if (sel)      y2 = a;
  else if(!sel)y2 = b;
  else          y2 = 'x;
end


always_comb begin        // 混合悲观 ?:
  y3 = sel? a:b;
end
```

表 C.6　条件运算符 X 传播与乐观和悲观 if…else 的比较

输　入			输出 (y1,y2,y3)			
sel	a	b	乐观 if…else	悲观 if…else	?:	实际芯片
X	0	0	0	X	0	0
X	0	1	1	X	X	0 或 1
X	1	0	0	X	X	0 或 1
X	1	1	1	X	1	1

由表 C.6 可知，条件运算符代表了 X 态乐观和 X 态悲观的混合，更准确地表示了实际芯片行为的模糊性。因此，考虑到不确定的选择条件，Turpin[1] 建议在组合逻辑中使用条件运算符而不是 if…else。

笔者不同意 Turpin 的观点，原因有二：

（1）复杂的解码逻辑通常涉及多个决策层次。使用 if-else 和 case 语句可以使复杂逻辑更易读、更易调试。使用嵌套条件编码相同的逻辑运算符使代码变得晦涩，并增加了编码错误的风险。此外，综合编译器可能不允许或无法正确翻译嵌套的条件运算符。

（2）若 if-else 的条件宽度超过一位的信号或表达式时，条件被评估为真/假表达式。在多位值中，如果任何一位为 1，则条件被视为真，即使其他位为 X 或 Z。条件运算符将乐观地返回表达式 1 的值，而不是传播一个 X。

C.4.3　带有 X 赋值的 case 语句

case 语句也可以是 X 态悲观的：

示例 17　带有 X 态悲观的 case 语句

```
always_comb begin
  case(sel)
    2'b00:  y = a;
    2'b01:  y = b;
    2'b10:  y = c;
    2'b11:  y = d;
    default:y = 'x;
  endcase
end
```

如果 sel（case 表达式）中有任何位为 X 或 Z，则没有任何显式 case 项会匹配。如果没有 default 项，case 语句的任何分支都不会被执行，y 将保留其旧值（X 态乐观，但不是准确的芯片行为）。通过添加一个将 y 赋值为 X 的 default case 项，这个 case 语句变得 X 态悲观。如果 sel 中有任何位为 X 或 Z，y 将被赋值为 X，传播 case 表达式的模糊性。

这种编码风格受到综合的支持，因此需要综合指令，就像在 X 态悲观的 if-else 中一样。然而，工程师应该意识到，这种编码风格可能导致综合执行逻辑最小化，这在设计中可能可取，也可能不可取。还应注意，这种编码风格可以减少在综合过程中无意间引入锁存器，但并不能保证不会推断出锁存器。

这种悲观编码技术在 casex、casez 和 case-inside 通配符 case 语句中效果不佳。如在 C.3.3 节中所示，case 项中指定的任何不关心位（也可能在 case 表达式中）将屏蔽 X 或 Z 值。这种屏蔽将始终使通配符 case 语句至少部分地表现为 X 态乐观，这可能会隐藏设计问题，并且不能准确表示芯片行为。

C.4.4 边沿敏感的 X 态悲观

边沿转换也可以以 X 态悲观的方式进行编码。如 C.3.9 节中所述，X 或 Z 的值变化被视为转换，这导致 X 态乐观的行为，无法准确表示芯片行为中的可能歧义。以下示例展示了如何消除这种乐观：

示例 18 边沿敏感性 X 态乐观

```
always_ff @ (posedge clk or negedge rstN)
  //synthesis translate off
  if($isunknown(rstN))
  q = 'x;
  //synthesis translate on
  if(!rstN) q <= 0;
  else
  //synthesis translate off
    if (rstN & clk)
  //synthesis translate on
    q <= d;
  //synthesis translate off
  else q = 'x;
  //synthesis translate on
```

请注意，消除 X 态乐观的额外检查是不可综合的，并且需要隐藏在综合编译器中。这种编码风格确实阻止了边沿敏感性的 X 态乐观问题，但这种编码风格显得笨拙且不直观。C.9 节展示了作者更倾向于的另一种解决方案。

C.4.5 位运算、缩位运算和逻辑运算符

虽然许多 SystemVerilog 运算符是 X 态乐观的（详见 C.3.4 节），但有几个运算符是 X 态悲观的。操作数中的 X 或 Z 位将始终传播到未知结果，即使在实际芯片结果中没有模糊性时也是如此。悲观操作符为：

- 按位运算：反转（~）、异或（^）和同或（~^）。
- 缩位运算：异或（^）和同或（~^）。
- 逻辑运算：非（!）。

示例 19 说明了一个使用逻辑异或操作符的 5 位线性反馈移位寄存器。线性反馈移位寄存器的初始值通过同步低电平复位进行赋值。在这个例子中，seed 值的最高有效位显示为 Z（可能是由于互连错误或其他设计缺陷）。

示例 19　带有 X 态悲观的按位运算符

```
logic[4:0]lfsr;
logic[4:0]seed = 5'bz1010;          // seed 有问题！

always @ (posedge clk)
  if (!rstN)
    lfsr <= seed;                    // seed 在 MSB 上存在一个错误
  else begin
    lfsr    <= {lfsr[0], lfsr[4:1]};  // rotate
    lfsr[2] <= lfsr[3] ^ lfsr[0];     // xor tap
    lfsr[3] <= lfsr[4] ^ lfsr[0];     // xor taP
  end
```

仿真无法预测在实际芯片中 seed 的 MSB 会看到哪个值，但这真的重要吗？在实际芯片中，这个浮动输入会被视为 0 或 1，LFSR 将正常工作，尽管可能使用的 seed 值与预期不同。完全 X 态乐观模型会通过 LFSR 传播已知值，并隐藏芯片中存在的模糊性。然而，逻辑异或是悲观的，seed 值的问题将表现为 LFSR 输出上的 X 值。这种 X 态悲观并不能准确反映芯片行为，并可能导致 X 值传播到下游逻辑，从而增加调试的难度和时间消耗。

示例 20 显示了一个需要 X 态悲观运算符的地方。该示例是一个验证代码的片段，利用并依赖于异或运算符的悲观性：

示例 20　一元运算符与 X 态悲观

```
logic[3:0] d = 4'b001x;
if (^d === 1'bx)       // 检查是否有任何未知位
  $display("d has one or more X or Z bits");
```

在这个示例中，如果 d 的任何位有 X 或 Z 的值，一元异或运算符将返回 X，从而允许验证代码检测到 d 的问题。

C.4.6　等于、关系和算术运算符

SystemVerilog 的等于、关系和算术运算符是 X 态悲观的。操作数中的模糊性（任何位为 X 或 Z）将作为 X 传播。SystemVerilog 对于这些运算符的 X 态悲观有时会在没有硬件模糊性的情况下传播一个 X。这种悲观的一个简单示例是大于或小于比较器。

示例 21　带有 X 态悲观的逻辑运算符

```
logic[3:0] a = 4'b1100;
```

```
logic[3:0] b = 4'b001x;
logic     gt;

always_comb begin
  gt = (a > b);        // 比较a与b
end
```

在本示例中，表达式 (a>b) 的返回值是 1'bx。在这个简单的代码片段中，显然 a 的值大于 b 的值，无论 b 的最低有效位的实际值是什么，实际芯片不会有模糊的结果。

算术运算也是 X 态悲观的，如果输入值存在任何模糊性，则传播一个 X。

示例 22 带有 X 态悲观的算术运算符

```
logic[3:0] a = 4'b0000;
logic[3:0] b = 4'b001z;
logic[3:0] sum;

always_comb begin
  sum = a + b;
end
```

在算术运算符中，操作结果的所有位都是 X，这可能过于悲观。在这个示例中，sum 的值将是 4'bxxxx。在实际芯片中，只有最低有效位受到 b 中模糊位的影响。实际芯片的结果将是 4'b0010 或 4b0011。实际芯片的模糊性更准确表示为 4'b001x。

算术运算是 X 态悲观的，但实际芯片中的结果根本没有任何模糊性。

示例 23 过于悲观的算术运算

```
logic[3:0] b= 4'b001x;
logic[4:0] product;

always_comb begin
  product = b * 0;    //b乘以 0
end
```

在这个示例中，乘积将具有过于悲观的值 4'bxxxx，但在实际芯片中（以及在正常的算术运算中），零乘以任何值，即使是模糊值，也会得到 0。

C.4.7　用户定义原语

ASIC、FPGA 和自定义库开发者可以创建自定义原语（UDP）来表示库特定组件。UDP 使用 4 态真值表定义，允许库开发者为 X 和 Z 输入值定义特定行为。除了为每种 4 态输入指定输出值外，真值表还可以定义逻辑值之间转换的输出值（例如，在时钟的上升沿发生什么）。

由于每个输入可以有 4 个值以及 12 种这些值之间的转换，这些真值表可能相当庞大。默认情况下，用户定义的原语（UDP）是悲观的，任何未在表中明确定义的输入值组合将默认为 X。库开发人员通常利用这一默认值来减少需要在真值表中定义的行数。UDP 仅为所有可能的 2 态组合和转换，定义输出值的行为并不罕见。输入上的任何 X 或 Z 值，或与 X 或 Z 的转换，将默认为在 UDP 输出上传播一个 X。

UDP 真值表中的无意遗漏也将传播一个 X 值。这种悲观可能有助于发现库中的错误，但对于使用第三方供应商库的工程师来说，这种情况很难处理。

C.4.8　位选择、部分选择、赋值右侧的数组索引

SystemVerilog 定义，如果位选择、部分选择或数组索引的索引值未知（任何位为 X 或 Z），则该操作的返回值将为 X。如果这个 X 出现在赋值语句的右侧，它将传播到左侧，即使在实际芯片行为中没有模糊性。考虑以下情况：

示例 24　带有 X 态悲观的模糊位

```
logic[7:0] data = 8'b10001000;
logic[2:0] i = 3'b0x0;
logic      out;


always_comb begin
  out = data[i];       // 数据的可变位选择
end
```

选择 i 的值的模糊性意味着 out 将为 X。这个悲观规则意味着索引的问题将传播到操作的结果。由于数据和 i 的值在仿真过程中可能会变化，这种悲观性将在 i 可能出现模糊值时传播出一个 X。

然而，这个 X 态悲观规则并不能准确地表示芯片行为。有时，索引中的模糊性仍然可以导致已知值。根据示例 24 中显示的值，i 的模糊值将选择位 0 或 2。在这两种情况下，输出将接收到实际芯片中的确定性值 0。

C.4.9　移位操作

SystemVerilog 有几个移位运算符，如果移位因子模糊（任何位为 X 或 Z），则它们都是 X 态悲观的。

示例 25　带有 X 态悲观的模糊移位操作

```
logic[7:0] data = 8'b10001000;
logic[2:0] i = 3'b0x0;
logic[7:0] out;

always_comb begin
  out = data << i;   // 数据转移
end
```

该移位操作的结果是 8'bxxxxxxxx，与其他悲观操作一样，只要移位的确切次数不确定，这将确保传播一个 X 结果。然而，将结果的所有位设置为 X 可能过于悲观，并不能代表实际的芯片行为，因为结果中只有某些位可能是模糊的，而不是所有位。根据示例 25 中的值，数据要么移位 0 次，要么移位 2 次。两个可能的结果是 8'b10001000 和 8'b00100000。如果仅将这两个结果的模糊位设置为 X，则 X 态乐观的输出值将是 8'bx0x0x000，而不是过于悲观的 8'bxxxxxxxx。

C.4.10　X 态悲观总结

C.3 节和 C.4 节已经表明，虽然在特定情况下 X 态乐观和 X 态悲观可能是可取的，但它们并不适用于每种情况。本文后续部分将探讨通过以下方式解决此问题：

　· 使用 2 态仿真或 2 态数据类型消除 X 值。

　· 打破 SystemVerilog 规则，以找到 X 态乐观和 X 态悲观之间的折中方式。

　· 捕获 X 值而不是传播 X。

C.5　通过使用2态仿真消除X

有一种观点认为，与其应对 X 态乐观和 X 态悲观的风险和困难，不如直接消除逻辑 X 更为妥当。一些 SystemVerilog 仿真器提供 2 态仿真模式，通常通过使用如 "-2state" 或 "+2state" 的调用选项来启用。

使用 2 态仿真可以提供以下几个优势：

·消除了未初始化寄存器和 X 传播问题（C.4 节中显示的时钟分频器 X 锁定问题在 2 态仿真中不会发生）。

·消除了 RTL 仿真与综合如何解释该代码之间的某些潜在不匹配，因为综合在大多数 RTL 建模结构中仅考虑 2 态值。

·RTL 和门级仿真更像实际芯片，因为实际芯片始终是有 0 或 1，而不会为 X。

·仿真的时候存在数据类型的选择，可选 4 态 /2 态两种不同类型，4 态消耗更多的资源，2 态资源消耗少，因为 4 态需要存更多的东西。

·提高了仿真运行时间性能，因为不需要执行 4 态编码、解码和操作。

另一方面，当仅仿真 2 态值时，有几个风险需要考虑：

（1）RTL 或门级代码中的功能错误可能不易被检测到。逻辑 X 是仿真器指示在某些条件下无法准确预测实际芯片行为的一种方式。当仿真中出现 X 值时，表明可能存在设计问题。没有 X 值，验证和检测可能的模糊性设计会更加困难。

（2）由于没有 X 值，仿真器必须在无法准确预测实际芯片行为的情况下选择 0 或 1。所选择的值仅代表实际芯片中可能发生的条件之一。这意味着设计仅针对该一个值进行了验证，而其他可能的值则未经过测试。这很危险！一些仿真器通过并行仿真两个值并合并并行线程的结果来处理这个危险（详见 C.7 节）。

（3）所有设计寄存器、时钟分频器和输入端口在仿真开始时的值为 0 或 1，而不是 X。实际芯片也会以 0 或 1 的值上电，但这些值是否与仿真时相同？ Cummings 和 Bening 建议，最有效的 2 态验证是通过运行数百次仿真，每个寄存器位以随机的 2 态值开始。他们还指出，惠普公司为一种处理随机 2 态寄存器初始化的种子和可重复性的方法申请了专利，可能无法公开使用。

（4）验证无法使用逻辑 X 或 Z 检查设计问题。以下验证片段在 2 态仿真中将无法工作：

示例 26 2 态仿真中的验证代码不可用

```
assert(ena == 0 && data === 'Z)
else $error("Data bus failed to tri-state");

assert(^data !== 'X)
else $error("Detected contention on data bus");
```

（5）RTL 代码中使用 X 赋值。以下示例说明了在组合逻辑 case 语句中常用的建模风格：

示例 27 在 2 态仿真中分配 4 态值

```
case({sel1, se12})
  2'b01:  result = a + b;
  2'b10:  result = a - b;
  2'b11:  result = a * b;
  default:result = 'X;
endcase
```

综合编译器将逻辑 X 值的赋值视为不关心赋值，这意味着设计工程师不需要关心实际芯片在每个位的赋值中看到的是逻辑 0 还是逻辑 1。在 2 态仿真中，仿真器必须将每个位的 X 分配值转换为 0 或 1。具体是 0 还是 1 将由仿真器决定，因为 2 态仿真是仿真器的一个特性，而不是语言的特性。仿真中使用的值与实际芯片中出现的值不相同的概率很高。理论上，这无关紧要，因为通过分配逻辑 X，工程师已表明实际值是"不关心"。危险在于，如果没有 X 传播，这一理论在 2 态仿真中将无法得到验证。

C.6　使用2态数据类型消除X

最初的 Verilog 语言仅提供 4 态数据类型。如果想要消耗少一点资源，获得 2 态仿真的好处，需要单独的启用编译选项。这些专有的 2 态算法在每个仿真器中并不以相同的方式工作。2 态仿真模式也使得在设计的一个部分中混合 2 态仿真和在设计的其他部分中使用 4 态仿真变得困难。

SystemVerilog 在最初的 Verilog 语言的基础上进行了改进，提供了一种标准方式来处理 2 态仿真。一些 SystemVerilog 变量类型仅存储 2 态值：bit、byte、short、int 和 longint。SystemVerilog-2012 还增加了用户定义的 2 态线网类型的能力。

使用这些 2 态数据类型具有两个重要优势：

·所有仿真器在模糊条件（如上电）下使用相同的语义规则来决定使用什么值。

·在设计中混合 2 态和 4 态是很容易的，这使得工程师能够为每个设计或验证模块选择合适的类型。

未初始化的 2 态变量的值为 0。这可以帮助防止设计逻辑块在仿真开始时陷入逻辑 X 状态（详见 C.2.2 节）。在 C.4 节开头描述的时钟分频器电路，如果触发器存储器被建模为 2 态类型，则正常工作。

　　然而，让所有变量以逻辑 0 开始并不能准确模拟芯片行为，因为寄存器在上电时的值可以为 0 或 1。当所有变量以 0 值开始时，仅验证了一个极端且不太可能的硬件条件。Bening[5] 建议仿真应从所有寄存器中所有位的随机值开始，并且应运行数百次不同 seed 值，以确保芯片在多种不同条件下上电时能够正常工作。

　　能够声明使用 2 态或 4 态值集的线网和变量，使得在仿真中可以自由混合 2 态和 4 态。工程师可以在设计或测试平台中选择在适当的地方使用 2 态仿真，并在需要更高精度的地方选择 4 态仿真。

　　SystemVerilog 定义了将 4 态值映射到 2 态值的标准规则。这个规则很简单。当将 4 值赋给 2 态线网或变量时，任何 X 或 Z 的位都被转换为 0。这个简单的规则消除了 X 值，但并没有准确模拟芯片行为，其中每个模糊位可能是 0 或 1，而不是总是 0。

　　C.5 节讨论了使用 2 态仿真模式的一些危险。所有这些危险同样适用于使用 2 态数据类型。X 是仿真器表示设计中存在某种模糊性的方式。因为 X 表示存在潜在的设计问题，所以所有工程师都讨厌在仿真中看到 X。以下示例说明了 2 态类型如何隐藏严重的设计错误。

示例 28　带未使用输入的程序计数器（2 态数据类型）

```
module program_counter(          //2 态类型
  input  bit       clock, resetN,loadN,
  input  bit[15:0] new_count,
  output bit[15:0] count
);
  always_ff @ (posedge clock or negedge resetN)
    if (!resetN)    count <= 0;
    else if(!loadN)count <= new_count;
    else            count <= count + 1;
endmodule:program_counter


module cpu(                       //4 态类型
  wire       m_clk, m_rstN,
  wire[15:0] next_addr
);
  ...
  program_counter pc(.clock(m_clk),
                     .resetN(m_rstN),
```

```
        .loadN(/* 未使用 */),
        .new_count(/* 未使用 */),
        .count(next_addr));
    ...
endmodule:cpu
```

此示例中的程序计数器是可加载的，使用一个低电平有效的 loadN 控制。CPU 模型有一个程序计数器的实例，但不使用可加载的 new_count 输入或 loadN 控制。由于它们未被使用，这些输入被留空连接，这可能是一个无意的设计缺陷！然而，对于 2 态数据类型，未连接的输入将具有常量值 0，这意味着下述语句将始终评估为真，程序计数器将被锁定在加载状态，而不是在每个时钟边沿递增：

```
if (!loadN) count <= new_count;
```

在这个小示例中，该缺陷很容易被发现。然而，想象一下，在一个巨大的 ASIC 或 FPGA 设计中出现类似的错误。如果没有逻辑 X，在仿真中隐藏的简单错误可能会变得非常难以发现。更糟的是，拥有逻辑 0 而不是逻辑 X 的症状，可能会使设计错误在 RTL 级别看起来正常，直到运行门级仿真时才会显现。

使用 2 态数据类型隐藏设计错误或在大型复杂设计中导致奇怪的仿真结果后，你也可能会像作者一样"我仍然爱着我的 X！"。

C.7 打破规则——仿真器特定的X传播选项

本文前面的部分显示，SystemVerilog 有时在逻辑 X 的传播上过于乐观，而有时又过于悲观，并且 2 态仿真虽然可以完全消除 X，但也存在隐藏设计问题的风险。打破 IEEE 1800 SystemVerilog 标准的 X 传播规则，使用不同的算法进行仿真，能否在这两种极端之间找到平衡呢？

一些仿真器提供专有的调用选项，以随机变量值开始仿真，而不是使用 X 值。使用特定于仿真器的选项，可以实现 Bening 推荐的方法：使用不同的 seed 值随机初始化所有寄存器。然而，由于这些选项不是 SystemVerilog 语言的一部分，因此并非每个仿真器都具备此功能，并且在具有该功能的仿真器上工作方式也不相同。一些 SystemVerilog 仿真器通过使用更悲观的非标准算法来减少 RTL 仿真中的 X 态乐观。例如，Synopsys VCS 的"-xprop"仿真选项使 VCS 使用特定于仿真器的 X 传播规则进行 if-else 和 case 决策语句以及 posedge 或 negedge 边沿敏感性仿真。这种非标准方法试图在 X 态乐观和 X 态悲观之间找到平衡。有关使用专有规则来改变 SystemVerilog 的 X 态乐观和 X 态悲观行为的更多信息和经验，请参见 Evans、Yam 和 Forward[12] 以及 Greene、Salz 和 Booth[13] 的文章。

使用专有 X 传播规则的一个担忧是，它们的目的是确保设计缺陷会从问题的根源向下传播，以便检测到缺陷而不是隐藏。这就需要通过多行代码、分支语句和时钟周期追踪 X，以找到问题的根本原因。尽管大多数仿真器提供强大的调试工具来追踪 X 值，但这个过程仍然可能是烦琐和耗时的。

另一个担忧是，使仿真更加 X 态悲观而会导致虚假失败。在 X 态乐观与过于悲观之间找到平衡是有益的，但就像 "?:" 条件运算符，无法完美匹配芯片行为（见 C.4.2 节）。在某些情况下，X 态乐观和 X 态悲观的平衡可能导致错误的失败。最乐观的情况下，这些虚假失败也可能会消耗大量项目人力来确定实际上并不存在的设计问题。更糟糕的是，这些虚假的失败可能会导致仿真在 X 状态下锁定，如 C.2.2 节所述。

C.8　更改规则——SystemVerilog增强清单

已经有相关提议，在未来的某个版本中实现，修改 SystemVerilog 的 X 态乐观和 X 态悲观规则。如果本论文的读者认为这些增强对他们的项目很重要，他们应该向他们的 EDA 供应商施压，推动在下一个 SystemVerilog 标准中实现这些增强。

本文提出的一个 X 态乐观问题是，casex、casez 和 case…inside 的通配符 "不关心" 语句屏蔽了所有 4 态值的可能，导致 case 表达式中的未知位被视为不关心值。Turpin[1] 提出了使用 *（而不是 X、Z 或 ?）来指定 2 态通配符 "不关心" 值的能力，具体如下：

示例 29　提议的 2 态不关心的 case-inside 语句

```
always_comb begin
  case (sel)inside
    3'b1**: y = a;    // 匹配 100,101,110,111
    3'b00*: y = b;    // 匹配 000,001
    3'b01*: y = c;    // 匹配 010,011
    default:y = 'x;
  endcase
end
```

在正常的 X 态乐观语义中，如果 sel 的低 2 位中的任意一位为 X 或 Z，则这些位可能会被 case 项中的 4 态不关心掩盖，从而导致 y 被赋值为已知值，而不是传播 X。提议的 2 态不关心位（用 * 表示）不会掩盖 X 或 Z 值，并且在 case 表达式出现问题时，默认分支将传播 X。

Cummings[15] 提出了添加新的过程块，这些块是 X 态悲观的，而不是 X 态乐观的。提议的关键字是 initialx、alwaysx、always_combx、always_latchx 和 always_ffx。他建议，每当决策控制表达式或循环控制表达式评估为 X 或 Z 时，仿真应执行三项操作：

（1）将 X 值分配给在决策语句或循环范围内分配的所有变量。

（2）忽略决策语句或循环范围内的所有系统任务和函数。

（3）可选择性地报告一个警告或错误信息，表明被测试的表达式评估为 X 或 Z。

一个示例用法如下：

示例 30 带有 X 态悲观的提议过程块

```
always_ffx @ (posedge clk or negedge rstN)
  if(!rstN) q <= 0;
  else      q <= d;
```

在 SystemVerilog 的正常 X 态乐观规则下，如果 rstN 评估为 X 或 Z，则 q 将被设置为 d 的值，从而隐藏了模糊的复位问题。使用提出的 X 态悲观规则对于 always_ffx 来说，如果 rstN 被评估为 X 或 Z，那么 q 将被设置为 X，从而传播模糊的复位问题。

本文的作者并不完全同意 Cummings 所提出的语义。虽然作者喜欢具有更准确的 X 传播规则，但认为其所提出的语义过于悲观，可能导致虚假的 X 值或 X 锁定问题，这些问题在本文早些时候提到的过度 X 态悲观中也有提及。作者更希望看到类似于专有 VCS-xprop 仿真选项所使用的 T-merge 算法的语义。

C.9 就近检测并停止 X 态

让我们面对当下的情况：当 X 出现时，麻烦肯定会随之而来。与其让 X 问题在无数行代码、决策分支和时钟周期中传播，不如在 X 发生的那一刻就检测到它。检测 X 首次出现的时刻可以解决 X 态乐观和 X 态悲观的问题。

X 态乐观导致 X 值作为 0 或 1 值传播到下游逻辑，可能隐藏设计问题。X 态悲观导致所有 X 值传播到下游逻辑，可能引发仿真问题，例如 X 态锁定，这在实际芯片中是不存在的。在这两种情况下，设计问题可能在逻辑和时钟周期中距离原始错误的原因很远时才被检测到。工程师必须花费大量宝贵的工程时间来调试问题的根源。

SystemVerilog 即时断言可以用于在值发生的时刻检测 X 值，而不是在 X 值（可能）传播到设计中的其他逻辑后再进行检测。实现这一点的方法是使用断言监控模块的所有输入端口，以及监控条件操作中的选择控制值。

使用断言监控 X 值的一个额外优势是，当预期出现 X 值时，可以禁用断言，例如在复位之前和期间或在低功耗关闭模式期间。断言的禁用和重新启用可以在仿真期间的任何时间进行，并且可以在全局范围内、特定设计模块上或特定断言上进行。即时断言的语法为：

```
assert( expression ) [pass_statement]
[else fail_statement];
```

即时断言语句类似于 if 语句，但 pass_statement 和 else 都是可选的。

pass 或 fail statement 可以是任何过程语句，例如打印消息或递增计数器。通常，pass 语句不使用，而 fail 语句用于指示检测到 X 值，如以下简单组合 if-else 语句的代码示例所示：

示例 31 if-else 与 X 态陷阱断言

```
always_comb begin
  assert(!$isunknown(sel))
  else $error("%m, sel=X");

  if(sel) y = a;
  else    y = b;
end
```

这与之前章节中提出的 if-else 相同，但增加了一个断言，以验证每次评估 sel 的值。

如果没有断言，这个简单的 if-else 决策存在几个潜在的 X 危险，如在 C.3.1 和 C.4.1 中讨论的那样。添加即时断言以验证 if 条件是简单的，并避免了所有可能存在的危险。if 条件中的问题在发生时被检测到，而不是一直传播 X，直到某个时候使其可见。断言语句在综合时被忽略，因此不需要隐藏任何代码以供综合编译器使用。

作者建议，如果基于模块输入端口的 if 语句有即时断言来验证 if 条件，则可以定义一个文本替换宏，以简化在多个地方使用此断言。

示例 32 使用 X-trap 断言宏

```
'define assert_condition(cond)\
  assert(^cond === 1'bx)\
  else $error("%m,ifcond = X")


always_comb begin
  'assert_condition(sel)
  if(sel)  y = a;
  else     y = b;
end


always_comb begin
  'assert_condition({a,b,c,d})
  'assert_condition(sel)
  case (sel)
    2'b00:out = a;
    2'b01:out = b;
    2'b01:out = c;
    2'b01:out = d;
  endcase
end
```

SystemVerilog 断言被综合编译器忽略，因此可以直接放置在 RTL 代码中，而无需使用条件编译或 pragma 来隐藏它们。也可以将断言放在单独的文件中，并使用 SystemVerilog 的绑定机制将其绑定到设计模块。

C.10 最小化我的 X 的问题

本节介绍一些编码指南，帮助适当地使用 SystemVerilog 的 X 态乐观和 X 态悲观规则，并最小化传播 X 的潜在危害。

C.10.1 2 态与 4 态指南

X 值表示设计中存在某种模糊性。使用 2 态数据类型消除 X 值并不能消除设计的模糊性。Sutherland HDL 建议在所有地方使用 4 态数据类型，有两个例外：

· for 循环中的迭代变量声明为 int 2 态变量。

· 可能会有随机生成值的验证激励变量，声明为 2 态类型。

此编码指南仅对那些永远不会在实际芯片中出现的变量使用 2 态类型，

因此不需要反映可能存在于实际芯片中的模糊状态。还有一个地方可能适合使用 2 态类型，即存储大型内存数组。对大型 RAM 模型使用 2 态类型可以显著减少模拟内存所需的虚拟内存。然而，这种节省是有风险的。如果设计未能正确写入或读取内存位置，将没有 X 值来指示存在问题。为了帮助最小化这种风险，可以简单地建模 RAM 存储，以便可以配置为模拟 2 态存储（使用 bit 类型）或 4 态存储（使用 logic 类型）。

C.10.2　寄存器初始化指南

C.2.2 节讨论了与设计变量相关的问题，特别是那些用于建模硬件寄存器的变量，开始仿真时具有 X 值。C.5 节讨论了使用专有仿真选项来随机初始化寄存器变量。如果该功能可用，则应使用！

另一种随机初始化寄存器的方法是使用 UVM 寄存器抽象层（RAL）。UVM 是一个标准，并且在主要的 SystemVerilog 仿真器中得到了良好的支持。设置 UVM 测试平台和 RAL 并不简单，但可以提供一种一致的方式来随机初始化寄存器。使用 UVM 初始化寄存器的优点是它可以与所有主要的仿真器兼容。

C.10.3　X 赋值指南

不应在 if-else 和 case 语句中使用 X 赋值，这会增加仿真的开销，并且可能与从综合生成的逻辑模拟不同。悲观的 X 传播可能导致虚假失败，这可能需要时间来调试并确定实际芯片中没有问题。为了避免使用悲观编码风格来传播 X 值，问题应在选择条件处被捕获，如 C.9 节所示，并在以下指南中讨论。

C.10.4　捕获 X 的指南

所有用于综合的 RTL 模型应具有 SystemVerilog 断言，以检测 if-else 和 case 选择条件上的 X 值。其他关键信号也可以在其上设置 X 检测断言。设计工程师应负责添加这些断言。C.9 节展示了添加 X 检测断言是多么简单。

C.11　结　论

本文讨论了仿真中 X 值的好处和危害。有时 SystemVerilog 对 X 值如何影响设计功能持乐观态度，有时则持悲观态度。

本文将 X 态乐观定义为任何时候仿真将输入上的 X 值转换为操作或逻辑门的输出为 0 或 1。

讨论的一些关键点包括：

·X 态乐观可以在发生模糊条件时，准确表示实际芯片行为。例如，如果与门的一个输入不确定，但另一个输入为 0，则门的输出将为 0。

·SystemVerilog 的 X 态乐观与门运算符和与门原语的行为相同。X 态乐观对于某些仿真条件是必不可少的，例如第 C.3 节中所示的同步复位电路。

·SystemVerilog 可能过于乐观，这意味着在仿真中，X 作为 0 或 1 传播，而实际芯片仍然是模糊的。

·过度乐观可能导致仅验证一个可能的值。在所有情况下，X 态乐观都有隐藏设计缺陷的风险。导致设计深处中出现 X 的模糊条件，可能不会传播到验证观察的设计点。

X 态悲观在本文中被定义为任何时间的仿真，都将输入上的 X 传递到输出。X 态悲观可以是可取的或不可取的。

·X 态悲观不会像 X 态乐观那样隐藏设计缺陷。设计深处的模糊条件将作为 X 值传播到验证观察的点。

·X 态悲观可能导致虚假失败，而实际芯片将正常工作，例如，与门的一个输入是 X，而另一个输入是 0。一个虚假的 X 可能需要通过多个逻辑级别和时钟周期追溯，才能确定没有实际问题。

·X 态悲观可能导致仿真在 X 值上锁定，而实际仿真将正常工作，即使实际芯片中的逻辑值是模糊的。第 C.4 节中显示的时钟分频器就是一个例子。

使用 2 态数据类型或 2 态仿真模式来消除 X 的风险可能是诱人的。尽管 2 态仿真有一些优点，但这些优点并不能抵消 4 态仿真的好处。2 态仿真将隐藏所有设计模糊性，并且通常不会使用与实际芯片相同的值进行仿真。2 态数据类型应仅用于生成随机值。设计代码应使用 4 态类型。

处理 X 问题的最佳方法是尽可能接近原始来源以检测 X。本文展示了如何使用 SystemVerilog 断言检测和隔离导致 X 的设计缺陷。通过早期检测，工程师不必依赖 X 传播来检测设计问题。

所有工程师都应该关心他们的 X 值，X 值表明实际芯片，在实现预期功能时，可能存在模糊性。

C.12　致　谢

感谢 Don Mills 和 Shalom Bresticker 对本文的贡献。Don 提供了本文

中的几个示例和编码建议，并对论文内容提出了宝贵的建议。Shalom 对论文草稿进行了深入的技术审查，提供了详细的意见，以改善论文内容。感谢我的妻子，她陪伴我超过了 30 年，仔细审阅了本论文的语法、标点和结构。

关于作者

　　Stuart Sutherland 是一位知名的 Verilog 和 SystemVerilog 专家，拥有超过 24 年设计和验证的经验。其创办的公司 Sutherland HDL，专注于培训工程师，使他们成为真正的 SystemVerilog 大师。Sutherland 先生积极参与 IEEE SystemVerilog 标准的制定过程，自 1993 年 IEEE 标准工作开始以来，一直是每个版本的 IEEE Verilog 和 SystemVerilog 语言参考手册的技术编辑。在创办 Sutherland HDL 之前，Sutherland 先生曾作为工程师在用于军事飞行模拟器的高速图形系统上工作。1988 年，Sutherland 先生成为 Gateway Design Automation 企业的应用工程师，该公司是 Verilog 的创始公司，自那时起，他一直深度参与 Verilog 和 SystemVerilog 的使用。Sutherland 先生已撰写了多本关于 Verilog 和 SystemVerilog 的书籍和会议论文。他拥有计算机科学学士学位和教育学硕士学位，专注于电子工程技术。您可以通过 stuart@suther-land-hdl.com 联系 Sutherland 先生。

参考资料

［1］　Turpin.The dangers of living with an X.Synopsys Users Group Conference (SNUG) Boston, 2003.

［2］　Mills.Being assertive with your X (SystemVerilog assertions for dummies).Synopsys Users Group Conference (SNUG) San Jose, 2004.

［3］　P1800-2012/D6 Draft Standard for SystemVerilog—Unified Hardware Design, Specification,and Verification Language (re-ballot draft)", IEEE, Pascataway, New Jersey. Copyright 2012. ISBN: (not yet assigned).

［4］　Merriam-Webster online dictionary.http://www.merriam-webster.com/, accessed 11/20/2012.

［5］　Bening.A two-state methodology for RTL logic simulation.Design Automation Conference(DAC) 1999.

［6］　Cummings,Bening.SystemVerilog 2-state simulation advantages.Synopsys Users Group Conference (SNUG) Boston, 2004.

［7］　Piper and Vimjam.X-propagation woes: masking bugs at RTL and unnecessary debug at the netlist. Design and Verification Conference (DVcon) 2012.

［8］　Weber,Pecor.All My X values Come From Texas...Not!.Synopsys Users Group Conference (SNUG) Boston, 2004.

［9］　Turpin.Solving Verilog X-issues by sequentially comparing a design with itself.Synopsys Users Group Conference (SNUG) Boston, 2005.

［10］　Chou, Chang,Kuo.Handling don't-care conditions in high-level synthesis and application for reducing initialized registers.Design Automation Conference (DAC) 2009.

［11］ Greene.Getting X Propagation Under Control.a tutorial presented by Synopsys, Synopsys Users Group Conference (SNUG) San Jose, 2012.

［12］ Evans, Yam,Forward.X-Propagation: An Alternative to Gate Level Simulation.Synopsys Users Group Conference (SNUG) San Jose, 2012.

［13］ Greene,Salz,Booth.X-Optimism Elimination during RTL Verification.Synopsys Users Group Conference (SNUG) San Jose, 2012.

［14］ Browy,K Chang.SimXACT delivers precise gate-level simulation accuracy when unknowns exist.White paper, http://www.avery-design.com/files/docs/SimXACT_WP.pdf, accessed 11/12/2012.

［15］ Cummings.SystemVerilog 2012 new proposals for design engineers.presentation at SystemVerilog Standard Working Group meeting, 2010, http://www.eda.org/sv-ieeel800/Meetings/2010/February/Presentations/Cliff%20Cummings%20Presentation.pdf, accessed 11/12/2012.

［16］ Mills.Yet another latch and gotchas paper.Synopsys Users Group Conference (SNUG) San Jose, 2012.

附录D 其他资源

本附录列出了一些与本书所介绍的主题密切相关的其他资源，这些资源可能对 RTL 设计工程师特别有用。

与本书密切相关的两本书是：

· IEEE Std 1800-2012, SystemVerilog 语言参考手册《IEEE Standard for SystemVerilog——Unified Hardware Design, Specification, and Verification Language》。

版权归电气和电子工程师学会所有，是 SystemVerilog 语言语法的官方标准。本书主要是为设计电子设计自动化（EDA）工具（如仿真器和综合编译器）的公司编写的。请注意，该标准并没有区分 SystemVerilog 语言中，哪些关键词用于芯片设计，哪些关键词用于芯片验证。本手册可在以下网址下载：https://standardsieee.org/getieee/1800/download/1800-2012.pdf。

·《SystemVerilog for Verification, Third Edition》，作者：Chris Spear 和 Greg Turnbush。ISBN 978-1-4614-0715-7。

本书介绍了 SystemVerilog 中许多用于验证的构造，而这些验证相关的内容在本书中没有涉及。有关更多信息，请访问出版商的官网：http://www.springer,com/engineering/circuits+%26+systems/book/978-1-4614-0714-0。

一些其他可能感兴趣的书籍包括：

·《Constraining Designs for Synthesis and Timing Analysis》，作者：Sridhar Gangadharan 和 Sanjay Churiwala。ISBN 978-1-4614-3268-5。

本书是关于指定综合、静态时序分析、布局布线时序约束的指南，使用行业标准的 Synopsys 设计约束（SDC）格式。书中的章节涉及综合约束、多时钟边界和时钟域交叉，这些内容与本书中介绍的 RTL 综合编码风格特别相关。有关更多信息，请访问出版商的官网：http://www.springer.com/engineering/circuits+%26+systems/book/978-1-4614-3268-5。

·《SystemVerilog Assertions Handbook, 4th edition》，作者：Ben Cohen，Srinivasan Venkataramanan，Ajeetha Kumari，Lisa Piper。ISBN：978-1518681448。

本书介绍了使用 SystemVerilog 标准中的 Assertions 部分进行断言验证的技术。有关更多信息，请访问出版商的官网：https://www.createspace.com/5810350。

·1364.1-2002 IEEE 标准，《Verilog Register Transfer Level Synthesis 2002》——Verilog HDL 基础的可综合 RTL 标准语法和语义。ISBN：0-7381-3501-1。

本手册涵盖了在 SystemVerilog 引入之前，Verilog-2001 语言的可综合部分。该手册已经过时，大多数 Verilog-2001 综合编译器并未遵循该标准。它作为附加参考的用途，仅限于比较 SystemVerilog 与早期 Verilog 语言，明确 SystemVerilog 增加了多少 RTL 建模能力。传统 Verilog 与 SystemVerilog 之间的差异很大。有关更多信息，请访问出版商的官网：https://standards.ieee.org/fmdstds/standard/1364.l-2002.html。

以下是一些会议论文的列表，这些论文探讨了本书中讨论的一些主题，可能对 RTL 设计工程师特别感兴趣。

注意：会议论文中展示的示例可能未采用最新的最佳实践编码风格。本附录中引用的一些论文编写于 SystemVerilog 出现之前。尽管这些论文中讨论的工程原则仍然具有相关性和实用性，但某些示例和推荐的编码风格可能已经过时。读者需要根据本书中提供的最佳实践 SystemVerilog 编码风格重写这些示例。

1. "Who Put Assertions In My RTL Code? And Why? How RTL Design Engineers Can Benefit from the Use of SystemVerilog Assertions"

作者：Stuart Sutherland

发表于 2013 年硅谷 Synopsys 用户组会议（SNUG）。

可在 sutherland-hdl.com 获取。

2. "Synchronization and Metastability"

作者：Steve Golson

发表于 2014 年硅谷 Synopsys 用户组会议（SNUG）。

可在 trilobyte.com 获取。

3. "Yet Another Latch and Gotchas Paper"

作者：Don Mills

发表于 2012 年硅谷 Synopsys 用户组会议（SNUG）。

可在 lcdmeng.com 获取。

4. "RTL Coding Styles That Yield Simulation and Synthesis Mismatches"

作者：Don Mills 和 Clifford Cummings

发表于 2001 年欧洲 Synopsys 用户组会议（SNUG）。

可在 lcdm-eng.com 或 sunburst-design.com 获取。

5. "Asynchronous & Synchronous Reset Design Techniques — Part Deux"

作者：Clifford Cummings，Don Mills 和 Steve Golson

发表于 2003 年波士顿 Synopsys 用户组会议（SNUG）。

可在 lcdm-eng.com，sunburst-design.com 或 trilobyte.com 获取。

6. "full_case parallel_case: the Evil Twins of Verilog Synthesis"

作者：Clifford Cummings

发表于 1999 年波士顿 Synopsys 用户组会议（SNUG）。

可在 sunburst-design.com 获取。

7. "Language Wars in the 21st Century: Verilog versus VHDL - Revisited"

作者：Steve Golson 和 Leah Clark

发表于 2016 年硅谷 Synopsys 用户

除了上述论文，本书作者 Stuart Sutherland 还撰写并合著了许多以 SystemVerilog 为主题（以及原始 Verilog 语言）的论文。这些论文和演示文稿幻灯片可以从 sutherland-hdl.com 获取。